"十二五" 职业教育国家规划教材
经全国职业教育教材审定委员会审定
高等职业院校精品教材系列

国家精品课
配套教材

FPGA/CPLD 应用技术

（Verilog 语言版） 第 2 版

王静霞　主编

余　菲　温国忠　副主编

U0217907

电子工业出版社
Publishing House of Electronics Industry
北京·BEIJING

内 容 简 介

本书在第 1 版得到广大院校老师认可与选用的基础上，按照最新的职业教育教学改革要求，结合近几年的课程改革成果，以及作者多年的校企合作经验进行修订编写。全书以工作任务为导向，系统地介绍数字系统设计开发环境、可编程逻辑器件的结构和开发工具软件、Verilog HDL 语言及其应用、组合逻辑电路设计、时序逻辑电路设计、数字系统的验证、数字系统设计实践等。

全书共安排了 24 个工作任务，由工作任务入手，引入相关的知识点，通过技能训练引出相关概念、设计技巧，体现做中学、学中练的教学思路与职业教育特色。

本书内容精炼，易于教学，为高等职业本专科院校电子信息类、计算机类、自动化类等专业的教材，也可作为开放大学、成人教育、自学考试、中职学校及培训班的教材，以及电子工程技术人员的一本参考工具书。

本书配有电子教学课件、习题参考答案、Verilog HDL 代码文件和**精品课网站**，详见前言。

图书在版编目(CIP)数据

FPGA/CPLD 应用技术：Verilog 语言版/王静霞主编 . —2 版 . —北京：电子工业出版社，2014.7（2024.12重印）
高等职业院校精品教材系列
ISBN 978-7-121-23826-0

Ⅰ. ①F… Ⅱ. ①王… Ⅲ. ①可编程序逻辑器件-系统设计-高等职业教育-教材 ②硬件描述语言-程序设计-高等职业教育-教材 Ⅳ. ①TP332.1 ②TP312

中国版本图书馆 CIP 数据核字(2014)第 156889 号

策划编辑：陈健德(E-mail：chenjd@phei.com.cn)
责任编辑：陈健德
印　　刷：三河市良远印务有限公司
装　　订：三河市良远印务有限公司
出版发行：电子工业出版社
　　　　　北京市海淀区万寿路 173 信箱　邮编 100036
开　　本：787×1092　1/16　印张：20.25　字数：518 千字
版　　次：2010 年 12 月第 1 版
　　　　　2014 年 7 月第 2 版
印　　次：2024 年 12 月第 21 次印刷
定　　价：55.00 元

凡所购买电子工业出版社图书有缺损问题，请向购买书店调换。若书店售缺，请与本社发行部联系，联系及邮购电话：(010)88254888。

质量投诉请发邮件至 zlts@phei.com.cn，盗版侵权举报请发邮件至 dbqq@phei.com.cn。

服务热线：(010)88258888。

第 2 版前言

　　随着微电子技术的快速发展，可编程逻辑器件应用技术得到了广泛应用，社会各行业对本专业技术人员的需求数量逐年提高。可编程逻辑器件作为现代电子设计最新技术的结晶，融合了应用电子技术、计算机技术、信息处理及智能化技术的最新成果，由计算机自动完成逻辑编译、化简、分割、综合、优化、布局、布线和仿真，直至对特定目标芯片的适配编译、逻辑映射和编程下载等工作，从而实现电子产品设计的自动化。这一技术极大地提高了电路设计的效率和可靠性，减轻了设计者的劳动强度，加快了当今社会向数字化社会的进程，许多院校根据行业发展需要都开设了这门课程。

　　深圳职业技术学院可编程逻辑器件应用技术课程组的教师经过多年的教学改革实践与校企合作，于 2008 年将该课程建设成为国家电子教指委精品课程。结合近几年的课程改革成果，本书基于工作任务进行内容设计，共安排 24 个工作任务，由工作任务入手，引入相关的知识点，通过技能训练引出相关概念、设计技巧，体现做中学、学中练的教学思路与职业教育特色。实践部分有理论分析，理论部分以实践作为依托，理论与实践融为一体，互相补充，循环深入。

　　所有任务均采用 Verilog HDL 语言设计代码实现。目前，电子设计行业常用的两种硬件描述语言是 VHDL 和 Verilog HDL，这两种语言都应用得比较广泛，其中，Verilog HDL 的语言规则非常接近 C 语言，大多数工程师都可以迅速上手，因而拥有更多的用户，本书就是采用 Verilog HDL 完成所有的设计任务的。提醒：本书中软件绘制原图的部分元件或电路符号与国家标准不完全一致，请注意区别；为与代码叙述一致，正文中部分变量排为正体。

　　本书任务设计逐层递进、由易到难，体现了可操作性和扩展性，根据难度和综合性可划分为四个层次。第一层包括第 1 章，它是本书与传统数字电路知识的衔接部分，两个任务均采用传统的原理图设计方法，并引入了现代数字系统设计环境，包括可编程逻辑器件硬件系统和常用 EDA 软件设计平台，通过硬件设计载体和软件设计平台的学习，了解各种可编程逻辑器件的电路结构、工作原理，掌握 EDA 工具软件的使用方法，是 EDA 技术学习的第一步；第二层包括第 2 章，在第 1 章的基础上，把设计任务改为采用硬件描述语言进行数字系统设计，在任务中引入硬件描述语言的概念及语法知识点；第三层包括第 3 ~ 5 章，以大量的任务和实例介绍采用 Verilog 语言进行数字系统设计的基本步骤、方法与技巧；第四层包括第 6 章，从综合应用的角度，给出 6 个综合设计项目，具有很强的实践性和可操作性。以上四个层次，从内容上看，实例引导，前后呼应；从结构上看，层层递进，深入浅出。

本书内容精炼，避免长篇大论；语言通俗易懂，引入与实践相关的图、表、提示、警告等内容，易于教学，实用性强；参考学时约为 80 学时，在使用时各院校可根据具体教学情况对内容和学时安排进行适当调整。

本书由王静霞任主编，对本书进行总体策划、编写指导及全书统稿；余菲和温国忠任副主编，协助完成以上工作。具体编写分工为王静霞编写第 1 章，刘俐编写第 2 章，余菲编写第 3 章和第 6 章，温国忠编写第 4、5 章。

为了方便教师教学，本书配有电子教学课件、习题参考答案和 Verilog HDL 代码文件等，请有此需要的教师登录华信教育资源网（http：//www. hxedu. com. cn）免费注册后进行下载，有问题时请在网站留言或与电子工业出版社联系（E-mail：hxedu@ phei. com. cn）。读者也可通过该精品课网站（http：//jpkc1. szpt. edu. cn/2008/ljqj/）浏览和参考更多的教学资源。

由于时间紧迫和编者水平有限，书中的错误和缺点在所难免，热忱欢迎读者对本书提出批评和建议。

编　者

目 录

第 6 章　数字系统设计实践 ·· 236

第1章

认识数字系统设计开发环境

教学导航

本章从最简单的数字系统设计任务入手，让读者对数字系统设计环境有一个感性的认识，对常用的数字系统开发软件有一个大致的了解，并逐渐熟悉 Quartus Ⅱ 软件的使用方法及设计流程。

<table>
<tr><td rowspan="5">教</td><td>知识重点</td><td>1. Quartus Ⅱ 集成开发环境使用方法；
2. Quartus Ⅱ 软件设计流程；
3. 可编程逻辑器件基本概念；
4. 可编程逻辑器件基本结构；
5. EDA 基本概念及现代数字系统设计方法</td></tr>
<tr><td>知识难点</td><td>1. Quartus Ⅱ 软件的使用方法；
2. 可编程逻辑器件基本结构</td></tr>
<tr><td>推荐教学方式</td><td>从工作任务入手，通过最简单的门电路设计，让学生从实践中了解现代数字系统设计所需要的硬件、软件开发环境，并逐渐学会运用 Quartus Ⅱ 软件进行数字电路设计，同时让学生在实践中由到内、从直观到抽象，逐渐理解可编程逻辑器件及相关概念</td></tr>
<tr><td>建议学时</td><td>10 学时</td></tr>
<tr><td rowspan="2"></td><td rowspan="2">推荐学习方法</td><td rowspan="2">动手完成指定任务是学习数字系统设计的第一步，再举一反三，完成相应的课外任务，进一步巩固所学知识，并熟练开发环境的使用，对后面的学习非常有帮助。对软件的熟悉需要时间，不要有急躁心理，本章内容可作为 Quartus Ⅱ 软件使用方法的资料，在以后的操作中反复查询。对于可编程逻辑器件结构，可以简单器件结构为主进行学习，对于高密度可编程逻辑器件结构以理解为主，抓住共同点，对于难以理解的部分，可以先忽略，不用死记硬背</td></tr>
<tr><td>学</td></tr>
<tr><td></td><td>必须掌握的技能</td><td>Quartus Ⅱ 集成开发环境的使用方法</td></tr>
</table>

任务 1　基于原理图实现的基本门电路设计

任务分析

基本门电路主要用来实现输入/输出之间的逻辑关系，包括与门、或门、非门、与非门、或非门、异或门、同或门等，这里以 2 输入端与非门为例介绍基本门电路的设计方法。

实现与非逻辑运算的电路称为与非门，通常作为数字系统电路的一个独立单元使用。2 输入端与非门的逻辑符号如图 1.1 所示，有两个输入端 A、B 和一个输出端 F。

2 输入端与非门真值表如表 1.1 所示。

表 1.1　2 输入端与非门真值表

A	B	F
0	0	1
0	1	1
1	0	1
1	1	0

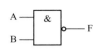

图 1.1　与非门逻辑符号

小资料

基本门电路逻辑符号如表 1.2 所示。

表 1.2　基本门电路逻辑符号

门　电　路	国家标准（IEC）	国　外　符　号	逻辑表达式
与门（AND）	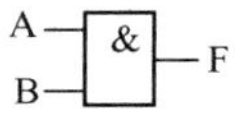	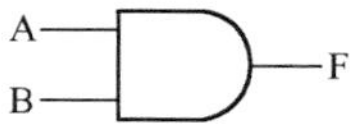	$F = AB$
或门（OR）	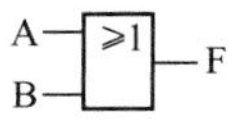		$F = A + B$
非门（NOT）	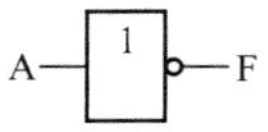	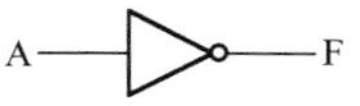	$F = \overline{A}$
与非门（NAND）	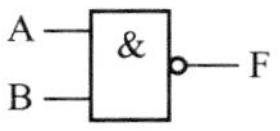	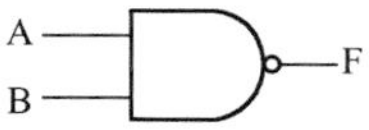	$F = \overline{AB}$
或非门（NOR）	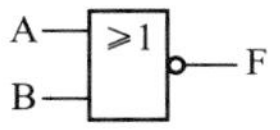		$F = \overline{A + B}$
异或门（XOR）	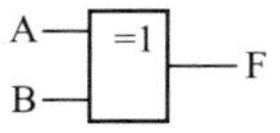		$F = A \oplus B$

任务实现

采用可编程逻辑器件进行2输入端与非门电路的设计，首先必须要准备软件和硬件设计环境。

所需软件环境：Quartus Ⅱ集成开发环境。

所需硬件环境：计算机和EDA（Electronic Design Automation，电子设计自动化）教学实验开发系统。

> **小提示**
>
> 如果读者没有EDA教学实验开发系统，就不能将设计电路下载到可编程逻辑器件中进行实际验证，但可以在Quartus Ⅱ软件中对设计进行仿真，利用仿真波形来验证设计电路的逻辑关系是否正确。

采用原理图输入法的2输入与非门电路的设计步骤如下。

1. 新建工程

（1）启动Quartus Ⅱ软件，出现如图1.2所示的Quartus Ⅱ的启动界面。

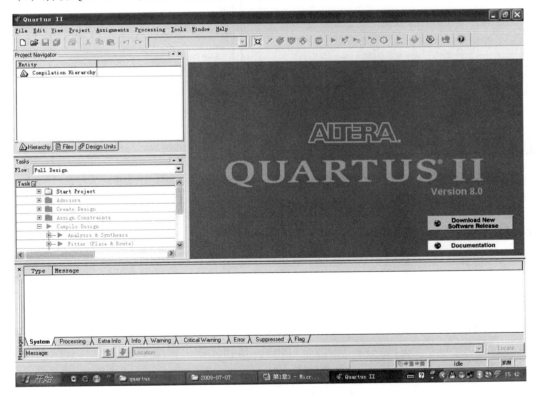

图1.2 Quartus Ⅱ启动界面

（2）创建工程，在"File"下拉菜单中选择"New Project Wizard"命令项，出现如图1.3所示的工程向导窗口，在该窗口中指定工作目录、工程名称和顶层模块名称。

（3）在图 1.3 中单击"Next"按钮，则会出现如图 1.4 所示的添加文件（Add Files）窗口，可以将已经存在的输入文件添加到新建的工程中，该步骤也可以在后面完成，这里直接单击"Next"按钮，出现如图 1.5 所示的选择器件窗口。

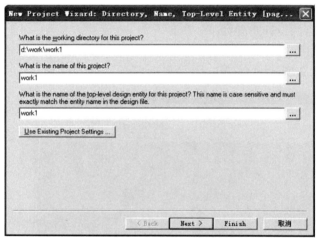

图 1.3　建立工程向导窗口

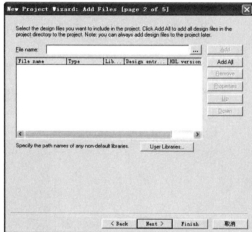

图 1.4　添加文件窗口

（4）在如图 1.5 所示的选择器件窗口中选择使用的器件系列和具体器件，此处选择 ACEX 1K 系列器件 EP1K100QC208-3 作为示例。

（5）在图 1.5 中单击"Next"按钮，出现如图 1.6 所示的窗口，在该窗口中单击"Next"按钮，出现如图 1.7 所示的窗口，单击"Finish"按钮完成工程建立。

2. 设计输入

（1）在"File"下拉菜单中选择"New"命令项，出现如图 1.8 所示的设计输入类型选择窗口，选择设计输入类型为"Block Diagram/Schematic File"项，出现如图 1.9 所示的原理图编辑窗口。

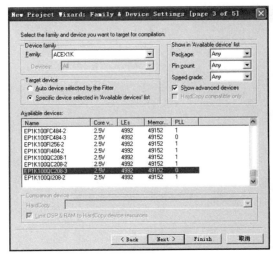

图1.5　选择器件窗口

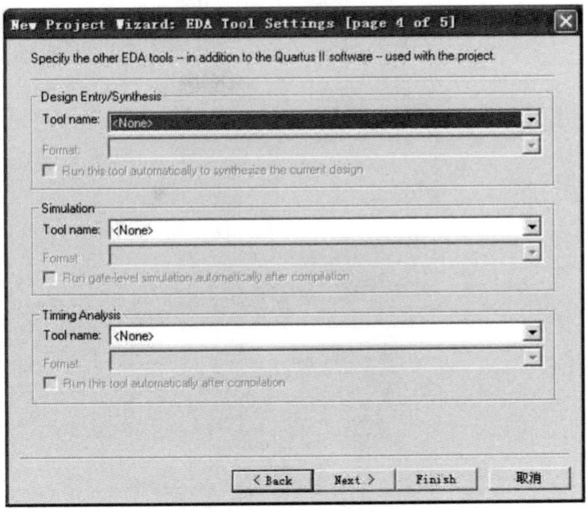

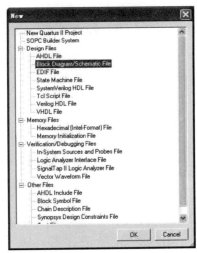

图1.6　EDA工具设置

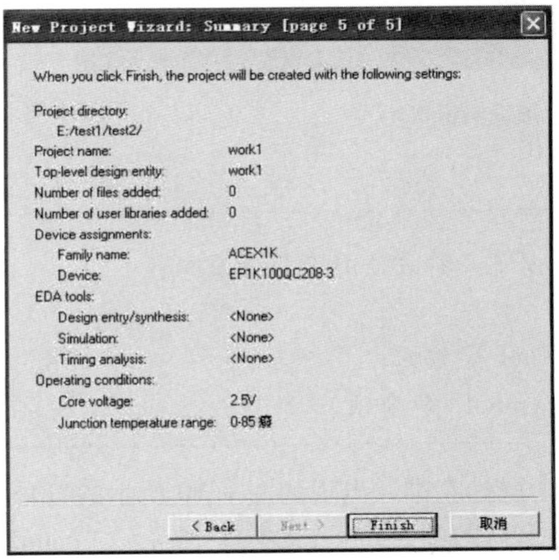

图1.7　工程建立完成窗口

图1.8　设计输入类型选择窗口

小知识

在图1.8中可以看到Quartus Ⅱ软件提供多种设计输入方式,对常用的输入方式介绍如下:

(1) AHDL File:Altera硬件描述语言(AHDL)设计文件,扩展名为.tdf。

(2) Block Diagram/Schematic File:结构图/原理图设计文件,扩展名为.bdf。

(3) EDIF File:其他EDA工具生成的标准EDIF网表文件,扩展名为.edf或.edif。

(4) State Machine File:状态机文件输入。

(5) Verilog HDL File:Verilog HDL设计源文件,扩展名为.v或.vlg或.verilog。

(6) VHDL File:VHDL设计源文件,扩展名为.vh或.vhl或.vhdl。

本书只涉及原理图输入和Verilog文本输入两种输入类型。

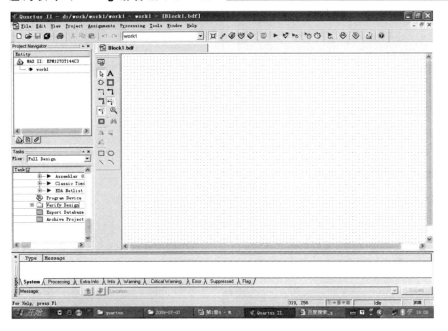

图 1.9　原理图编辑窗口

> **小提示**
>
> 在图 1.9 所示的原理图编辑窗口中，有以下几种方法打开符号窗口：
>
> （1）在图形窗口内双击鼠标左键；
>
> （2）单击左侧快捷工具栏中的 Symbol Tool ⅅ 按钮；
>
> （3）在"Edit"下拉菜单中选择"Insert Symbol"命令项。

（2）在图 1.9 所示的原理图编辑窗口中双击鼠标左键，出现如图 1.10 所示的符号窗口。

（3）引入逻辑门，在如图 1.10 所示的符号窗口的"Name"文本框中输入"nand2"，左上部的"Libraries"列表框中出现所选择的器件名称，右边空白处出现 2 输入与非门的符号，如图 1.11 所示，单击"OK"按钮，将该符号引入原理图编辑窗口。

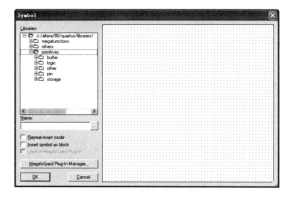

图 1.10　符号窗口

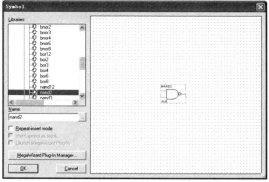

图 1.11　2 输入与非门符号

用同样的方法，在原理图中引入两个输入引脚（input）符号和一个输出引脚（output）符号。

小提示

用原理图编辑器设计数字电路的主要工作是符号的引入与线的连接。Quartus Ⅱ软件提供了常用的逻辑函数，在原理图编辑窗口中是以符号引入的方式将需要的逻辑函数引入的，信号输入、输出引脚也需要以符号方式引入。常用的基本逻辑函数在 primitives 库中。

（4）更改输入、输出引脚的名称，在 PIN_NAME 处双击鼠标左键，进行更名，两个输入引脚分别为 A 和 B，输出引脚为 F。

（5）单击左侧快捷工具栏中的直交节点连线按钮 进行连线：将 A、B 脚连接到与非门的输入端，C 脚连接到与非门的输出端，如图 1.12 所示。

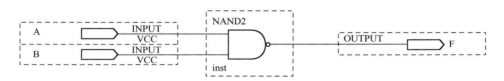

图 1.12　2 输入与非门原理图

小经验

按住鼠标左键拖动元件符号，如果连线正确，可以看到连线会随着符号的拖动而拉伸，否则，表示连线没有连接好，需重新检查。本书中采用国外电路符号的电路图均是从 Quartus Ⅱ 软件中截屏得到的，与标准电路图稍有不同，请读者注意。

（6）选择"File"下拉菜单中的"Save"命令项，保存原理图文件"work1"，如图 1.13 所示，将"Add file to current project"复选项选中，该原理图文件自动添加到当前工程中。打开 Quartus Ⅱ 主界面左侧"Project Navigator"列表框中的"Files"项，即可看到该文件已经添加到工程中了，如图 1.14 所示。

图 1.13　原理图文件保存窗口

图 1.14　原理图文件已经添加到工程中

> **小知识**
>
> 原理图编辑快捷工具栏位于原理图编辑窗口左侧，常用工具有以下几个。
> （1）选择工具 ▷：可以选取、移动、复制对象，为最基本且常用的功能。
> （2）文字工具 **A**：可以输入或编辑文字，例如，可在指定名称或在批注时使用。
> （3）符号工具 ▷：可以输入逻辑函数的符号。
> （4）直交节点连线工具 ⌐：将逻辑符号或引脚进行连线。
> （5）画线工具 ＼：可以画直线、斜线。
> （6）画弧线工具 ＼：可以画出一个弧形，且可依需要自行拉出想要的弧度。
> （7）画圆工具 ○：可以画出一个圆形。

3. 工程编译

选择"Processing"下拉菜单的"Start Compilation"命令项，或者单击位于工具栏的编译按钮▶，完成工程的编译，如图 1.15 所示。

如果工程编译出现错误提示，则说明编译不成功，需根据 Message 窗口中所提供的错误信息修改电路设计，再重新进行编译，直到没有错误为止。

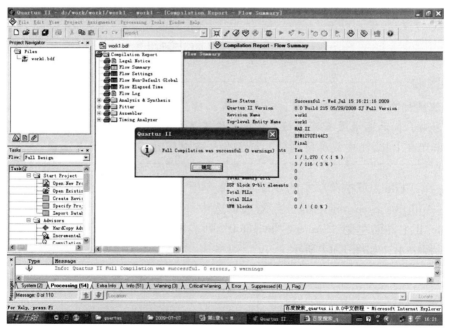

图 1.15　编译工程完成界面

4. 设计仿真

（1）建立波形文件。选择"File"菜单下的"New"命令项，在弹出的窗口中选择"Vector Waveform File"项，如图 1.18 所示，新建仿真波形文件。在波形文件编辑窗口中单击"File"菜单下的"Save as"命令项，将该波形文件另存为"work1.vwf"。

（2）添加观察信号。在波形文件编辑窗口的左边空白处单击鼠标右键，选择"Insert"的"Insert Node or Bus"命令项，如图 1.19 所示，弹出如图 1.20 所示的"Insert Node or Bus"窗口。

小提示

工程编译也可以采用下面的方法：

单击"Processing"下拉菜单中的"Compiler Tool"命令，弹出如图1.16所示的编译工具窗口。从该窗口可以看出，编译过程共有四步：分析与综合（Analysis & Synthesis）、布局连线（Fitter）、装配（Assembler）、时序分析（Timing Analyzer）过程。

在图1.16所示的窗口中单击"Start"按钮即可完成一次全编译。完成后，单击编译工具窗口的"Report"按钮查看最终的系统编译报告，如图1.17所示。

从编译报告中可以看出，设计选取的芯片型号为 ACEX 1K 系列 EP1K100QC 208 – 3，共使用 3 个芯片引脚和 1 个逻辑单元。

图1.16　编译工具窗口

图1.17　系统编译报告

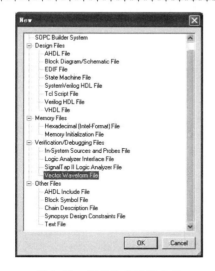

图1.18　新建仿真波形文件

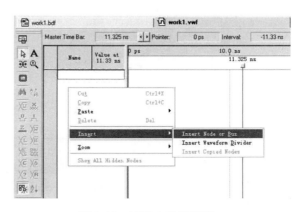

图1.19　波形文件编辑窗口

在该窗口下单击"Node Finder"按钮，出现如图1.21所示的"Node Finder"窗口，单击"List"按钮，2输入与非门的三个引脚出现在左边的空白窗格中，选中所有引脚，单击窗口中间的 ≫ 按钮，三个引脚出现在右边的空白窗格中，再单击"OK"按钮回到波形编辑窗口，如图1.22所示。

（3）添加激励。通过拖曳波形，产生想要的激励输入信号。通过如图1.23所示的波形控制工具条为波形图添加输入信号，2输入与非门的两个输入端的激励信号如图1.24所示。

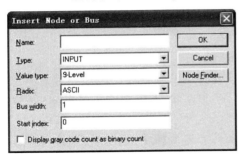

图 1.20　插入节点窗口

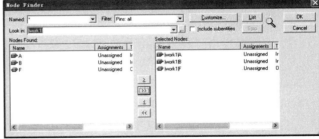

图 1.21　"Node Finder" 窗口

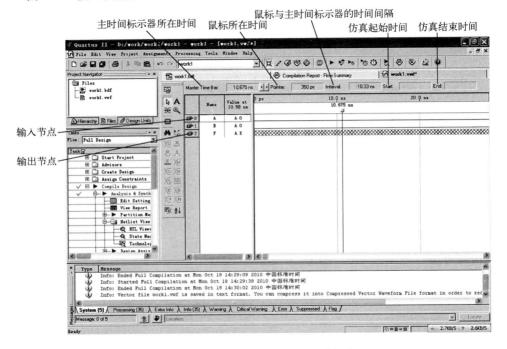

图 1.22　完成观察节点输入的波形编辑窗口

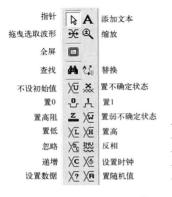

图 1.23　波形控制工具条

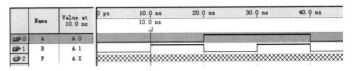

图 1.24　与非门输入激励信号

小经验

添加激励信号时，对于组合电路，最好把输入信号的所有可能的组合都设置好，再进行仿真。对于 2 输入与非门，设置两个输入端 A、B 的四种组合：00、01、10 和 11。

（4）功能仿真。添加完激励信号后，保存波形文件。选择"Processing"菜单下的"Simulator Tool"命令项，出现如图1.25所示的仿真工具对话框。

在"Simulation mode"下拉列表中选择"Functional"项，再单击"Generate Functional Simulation Netlist"按钮，产生仿真需要的网表文件，然后选中"Simulation options"栏的"Overwrite simulation input file with simulation results"复选框，否则不能显示仿真结果，单击"Start"按钮进行仿真。

仿真完成后，单击"Open"按钮打开仿真结果，如图1.26所示，2输入与非门的输入/输出逻辑功能正确。

图1.25　仿真工具对话框

图1.26　与非门功能仿真结果

图1.27　与非门时序仿真结果

（5）时序仿真。在图1.25所示的仿真工具对话框中，选择"Simulation mode"下拉列表中的"Timing"项，进行时序仿真，仿真结果如图1.27所示。

小问答

问：功能仿真波形和时序仿真波形有什么不同？为什么？

答：信号通过连线和逻辑单元时，都有一定的延时，称为传输延迟。传输延迟表示从逻辑门输入到输出的平均切换时间，通常包括逻辑信号"传输"经过一连串逻辑门所引起的物理延迟。延时的大小与连线的长短和逻辑单元的数目有关，同时还受器件的制造工艺、工作电压、温度等条件的影响。

图1.26所示的与非门功能仿真波形反映了电路输入和输出之间的逻辑关系，体现了理想状态下的电路逻辑功能，没有考虑电路中的信号传输延时。

图1.27所示的与非门时序仿真波形中，考虑了上述的传输延时，可以看到，当输入信号AB由10变为11时，输出信号F延迟一段时间后才产生由1到0的改变。

除了传输延时，信号本身高低电平的转换也需要一定的过渡时间，称为输出转换时间，包括上升时间和下降时间。这些因素会使组合逻辑电路在特定的输入条件下，输出出现毛刺，即竞争和冒险现象，在以后的电路设计中可能会遇到，这里不再赘述。

5. 器件编程与配置

如果读者有EDA实验开发工具，可以把设计电路下载到芯片中，以验证设计的正确性。

这里采用一种以 Altera 公司的 ACEX 1K 系列器件 EP1K100QC208-3 为核心的 EDA 实验板为例，给出器件编程与配置过程，来验证 2 输入与非门的设计。

假定该实验板的硬件连线中，器件 EP1K100QC208-3 的 89 和 90 引脚连接了两个拨码开关，用以输入二进制数值，当拨码开关拨到 ON 的位置时，相连的芯片引脚上的电平为高，否则为低，用来模拟二输入与非门的两个输入端 A 和 B。

该芯片的 73 引脚连接了一个发光二极管，当 73 引脚输出高电平时，发光二极管点亮，否则熄灭，用来验证二输入与非门的输出是否正确。

（1）器件选择。选择"Assignments"菜单中的"Device"命令项，打开器件设置对话框，如图 1.28 所示，选用 ACEX 1K 系列器件 EP1K100QC208-3。

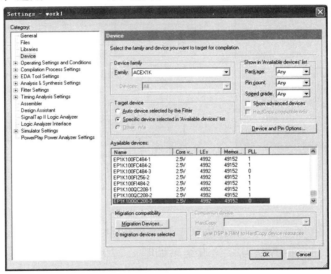

图 1.28　编程器件选择

（2）引脚选择。选择"Assignments"菜单中的"Pins"命令项，打开引脚设置对话框，如图 1.29 所示，用鼠标左键分别双击相应引脚的"Location"列，选择需要配置的引脚。

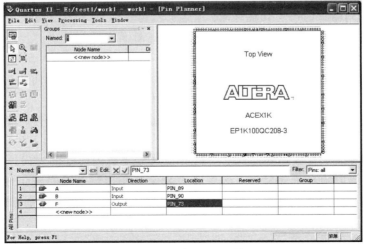

图 1.29　引脚设置对话框

选择了器件和引脚后，需对设计进行重新编译，即选择"Processing"菜单下的"Start Compilation"命令项，或者单击位于工具栏的编译按钮▶，完成工程的编译。

（3）烧写器件。将开发板 Jtag 口与计算机的并行口相连，接通开发板电源。选择"Tools"菜单的"Programmer"命令项，打开 Quartus Ⅱ Programmer 工具，如图 1.30 所示。

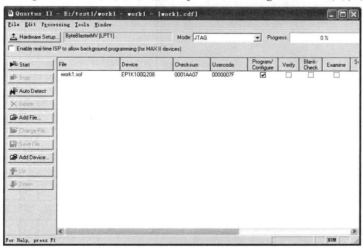

图 1.30 编程界面

如果是第一次进行编程下载，需根据所使用的 EDA 实验开发板进行编程工具设置，对于这里使用的示例开发板，需进行以下设置：

① 选择"Tools"菜单中的"Options"，打开编程选项配置，如图 1.31 所示，取消"Use bitstream compression to configure devices when available"复选框的"√"，然后单击"OK"按钮，回到编程界面。

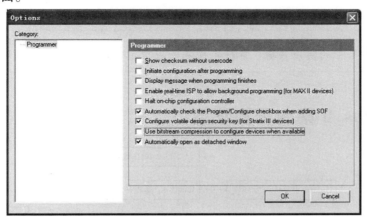

图 1.31 "Options"窗口

② 单击编程界面的"Hardware Setup"按钮，打开硬件设置界面，如图 1.32 所示，选择所用的下载线型号，单击"Close"按钮回到编程界面。在"Mode"下拉列表中选择下载模式为"Passive serial"，单击左侧的"Start"按钮，将设计电路下载到开发板上。

在 EDA 技术实验开发板上验证设计电路的正确性，拨动器件 EP1K100QC208-3 的 89 和 90 引脚连接的两个拨码开关，在 2 输入与非门输入端形成各种二进制输入组合，观察该器件

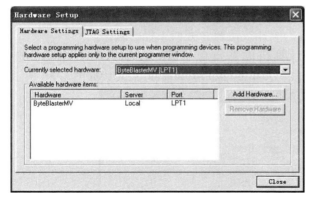

图 1.32　选择下载线型号

第 73 引脚连接的发光二极管的亮灭所指示的电平状态完全符合 2 输入与非门的真值表，因此设计电路功能正确。

任务小结

通过 2 输入与非门的设计过程，使读者了解了 Quartus II 软件的基本使用方法和设计步骤，共包括以下 5 步：①建立工程；②输入设计；③编译工程；④设计仿真；⑤器件编程。任务实现基本流程如图 1.33 所示。

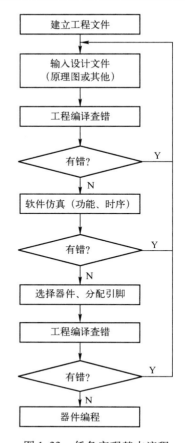

图 1.33　任务实现基本流程

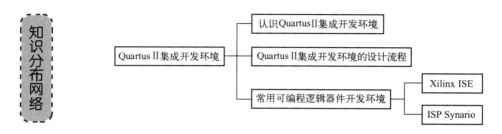

自己做

按照任务 1 中的实现步骤，自行完成基于原理图实现的非门电路设计。

1.1　Quartus II 集成开发环境

知识分布网络

Quartus II集成开发环境

- 认识Quartus II集成开发环境
- Quartus II集成开发环境的设计流程
- 常用可编程逻辑器件开发环境
  - Xilinx ISE
  - ISP Synario

1.1.1　认识 Quartus II 集成开发环境

Quartus II 集成开发环境是一个基于 Altera 器件进行逻辑电路设计的结构化的完整集成环

境，提供了功能强大的设计处理能力，可以更好地用 Altera 可编程逻辑器件实现设计。

Quartus Ⅱ 软件是 Altera 提供的完整的、多平台设计环境，能够直接满足特定设计需要，为可编程芯片系统（SOPC）提供全面的设计环境。

Quartus Ⅱ 是 Altera 公司新一代的 EDA 设计工具，由该公司早先的 MAXPLUS Ⅱ 演变而来，不仅继承了其优点，更提供了对新器件和新技术的支持，使设计者能够轻松和全面地设计每个环节。

小资料

Quartus Ⅱ 提供了完全集成且与电路结构无关的开发包环境，具有数字逻辑设计的全部特性，包括以下几方面。

（1）可利用原理图、结构框图、VerilogHDL、AHDL 和 VHDL 完成电路描述，并将其保存为设计实体文件；

（2）芯片（电路）平面布局连线编辑；

（3）LogicLock 增量设计方法，用户可建立并优化系统，然后添加对原始系统的性能影响较小或无影响的后续模块；

（4）功能强大的逻辑综合工具；

（5）完备的电路功能仿真与时序逻辑仿真工具；

（6）定时／时序分析与关键路径延时分析；

（7）可使用 SignalTap Ⅱ 逻辑分析工具进行嵌入式的逻辑分析；

（8）支持软件源文件的添加和创建，并将它们链接起来生成编程文件；

（9）使用组合编译方式可一次完成整体设计流程；

（10）自动定位编译错误；

（11）高效的器件编程与验证工具；

（12）可读入标准的 EDIF 网表文件、VHDL 网表文件和 Verilog 网表文件；

（13）能生成第三方 EDA 软件使用的 VHDL 网表文件和 Verilog 网表文件。

1.1.2　Quartus Ⅱ 集成开发环境的设计流程

Quartus Ⅱ 软件提供可编程逻辑器件完整且易用的独立解决方案，其设计流程如图 1.34 所示，一般包括 7 个基本步骤：设计输入、约束输入、综合、布局布线、时序分析、仿真和器件编程与配置。

1.1.3　常用可编程逻辑器件开发环境

可编程逻辑器件的设计离不开 EDA 软件开发环境。现在有多种支持可编程逻辑器件的设计软件，一般分为两类：一类是由芯片制造商提供的，如 Altera 公司开发的 MAX + plus Ⅱ 软件包，Quartus Ⅱ 软件包，Xilinx 公司开发的 Foundation 软件包和 Xilinx ISE 系列软件包，Lattice 公司开发的针对 ispLSI 器件的 PDS 软件包；另一类是由专业 EDA 软件商提供的，称为第三方设计软件，例如，Cadence、Mental、Synopsys、Viewlogic 和 DATA I/O 公司的设计

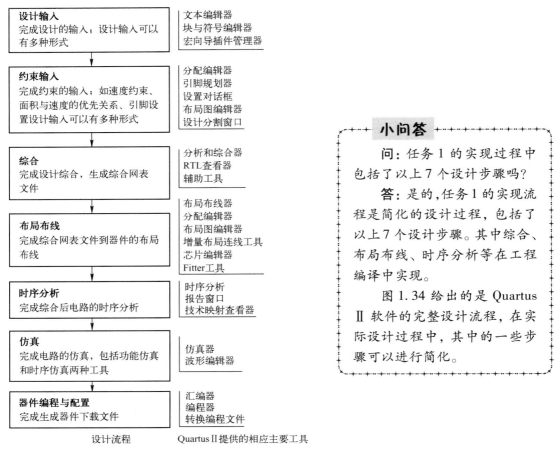

设计流程 　　　　　Quartus Ⅱ提供的相应主要工具

图 1.34　Quartus Ⅱ集成开发环境的设计流程

软件。第三方软件往往能够开发多家公司的器件，在利用第三方软件设计具体型号的器件时，需要器件制造商提供器件库和适配器（Fitter）软件。

1. Xilinx ISE 软件包

Xilinx ISE 软件包是 Xilinx FPGA/CPLD 的综合性集成设计平台，由早期的 Xilinx Foundation 系列逐步发展而来。该平台集成了设计、输入、仿真、逻辑综合、布局布线与实现、时序分析、芯片下载与配置、功率分析等几乎所有设计流程所需的工具。

ISE 系列软件分为 4 个系列：WebPACK、BaseX、Foundation 和 Aliance。ISE WebPACK 系列可以在 www.xilinx.com 网站上直接下载，是一个免费软件，支持一些常用的器件；ISE BaseX 系列器件最大规模不超过 700K 系统门；ISE Foundation 系列是最早期 Foundation 系列的延伸；ISE Alliance 系列支持的器件最全，功能强大，是 Xilinx 的主推设计平台。

ISE 软件包的主要特点如下：

（1）优良的集成环境。ISE 是一个集成开发环境，可以完成整个 FPGA/CPLD 开发过程。ISE 集成了很多著名的 FPGA/CPLD 设计工具，根据设计流程合理应用这些工具，可以大大地提高产品设计效率。

（2）简洁流畅的界面风格。ISE 界面风格简洁流畅，易学易用。ISE 的界面秉承了可视

化编程技术，界面根据设计流程而组织，整个设计过程只需按照界面组织结构依次单击相应按钮或选择相应的选项即可。

（3）丰富的在线帮助功能。ISE 有丰富的在线帮助信息，结合 Xilinx 公司的技术支持网站，一般设计过程中可能遇到的问题都能得到很好的解决。

（4）强大的设计辅助功能。ISE 秉承了 Xilinx 设计软件的强大辅助功能。在编写代码时可以使用编写向导生成文件头和模块框架，也可以使用语言模板帮助编写代码，在图形输入时可以使用 ECS 的辅助项帮助设计原理图。

2. ISP Synario 系统

ISP Synario 是一个套装软件，它包括 Data I/O 的 Synario 软件和 Lattice 的 PDS 适配器软件。

ISP Synario 软件包括从设计输入、设计实现、设计仿真到器件编程所需要的可执行文件和库文件，提供完整的设计输入、设计实现和设计仿真工具。设计输入和设计仿真由 Synario 软件提供，设计实现由 PDS + 适配器软件提供。

（1）设计输入。Synario 软件的所有设计输入、设计实现和设计仿真都在 Project Navigator 项目引导器集成环境下完成，Synario 把整个设计视为一个"项目"（Project），把输入文件称为"源"。Synario 软件有两个基本的输入手段，即原理图和 ABEL – HDL 硬件描述语言。专业版的 Synario 软件还支持 VHDL 行为描述语言和 Verilog 语言。

（2）设计实现。用户可以通过设计属性和适配控制参数对编译过程进行控制。Synario 的 Project Navigator 项目引导器将"源"需要处理的过程按顺序组织起来，在同一个设计环境中能够完成文件处理，使用方便。

（3）设计仿真。Synario 软件有一个功能仿真器，仿真结果可以用文本方式或波形方式给出。专业版的 Synario 软件还能够利用 Verilog 仿真器进行功能仿真和时延仿真。

（4）下载编程。Synario 软件利用 Lattice 公司免费为 PC 用户提供软件下载，可通过编程电缆装入具体的可编程逻辑器件中。

任务2　基于原理图实现的2选1数据选择器设计

任务分析

数据选择器是常用的数字电路之一。如图 1.35 所示，它有两个数据输入端（P0 和 P1）、一个输出端 F，通过控制选择端 S 从两个数据输入中选择一个作为输出，即控制选择端的状态确定哪个输入被连接到输出，真值表如表 1.3 所示。

由表 1.3 可以得出 2 选 1 数据选择器的逻辑表达式为：$F = \overline{S}P0 + SP1$，电路原理图如图 1.35 所示。

表 1.3　2 选 1 数据选择器真值表

控制选择端	输　　出
S	F
0	P0
1	P1

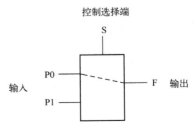

图 1.35　2 选 1 数据选择器

> **小经验**
>
> 　　数据选择器也称为多路选择器，有的书上 2 选 1 数据选择器用符号 MUX2：1 表示，是一个十分有用的器件，它除了作为多路开关、并行输入变串行输出或者与多路分配器配合完成多路信号的分时传输以外，通常还可以用它来实现逻辑函数，即用数据选择器设计逻辑电路。
>
> 　　除了 2 选 1 数据选择器之外，常用的还有 4 选 1、8 选 1 多路选择器等，其 HDL 设计方法参见第 2 章任务 4。
>
> 　　与数据选择器功能相反的电路是数据分配器，例如，1 对 2 数据分配器，有的书上用符号 DEMUX1：2 表示。

任务实现

采用原理图输入法的 2 选 1 数据选择器可按以下步骤进行设计。

1. 新建工程

启动 Quartus Ⅱ 软件，在"File"下拉菜单中选取"New Project Wizard"，新建工程。

> **小提示**
>
> 　　如果读者对设计步骤仍然不太熟练，可以参考任务 1 中的详细设计步骤描述。由于篇幅所限，在后面的任务中省略了与任务 1 中相同的细节及图示。另外，本任务中选择的器件是 ACEX 1K 系列 EP1K100QC208 - 3 芯片。

2. 设计输入

（1）在"File"下拉菜单中选取"New"命令项，选择设计输入类型为"Block Diagram/Schematic"，进入图形编辑界面。

（2）引入逻辑门，在原理图输入窗口中双击鼠标左键，在符号窗口中选取 AND2（2 输入与门）、NOT（非门）和 OR2（2 输入或门）。

（3）引入 3 个输入引脚、一个输出引脚，并将输入引脚更名为 S、P0、P1，输出引脚更名为 F。

（4）连接电路，如图 1.36 所示。

（5）选择"File"菜单下的"Save"命令项，保存原理图文件，文件名为"mux2_1.bdf"，选中"Add file to current project"复选框，该原理图文件自动添加到当前工程中。

3. 工程编译

选择"Processing"菜单下的"Start Compilation"命令项，或者单击位于工具栏的编译按钮▶，完成工程的编译。

如果工程编译出现错误提示，则编译不成功，需根据 Message 窗口中所提供的错误信息修改电路设计，再重新进行编译，直到没有错误为止。

4. 设计仿真

（1）建立波形文件。选择"File"菜单下的"New"命令项，在弹出的窗口中选择"Vector

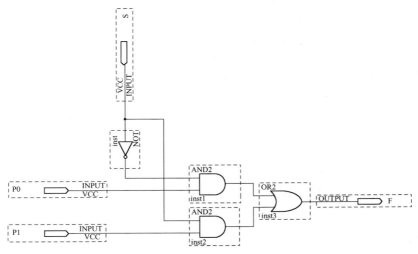

图 1.36 2 选 1 选择器原理图

Waveform File"选项，新建仿真波形文件。在波形文件编辑窗口，单击"File"菜单下的"Save as"命令项，将该波形文件另存为"mux2_1. vwf"。

（2）添加观察信号。在波形文件编辑窗口的左边空白处单击鼠标右键，选择"Insert"的"Insert Node or Bus"命令项，在打开的窗口中单击"Node Finder"按钮，在"Node Finder"窗口中单击"List"按钮，设计的 4 个引脚出现在左边的空白窗格中，选中所有引脚，单击窗口中间的 ≫ 按钮，4 个引脚出现在右边的空白窗格中，再单击"OK"按钮回到波形编辑窗口。

（3）添加激励。通过拖曳波形，产生想要的激励输入信号。

（4）功能仿真。添加完激励信号后，保存波形文件。选择"Processing"菜单下的"Simulator Tool"命令项，在"Simulation mode"下拉列表中选择"Functional"项，再单击"Generate Functional Simulation Netlist"按钮，产生仿真需要的网表文件，然后选中"Overwrite simulation input file with simulation result"，单击"Start"按钮进行仿真。

仿真完成后，单击"Open"按钮打开仿真结果，如图 1.37 所示，2 选 1 数据选择器的输入/输出逻辑功能正确。

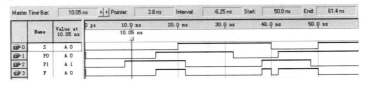

图 1.37 2 选 1 数据选择器功能仿真结果

（5）时序仿真。在仿真工具对话框中，选择"Simulation mode"下拉列表中的"Timing"项，进行时序仿真，仿真结果如图 1.38 所示。

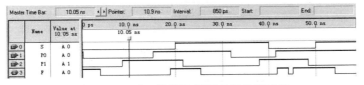

图 1.38 2 选 1 数据选择器时序仿真结果

小知识

分析时序仿真波形时，需考虑输入信号与输出信号之间的传输延时。

在图 1.38 中，电路的输出信号没有出现毛刺。如果输出信号出现毛刺，还要考虑电路是否存在竞争冒险现象。

任务小结

通过 2 选 1 数据选择器的设计，使读者更加熟悉 Quartus Ⅱ 软件进行数字系统设计的步骤，并掌握 2 选 1 数据选择器的逻辑功能和设计原理，逐步理解功能仿真波形和时序仿真波形。

自己做

按照任务 2 中的实现步骤，自行完成基于原理图实现的 1 对 2 数据分配器设计。

提示：1 对 2 数据分配器的输入／输出如图 1.39 所示，其真值表如表 1.4 所示。

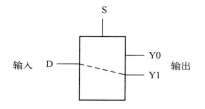

图 1.39　1 对 2 数据分配器

表 1.4　1 对 2 数据分配器真值表

控制选择端	输出	
S	Y1	Y0
0	0	D
1	D	0

1 对 2 数据分配器电路原理图如图 1.40 所示。

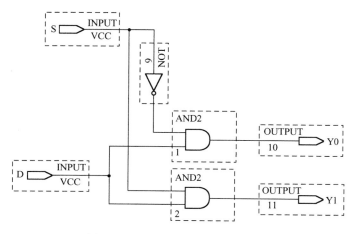

图 1.40　1 对 2 数据分配器原理图

1.2 可编程逻辑器件

知识分布网络

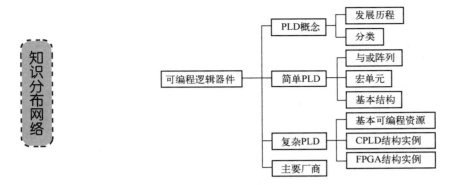

1.2.1 什么是可编程逻辑器件

可编程逻辑器件（Programmable Logic Device，简写为 PLD）是 20 世纪 70 年代发展起来的一种新型逻辑器件，它不仅速度快、集成度高，还可以加密和重新编程，其编程次数最高可达 1 万次以上，因此可编程逻辑器件是目前 EDA（Electronic Design Automation）技术中的硬件设计载体，也是数字系统设计的主要硬件基础，现已广泛应用于与电子设计相关的各个领域。

1. 可编程逻辑器件的发展历程

可编程逻辑器件从出现到今天，已经历了 30 多年的发展历史，随着大规模集成电路技术和 EDA 技术的迅猛发展，可编程逻辑器件从最初的可编程只读存储器（PROM）到现在的现场可编程门阵列（FPGA），其结构、工艺、集成度、速度等各项技术性能指标都在不断改进和提高。

按照时间顺序来看，可编程逻辑器件大致经历了以下几个发展阶段：

（1）可编程只读存储器 PROM（Programmable Read Only Memory）；

（2）可编程逻辑阵列 PLA（Programmable Logic Array）；

（3）可编程阵列逻辑 PAL（Programmable Array Logic）；

（4）通用阵列逻辑器件 GAL（Generic Array Logic）；

（5）可擦除可编程逻辑器件 EPLD（Erasable Programmable Logic Device）；

（6）复杂可编程逻辑器件 CPLD（Complex Programmable Logic Device）；

（7）现场可编程门阵列 FPGA（Field Programmable Gate Array）。

> **小资料**
>
> 可编程逻辑器件的发展情况如表 1.5 所示。
>
> **表 1.5　可编程逻辑器件的发展**
>
> | 器件 | 发 展 情 况 |
> | --- | --- |
> | PROM | 可编程只读存储器 PROM（包括 EPROM、E^2PROM）是最早出现的 PLD 器件，出现于 1970 年，其内部结构由固定的"与阵列"和可编程的"或阵列"组成，它可以用来实现任何以"积之和"形式表示的各种组合逻辑。PROM 采用熔丝工艺编程，只能写一次，不能擦除和重写 |

续表

器件	发展情况
PLA	可编程逻辑阵列 PLA 出现于 20 世纪 70 年代中期，由可编程的"与阵列"与可编程的"或阵列"组成，是一种基于"与或阵列"的一次性编程器件，由于器件内部的资源利用率低，价格较贵，编程复杂，现已不常使用
PAL	可编程阵列逻辑 PAL 是 1977 年美国 MMI 公司（单片存储器公司）率先推出的，也是一种基于"与或阵列"的一次性编程器件。PAL 具有多种输出结构形式，在数字逻辑设计上具有一定的灵活性，成为第一个得到普遍应用的可编程逻辑器件
GAL	通用可编程阵列逻辑 GAL 是 1985 年 Lattice 公司最先发明的可电擦写、可重复编程、可设置加密位的 PLD 器件。GAL 器件在 PAL 基础上，采用了一个可编程的输出逻辑宏单元 OLMC，通过对 OLMC 配置可得到多种形式的输出和反馈，所以 GAL 几乎完全代替了 PAL 器件，并可以取代大部分中小规模数字集成电路，得到广泛应用
EPLD	可擦除可编程逻辑器件 EPLD 是 20 世纪 80 年代中期 Altera 公司推出的基于 UVEPROM 和 CMOS 技术的 PLD 器件，目前主要是采用 E^2CMOS 工艺。EPLD 在 GAL 的基础上大量增加输出宏单元的数目，提供更大的与阵列，比 GAL 更加灵活，集成度也有大幅度提高。因此可以说 EPLD 是改进的 GAL，其内部连线相对固定，延时短，有利于器件在高频率下工作，其缺点是内部互连能力弱
CPLD	复杂可编程逻辑器件 CPLD 是 20 世纪 80 年代末 Lattice 公司提出了在线可编程（In System Programming, ISP）技术以后于 20 世纪 90 年代初出现的。CPLD 是在 EPLD 的基础上发展起来的，采用 E^2CMOS 工艺，与 EPLD 相比，增加了内部连线，对逻辑宏单元和 I/O 单元也有重大的改进。CPLD 器件是本书重点介绍的 PLD 器件之一
FPGA	现场可编程门阵列 FPGA 是 Xilinx 公司于 1985 年首家推出的一种新型高密度 PLD，采用 CMOS – SRAM 工艺。FPGA 从结构上与之前的 PLD 器件采用"与或阵列"不同，它内部包含许多独立的可编程逻辑块（CLB），逻辑块之间可以灵活地相互连接。可编程逻辑块 CLB 的功能很强，不仅能够实现逻辑函数，还可以配置成 RAM 等复杂的形式，是目前最受欢迎的、应用最广的可编程逻辑器件，也是本书重点讨论的 PLD 器件之一

2. 可编程逻辑器件的分类

如前所述，可编程逻辑器件有很多种类，每种器件都有多种特征，目前没有严格的分类标准，常用的分类方法有以下三种：按集成度分类；按结构特点分类；按编程方式分类。

1）按集成度分类

可编程逻辑器件按照集成密度分类，可分为低密度可编程逻辑器件（LDPLD）和高密度可编程逻辑器件（HDPLD）。

通常，将较早发展起来的 PROM、PLA、PAL 和 GAL 这四种 PLD 产品划归为低密度可编程逻辑器件 LDPLD，也称为简单可编程逻辑器件 SPLD；而将 EPLD、CPLD 和 FPGA 统称为高密度可编程逻辑器件 HDPLD，如图 1.41 所示。

2）按结构特点分类

目前常用的可编程逻辑器件都是从"与或阵列"和"门阵列"两类基本结构发展起来的，所以从结构上将其分为两大类："与或阵列"器件和"门阵列"器件。

（1）"与或阵列"器件。目前所说的 PLD 器件一般指具有"与或阵列"的器件，包括 PROM、PLA、PAL、GAL、EPLD 和 CPLD 器件。PLD 是较早的可编程逻辑器件，它的基本逻辑结构由"与阵列"和"或阵列"组成，能够有效地实现"积之和"形式的布尔逻辑函数。PLD 主要通过修改具有固定内部电路的逻辑功能来编程。

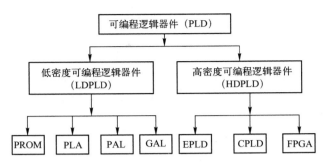

图 1.41 可编程逻辑器件按集成度分类

（2）"门阵列"器件。早期的 FPGA 器件的基本结构为"门阵列"，目前已发展到逻辑单元（包含门、触发器等）阵列，称为"门阵列"器件或 FPGA 器件。

FPGA 是最近十余年发展起来的另一种可编程逻辑器件，它的基本结构类似于门阵列，能够实现一些较大规模的复杂数字系统。FPGA 主要通过改变内部连线的布线来编程。

3）按编程方式分类

可编程逻辑器件按照编程工艺划分，可以分为四类。

（1）一次性编程的熔丝（Fuse）或反熔丝（Antifuse）编程器件。PROM 器件、Xilinx 公司的 XC5000 系列器件和 Actel 公司的 FPGA 器件等采用这种编程工艺。

（2）紫外线擦除/电可编程 U/EPROM 编程器件。大多数的 CPLD 用这种方式编程。

（3）电擦除/电可编程 E^2PROM 编程器件。GAL 器件、ispLSI 器件用这种方法编程。

（4）基于静态随机存储器 SRAM 编程器件。Xilinx 公司的 FPGA 是这一类器件的代表。

小提示

以上四类可编程逻辑器件，第(1)类器件属于一次性编程器件，第(2)、(3)和(4)属于可多次编程器件。其中第(1)、(2)和(3)类器件的优点是系统断电后，编程信息不会丢失；而第(4)类基于 SRAM 的可编程器件，编程信息在系统断电后会丢失，是易失性器件。因此这类器件工作前需要从芯片外部加载配置数据。配置数据可以存储在片外的 EPROM 或者计算机上，设计人员可以控制加载过程，现场修改器件的逻辑功能。

1.2.2 简单可编程逻辑器件

PLD 器件种类较多，不同厂商生产的 PLD 器件结构差别较大，此处不逐一介绍，本节介绍简单可编程逻辑器件的基本结构。简单可编程逻辑器件的基本结构包括输入缓冲电路、与阵列、或阵列、输出缓冲电路四部分，其中"与阵列"和"或阵列"是 PLD 器件的主体。

1. 与或阵列

与或阵列是 PLD 器件中最基本的结构，通过编程改变"与阵列"和"或阵列"的内部连接，就可以实现不同的逻辑功能。依据可编程的部位简单可编程逻辑器件分为 PROM、PLA、PAL 和 GAL 等。

PROM 中包含一个固定连接的"与阵列"和一个可编程连接的"或阵列"，如图 1.42 所示。

　　图 1.42 所示的 PROM 有 4 个输入端 I0 ～ I3、16 个乘积项、4 个输出端 O0 ～ O3。其中"·"表示固定连接点，"×"表示可编程连接点。

　　PLA 中包含一个可编程连接的"与阵列"和一个可编程连接的"或阵列"，如图 1.43 所示。

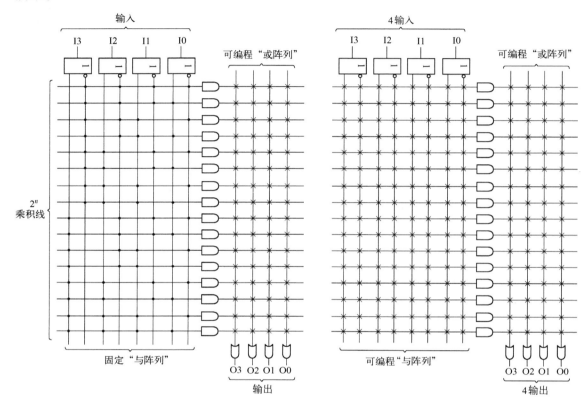

图 1.42　PROM 基本结构　　　　　　图 1.43　PLA 基本结构

　　PAL 和 GAL 的基本门阵列部分的结构是相同的，即"与阵列"是可编程的，"或阵列"是固定连接的。它们之间的差异除了表现在输出结构上，还表现在 PAL 器件只能编程一次，而 GAL 器件则可以实现再次编程。

2. 宏单元

　　与或阵列在 PLD 器件中只能实现组合电路的功能，PLD 器件的时序电路功能则由包含触发器或寄存器的逻辑宏单元实现，宏单元也是 PLD 器件中的一个重要的基本结构。

　　通常来讲，逻辑宏单元结构具有以下几个作用：

　　（1）提供时序电路需要的寄存器或触发器。

　　（2）提供多种形式的输入/输出方式。

　　（3）提供内部信号反馈，控制输出逻辑极性。

　　（4）分配控制信号，如寄存器的时钟和复位信号、三态门的输出使能信号。

3. 简单可编程逻辑器件的基本结构

简单可编程逻辑器件包括 PROM、PLA、PAL 和 GAL，它们都是"与或阵列"结构器件，其基本结构如图 1.44 所示。

"与阵列"和"或阵列"是简单 PLD 的主体，主要用来实现组合逻辑函数；输入电路由缓冲器组成，其作用是使输入信号具有足够的驱动能力并产生互补（原变量和反变量）输入信号；输出电路可以提供不同的输出方式，直接输出形成组合电路，或者通过寄存器输出形成时序电路，而且

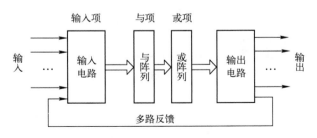

图 1.44　简单可编程逻辑器件基本结构

输出端口上一般带有三态门，通过三态门控制数据直接输出或反馈到输入端。

四种简单可编程逻辑器件的结构特点比较如表 1.6 所示。

表 1.6　四种简单 PLD 电路的结构特点

类　型	阵　列		输出方式
	与	或	
PROM	固定	可编程	TS，OC
PLA	可编程	可编程	TS，OC
PAL	可编程	固定	TS，I/O，寄存器反馈
GAL	可编程	固定	用户定义

注：TS（三态），OC（可熔极性）

1.2.3　高密度可编程逻辑器件

高密度可编程逻辑器件一般包括 EPLD、CPLD 和 FPGA 等，本节首先介绍三类器件的基本可编程资源，再分别以芯片实例介绍 CPLD 和 FPGA 的结构。

1. 高密度可编程逻辑器件的基本可编程资源

可编程逻辑器件提供了四种可编程资源，如图 1.45 所示，包括位于芯片中央的可编程功能单元；位于芯片四周的可编程 I/O 引脚；分布在芯片各处的可编程布线资源和片内存储块 RAM。

（1）可编程功能单元。可编程逻辑器件有三种基本可编程功能单元：RAM 查找表（Look-Up Table，LUT）、基于多路开关的功能单元和固定功能单元。

在 RAM 查找表结构中，RAM 存储器中需预先存入所要实现函数的真值表数值，输入变量作为地址，用来从 RAM 存储器中选择相应的数值作为逻辑函数的输出值，这样就可以实现输入变量的所有可能的逻辑函数。

采用基于多路开关的功能单元只要在多路开关的输入端放置输入的变量、反变量、固定的 0 和 1 等相应的组合，两输入变量的所有函数就可以由单个 2 选 1 的多路开关来实现。

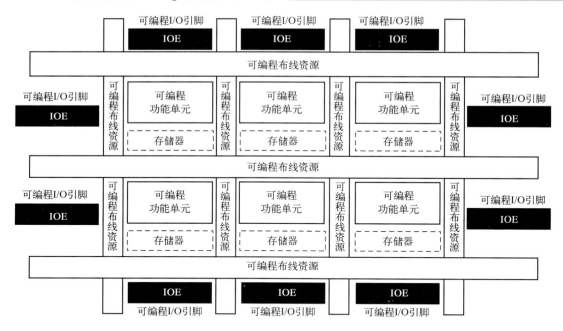

图 1.45　高密度可编程器件可编程资源示意图

小提示

多路开关即多路数据选择器，其功能及实现方法参见任务 2。

固定功能单元提供单个固定的功能。单个固定功能有单级简单和延时短的优点，其主要缺点是要有大量的功能单元才能实现用户设计的逻辑，而且相应功能单元的级联和布线的延时会导致整个器件性能的降低。

（2）可编程 I/O 引脚。可编程 I/O 引脚是器件内部逻辑和外部封装之间的接口，一般分布在芯片四周。随着半导体工艺的线宽不断缩小，从器件功耗的要求出发，器件的内核一般采用低电压供电。为了增强器件的兼容型，芯片外部引脚通常采用高电压供电，由于 I/O 块与内芯供电电压可能不同，这就要求 I/O 块的结构能够兼容多个电压标准，既能接收外部器件的高电压输入信号，又能驱动任何高电压的器件。

（3）可编程布线资源。布线资源是可编程逻辑器件中一种专用的内部互连结构，它主要用来提供高速可靠的内部连线，以保证信号在芯片内部的相邻功能单元之间、功能单元与 I/O 块之间进行有效的传输。

（4）片内 RAM。片内 RAM 不仅可以简化系统的设计，提高系统的工作速度，而且可以减少数据存储的成本，使芯片内外数据信息的交换更可靠。设计数字信号处理器（DSP）、数据加密或数据压缩等复杂数字系统时，经常要用到存储器。可编程 ASIC 芯片内如果没有相应的中小规模存储模块（RAM 或 FIFO），将很难实现上述电路。

由于半导体工艺已进入到亚微米和深亚微米时代，器件的密度大大提高，所以新一代的 FPGA 都提供片内 RAM。这种片内 RAM 的速度是很高的，读操作时间和组合逻辑

延时一样，大约为 5 ns，写操作时间大约为 8 ns，比任何芯片外解决方式要快很多倍。

小资料

可编程布线资源分类如表1.7所示。

表 1.7 可编程布线资源分类

布线资源分类	特　　点
长线（Long Line）和直接连线（Direct Interconnect）	长线是可编程逻辑器件最基本的布线资源，它是垂直或水平地贯穿于整个芯片的金属线，适用于传输距离长、偏移要求小的控制信号或时钟信号。直接连线为相邻功能单元之间及相邻的功能单元与 I/O 块之间提供了有效的连接手段。每个功能单元的输出能通过直接连线和与之相邻的功能单元或 I/O 块的输入相连。这种连线布线短，延时小，最适合相邻块之间信号的高速传输
通用内部连线（General Purpose Interconnect）	通用内部连线是逻辑功能单元行或列之间的一组垂直和水平的金属线段，其长度分别等于相邻逻辑功能单元的行距和列距。逻辑功能单元的输入和输出端可以与相邻的通用内部连线相连，相邻的通用内部连线则通过开关矩阵相互连接而形成网线。通用内部连线上还有一种双向缓冲器，可用于对高扇出信号进行隔离和放大
开关矩阵（Switching Matrix）	开关矩阵是可编程逻辑器件内部的又一种重要的布线资源，主要用来实现相邻的通用内部连线之间的相互连接
可编程连接点	可编程连接点是可编程逻辑器件内部的一种布线资源。这些可编程连接点是由一些独立的可编程开关组成的，主要用于相交布线线段之间或布线线段与功能块、布线线段与 I/O 块端口之间的连接

2. CPLD 结构实例

这里以 Altera 公司的可编程逻辑器件 MAX 7000 系列器件为例介绍其结构。

MAX 7000 系列芯片在结构上包含 32 ～ 256 个宏单元。每 16 个宏单元组成一个逻辑阵列块（LAB）。每个宏单元有一个可编程的"与阵列"和一个固定的"或阵列"，以及一个寄存器，这个寄存器具有独立可编程的时钟、时钟使能、清除和置位等功能。为了能构成复杂的逻辑函数，每个宏单元可使用共享扩展乘积项和高速并行扩展乘积项，它们可向每个宏单元提供多达 32 个乘积项。

MAX 7000 在结构上包括逻辑阵列块 LAB（Logic Array Block）、宏单元（Macrocell）、扩展乘积项（Expender Product Term）——共享和并联、可编程连线阵列 PIA（Programmable Interconnect Array）和 I/O 控制块（I/O Control Block），如图 1.46 所示。

1）逻辑阵列块（LAB）

MAX 7000 系列主要是由逻辑阵列块（LAB）以及它们之间的连线构成的。每个 LAB 由 16 个宏单元组成，多个 LAB 通过可编程连线阵列 PIA 和全局总线连接在一起，全局总线包括所有的专用输入、I/O 引脚和宏单元馈入信号组成。

每个 LAB 的输入信号包括：来自 PIA 的 36 个信号、全局控制信号（用于宏单元内的寄存器实现辅助功能）和从 I/O 引脚到寄存器的直接输入信号。

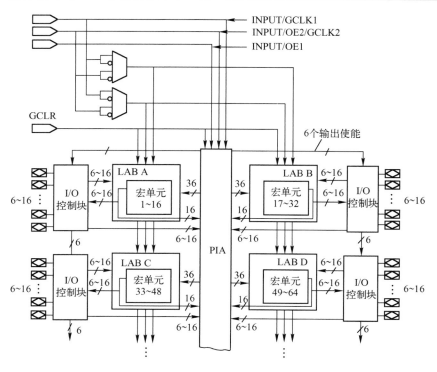

图 1.46　MAX 7000E 和 MAX 7000S 的结构图

2）宏单元（Macrocell）

每个宏单元由 3 个功能块组成：逻辑阵列、乘积项选择矩阵和可编程触发器。宏单元的结构框图如图 1.47 所示。

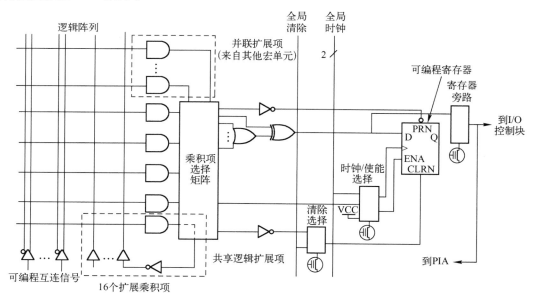

图 1.47　宏单元结构框图

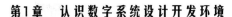

逻辑阵列实现组合逻辑功能，它可给每个宏单元提供 5 个乘积项。"乘积项选择矩阵"分配这些乘积项作为到"或"门和"异或"门的主要逻辑输入，以实现组合逻辑函数；每个宏单元的一个乘积项可以反相后回送到逻辑阵列。这个"可共享"的乘积项能够连到同一个 LAB 中任何其他乘积项上。

每个宏单元的寄存器可以单独地编程为具有可编程时钟控制的 D、JK 或 SR 触发器工作方式。如果需要，也可将寄存器旁路，以实现纯组合逻辑的输出。

宏单元的寄存器支持异步清除、异步置位功能。乘积项选择矩阵分配乘积项来控制这些操作。每个寄存器的复位功能可以由低电平有效的、专用的全局复位信号来驱动。

3）扩展乘积项（Expender Product Terms）

尽管大多逻辑函数能够用每个宏单元中的 5 个乘积项实现，但某些逻辑函数比较复杂，要实现它们则需要附加乘积项。为提供所需要的逻辑资源，利用了 MAX 7000 结构中具有的共享和并联扩展乘积项，而不是利用另一个宏单元。这两种扩展项作为附加的乘积项直接送到本 LAB 的任意宏单元中。利用扩展项可保证在实现逻辑综合时，用尽可能少的逻辑资源，得到尽可能快的工作速度。

4）可编程连线阵列（PIA）

可编程连线阵列是将各 LAB 相互连接，构成所需的逻辑布线通道。它能够把器件中任何信号源连到其目的地。所有 MAX 7000 的专用输入、I/O 引脚和宏单元输出均馈送到 PIA，PIA 可把这些信号送到整个器件内的各个地方，如图 1.48 所示为 PIA 结构。

在掩膜或现场可编程门阵列（FPGA）中，基于通道布线方案的布线延时是累加的、可变的和与路径有关的；而 MAX 7000 的 PIA 有固定的延时。因此，PIA 消除了信号之间的时间偏移，使得时间性能容易预测。

5）I/O 控制块

I/O 控制块允许每个 I/O 引脚单独地配置为输入、输出和双向工作方式。所有 I/O 引脚都有一个三态缓冲器，其使能端可以由全局输出使能信号中的一个控制，也可以直接连到地（GND）或电源（V_{CC}）上。I/O 控制块有两个全局输出使能信号，它们由两个专用的、低电平有效的输出使能引脚 OE1 和 OE2 来驱动。如图 1.49 所示为 I/O 控制块的结构图。

当三态缓冲器的控制端连到地 GND 时，其输出为高阻态，并且 I/O 引脚可作为专用输入引脚使用。当三态缓冲器的控制端连到电源 V_{CC} 时，输出被使能。

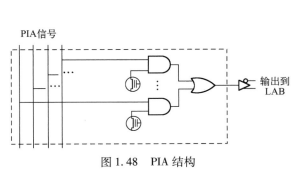

图 1.48 PIA 结构

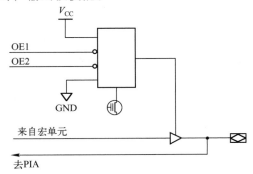

图 1.49 I/O 控制块的结构图

6）可编程速度/功率控制

MAX 7000 器件提供节省功率的工作逻辑模式，可使用户定义的信号路径或整个器件工作在低功耗状态。由于许多应用的所有门中，只有小部分逻辑门工作在高频率，所以在这种模式下工作，可使整个器件总功耗下降到原来的 50% 或更低。

设计者可以对器件中的每个独立的宏单元编程为高速（接通）或者低速（关闭），这样可使设计中影响速度的关键路径工作在高速、高功耗状态，而器件的其他部分仍工作于低速、低功耗状态，从而降低整个器件的功耗。

7）设计加密

所有 MAX 7000 CPLD 都包含一个可编程的保密位，该保密位控制能否读出器件内的配置数据。当保密位被编程时，器件内的设计不能被复制和读出。由于在 E^2PROM 内的编程数据是看不见的，故利用保密位可实现高级的设计保密。当 CPLD 被擦除时，保密位则和所有其他的编程数据一起被擦除。

8）在系统编程（ISP）

MAX 7000A、MAX 7000S 系列芯片支持在系统编程和支持 JTAG 边界扫描测试的功能。我们只要通过一根下载电缆连接到目标板上，就可以非常方便地实现多次重复编程，大大方便了我们调试电路的工作。

小问答

问：可编程逻辑器件的基本资源有以下四部分：功能单元、可编程 I/O 引脚、布线资源和片内 RAM，上面介绍的 MAX 7000 系列器件中是否包含了这四种基本资源呢？

答：MAX 7000 系列器件中包含了三种基本资源：功能单元、可编程 I/O 引脚和布线资源，没有片内 RAM。在其后 Altera 公司开发的 FLEX 10K 系列器件中才首次集成了嵌入式存储器块。

MAX 7000 系列器件的功能单元包括逻辑阵列块（LAB）、宏单元（Macrocell）以及扩展乘积项等。

可编程 I/O 引脚的控制部分是其 I/O 控制块。

布线资源即对应其可编程连线阵列。

---

3. FPGA 结构实例

这里以 Altera 公司的可编程逻辑器件 APEX 20K 系列器件为例介绍 FPGA 结构。

APEX 20K 系列器件是具有多核结构的 PLD 器件，"多核"是指该器件不但有查找表（LUT），还有乘积项（Product Term）与嵌入式存储器（Memory）。APEX 20K 系列芯片多核结构使其同时具备了 MAX 系列、FLEX 系列等器件的高速度、高密度的优点，过去应用中需用乘积项结构、查找表结构和存储器等器件实现的电路，现在可以用一个 APEX 20K 来实现。

1）APEX 20K 系列器件基本结构

APEX 20K 系列器件基本结构示意图如图 1.50 所示。

APEX 20K 系列器件把 LUT（查找表）、Product Term（乘积项）和 Memory（存储器）结合于同一器件内，其互连信号是由一系列快速、连续、横向、纵向贯穿于整个器件的行列通道组成的快速通道（Fast Track）互连提供的。

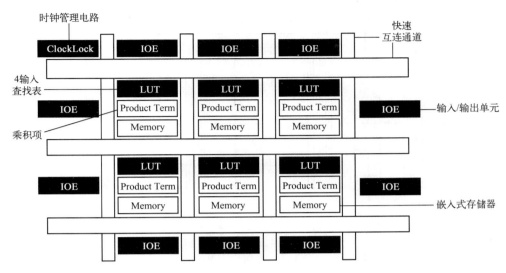

图 1.50　APEX 20K 系列器件基本结构示意图

APEX 20K 系列器件为每个 I/O 引脚配有一个 I/O 单元，它位于每个快速通道行或列的末端。每个 I/O 单元包含一个双向 I/O 缓冲器和一个寄存器，它既可以用于输入或输出寄存器，也可双向应用，当被用做一个专用时钟引脚时，这些缓冲器提供附加特性。

APEX 20K 系列器件的嵌入式系统块（ESB）能实现各种存储功能，包括 CAM、RAM、双端口 RAM、ROM 以及 FIFO。与分布式内存结构相比，ESB 直接把存储器嵌入到死区以提高性能，减少死区。同时，大量的可级联 ESB 确保了 APEX 20K 系列器件在高集成度设计时，能获得更多更广的存储块。ESB 的高速性能使得它在读/写小存储块时不必损失任何速度代价，其丰富的 ESB 资源可保证设计者能处理系统所要求的任意大小的存储块。

APEX 20K 系列器件可提供 2 个专用时钟引脚和 4 个用于驱动寄存器输入控制的专用输入引脚。这些信号使用了具有极短延时和极低失真的专用布线通道，以确保有效分配高速度、低失真控制信号。四个全局信号可由 4 个专用输入信号驱动，也可以由内部逻辑产生的信号驱动。这一特性用于产生具有多扇出的异步清除和时钟驱动信号。APEX 20K 系列器件提供两个附加的专用时钟引脚，同时具有时钟锁定和时钟自举管理电路。

这里主要介绍 APEX 20K 的以下几部分结构：MegaLAB 结构、逻辑阵列块（LAB）、逻辑单元（LE）、进位链与级联链、快速通道（Fast Track）互连、嵌入式系统块（ESB）和 I/O 单元（IOE）。

2）MegaLAB 结构

APEX 20K 系列器件由一系列的 MegaLAB 组成，每个 MegaLAB 包含一定数量的 LAB（Logic Array Block）、一个 ESB 以及负责在 MegaLAB 内部传输信号的 MegaLAB 内部互连通道。APEX 20K 系列器件 MegaLAB 结构如图 1.51 所示。

3）逻辑阵列块（LAB）

每个 LAB 包含了 10 个 LE 以及与 LE 有关的进位链和级联链、LAB 控制信号、局部互连通道。局部互连在同一 LAB、IOE 或 ESB 之间或相邻的 LAB、IOE 或 ESB 之间传送信号。APEX 20K 系列器件的逻辑阵列块（LAB）结构如图 1.52 所示。

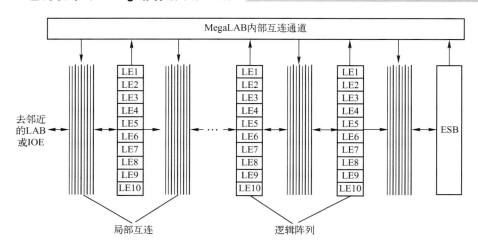

图 1.51　APEX 20K 系列器件 MegaLAB 结构

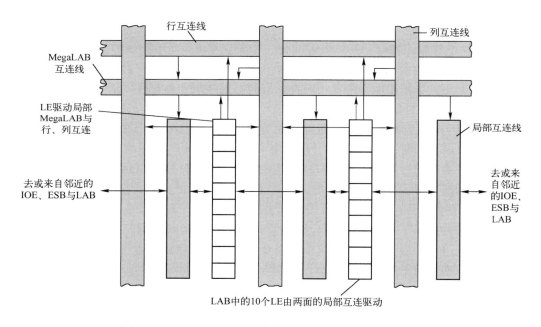

图 1.52　APEX 20K 系列器件的逻辑阵列块（LAB）结构

APEX 20K 器件使用互连 LAB 结构，此结构允许 LE 驱动两个局部互连部分，这个特征使得 MegaLAB 与 FastTrack 之间的互连减少到最低程度，从而提供了高性能和灵活性。每个 LE 通过快速局部互连可驱动另外 29 个逻辑单元。

每个 LAB 可使用两个时钟信号与两个时钟使能信号，具有相同的时钟但时钟使能不同的逻辑单元或者使用同一个时钟信号，或者被置于不同的 LAB 中。

4）逻辑单元（LE）

LE 是 APEX 20K 器件内部最小的逻辑单元。每个 LE 包含一个 4 输入的 LUT，每个 LUT 都是一个函数发生器，可以实现任何 4 变量的逻辑功能。此外，每个 LE 包含一个可编程的寄存器与进位链、级联链。每个 LE 可驱动一个局部互连、MegaLAB 互连以及 FastTrack 互连布线结构。APEX 20K 的 LE 结构如图 1.53 所示。

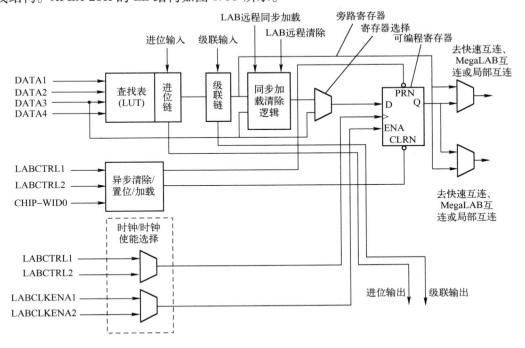

图 1.53 APEX 20K 的 LE 结构

每个 LE 的可编程寄存器均可配置为 D、T、JK 或 SR 触发器来操作，寄存器的时钟和清除控制信号可由全局信号、通用 I/O 引脚或任何内部逻辑驱动。实现组合逻辑功能时，寄存器被旁路，且由 LUT 的输出驱动 LE 的输出。

每个 LE 有两个输出，用来驱动局部互连、MegaLAB 互连或 Fast Track 互连，每个输出均可被 LUT 输出或寄存器输出独立驱动。例如，当寄存器驱动其他输出时，LUT 可以驱动另一个输出，这种特性称为寄存器打包（Register Packing）。它使寄存器和 LUT 可被用于实现互不相关的逻辑功能，因而改善了器件的使用状况。

APEX 20K 系列器件结构提供两种专用高速数据通道，通过这两种数据通道，相邻的 LE 之间的相连可不用局部互连。这两种专用高速数据通道即进位链和级联链。进位链支持诸如计数器和累加器等的高速算术运算，而级联链则用来实现位数较宽的逻辑功能，如实现最小延迟的高宽度比较器。进位链和级联链与同一 LAB 的 10 个 LE 以及同一个 MegaLAB 的所有 LAB 相连。

5）进位链与级联链

进位链（Carry Chain）提供 LE 之间非常快的超前进位功能。进位信号通过超前进位链从低序号 LE 向高序号 LE 进位，同时进位到 LUT 和进位链的下一级。这种结构特性使得 APEX 20K 系列器件能够实现高速计数器、加法器和任意宽度的比较器功能。进位链的长度可使用工具软件 QuartusⅡ的编译器自动建立或手工（设定有关参数）建立。

QuartusⅡ编译器通过链接 LAB 来自动创建长于 10 个 LE 的进位链。在 MegaLAB 结构中，一条长进位链交替跨接 LAB。也就是说，长度超过一个 LAB 的进位链，要么从偶序号 LAB 跨接到偶序号 LAB，要么从奇序号 LAB 跨接到奇序号 LAB。

级联链（Cascade Chain）为逻辑电路提供了更宽的输入宽度。利用级联链，APEX 20K 系列器件可以实现扇入很多的逻辑功能。相邻的 LUT 用来并行计算逻辑功能的各部分，级联链依次串接这些中间值。级联链可使用"与逻辑"或者"或逻辑"来连接相邻的 LE 的输出。每增加一个 LE，可增加 4 位输入宽度，而延时却增加很小。

级联链可由 Quartus 编译器在编译时自动生成，也可以由设计人员在设计输入时手工创建。

6）快速互连通道（Fast Track）

APEX 20K 的 LE、I/O、ESB 之间的连接是通过快速互连通道 Fast Track 实现的。Fast Track 是一系列遍布器件的连续的垂直和水平的连线，采用这种全局连线的优点是可以预测器件的性能参数。APEX 20K 器件的内部互连结构如图 1.54 所示。

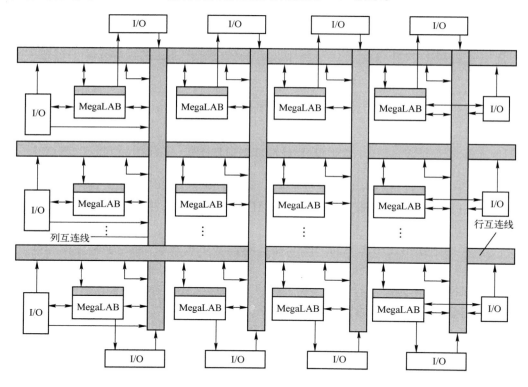

图 1.54　APEX 20K 器件的内部互连结构

7）嵌入式系统块（ESB）

多内核结构中，ESB 可以被配置成基于 ESB 到 ESB 的宏单元块。每个 ESB 都有来自相邻局部互连的 32 个输入端，因此它可以被 MegaLAB 互连或相邻的 LAB 驱动。当相邻的 LE 直接驱动 ESB 时，即实现快速存储器通道。9 个 ESB 宏单元也可以通过局部互连，反馈回 ESB 而获得更好的性能。ESB 控制信号由专用时钟引脚、全局信号及来自局部互连的附加输入驱动。ESB 的输出驱动 MegaLAB 和 FastTrack 互连。

（1）乘积项逻辑

在乘积项模式下，每个 ESB 包含 16 个宏单元。每个宏单元由两个乘积项和一个可编程寄存器组成。APEX 20K 器件 ESB 中的乘积项结构如图 1.55 所示。

APEX 20K 系列器件中的宏单元可被配置为组合逻辑与时序逻辑。若要实现组合逻辑，乘积项选择矩阵首先选择乘积项，并配合或门、异或门（决定或门输出是否取反）实现组合逻辑功能。若要实现时序逻辑操作，用到寄存器时，寄存器可根据设计者的需要编程为 D、T、JK 或 SR 寄存器。APEX 20K 器件中的宏单元结构如图 1.56 所示。

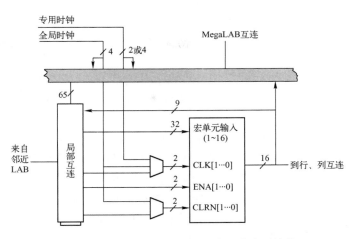

图 1.55　APEX 20K 器件 ESB 中的乘积项结构

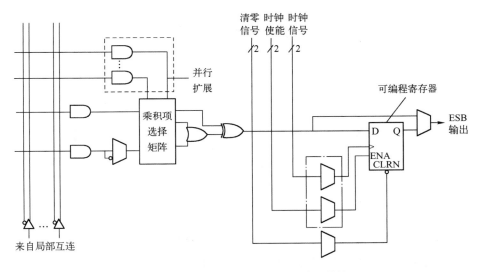

图 1.56　APEX 20K 器件中的宏单元结构

（2）实现各种 RAM

ESB 可以用来实现各种类型的存储器，包括双口 RAM、ROM、FIFO 与 CAM。ESB 含有输入寄存器和输出寄存器，输入寄存器可同步写，而输出寄存器可设计为流水线以改善系统性能。ESB 提供了双端口模式，可以按不同的时钟频率同时进行读/写操作。

ESB 实现存储器时，每个 ESB 可以被配置为：128×16 bits，256×8 bits，512×4 bits，1 024×2 bits 和 2 048×1 bits。多个 ESB 联合使用可以组成位数更宽、容量更大的存储器。图 1.57 给出了 ESB 实现的双端口模式时的外部信号。

在超级 APEX 20K 器件 APEX 20KE 中，还可以用 ESB 来实现内容可寻址存储器（Content-Addressable Memory，CAM），这里不再详述，可参考相关资料。

8）I/O 结构

APEX 20K 的 IOE 包含一个双向的 I/O 缓冲器和一个寄存器，它们可以作为输入寄存器处理需要快速建立时间的外部数据，也可以作为输出寄存器处理需要快速 CLOCK-TO-OUTPUT 功能的数据。因此，IOE 可以作为输入引脚、输出引脚以及双向引脚使用。此外，开发工具 Quartus Ⅱ 的编译器将根据需要在适当的地方对行、列互连送来的信号进行取反。

APEX 20K 的 IOE 包含可编程延时，利用它能保证零保持时间、最小的时钟到输出时延、核心（core）寄存器与输入 IOE 寄存器之间互相传送的时延。

APEX 20K 提供了一种称为专用快速 I/O（FAST1 ～ FAST4）的双向引脚，用来处理需要高扇出（如 PCI 控制信号）的情况。这些引脚除了可作为快速时钟、清除信号外，还能驱动输出，它们的输出数据与三态控制信号来自局部互连和 MegaLAB 局部互连。图 1.58 给出了 APEX 20K 的快速 I/O 结构。

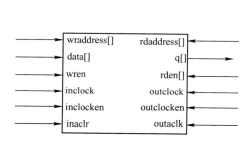

图 1.57 ESB 实现的双端口模式时的外部信号

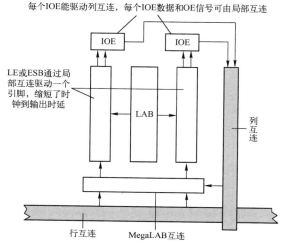

图 1.58 APEX 20K 的快速 I/O 结构

小问答

问：尽管 FPGA 和 CPLD 都是可编程逻辑器件，有很多共同特点，但由于 CPLD 和 FPGA 结构上的差异，具有各自的特点，两者在应用上的区别是什么？

答：两者在应用上的区别如表 1.8 所示。

表 1.8 FPGA 与 CPLD 的区别

CPLD	FPGA
CPLD 更适合完成各种算法和组合逻辑，即 CPLD 更适合于触发器有限而乘积项丰富的结构	FPGA 更适合完成时序逻辑，即 FPGA 更适合于触发器丰富的结构
CPLD 的连续式布线结构决定了它的时序延迟是均匀的和可预测的	FPGA 的分段式布线结构决定了其延迟的不可预测性
CPLD 通过修改具有固定内连电路的逻辑功能来编程，是在逻辑块下编程	FPGA 主要通过改变内部连线的布线来编程，可在逻辑门下编程；在编程上 FPGA 比 CPLD 具有更大的灵活性

续表

CPLD	FPGA
CPLD 集成度比 FPGA 低	FPGA 的集成度比 CPLD 高，具有更复杂的布线结构和逻辑实现
CPLD 的编程采用 E^2PROM 或 FastFlash 技术，无需外部存储器芯片，使用简单	FPGA 的编程信息需存放在外部存储器上，使用方法复杂
CPLD 是逻辑块级编程，并且其逻辑块之间的互联是集总式的，因此 CPLD 的速度比 FPGA 快，并且具有较大的时间可预测性	由于 FPGA 是门级编程，并且 CLB 之间采用分布式互联，因此 FPGA 的编程速度比 CPLD 慢
在编程方式上，CPLD 主要是基于 E^2PROM 或 Flash 存储器编程，编程次数可达 1 万次，系统断电时编程信息也不丢失。CPLD 又可分为在编程器上编程和在系统编程两类	FPGA 大部分基于 SRAM 编程，编程信息在系统断电时丢失，每次上电时，需从器件外部将编程数据重新写入 SRAM 中，其优点是可以编程任意次，可在工作中快速编程，从而实现板级和系统级的动态配置
CPLD 保密性好	FPGA 保密性差
一般情况下，CPLD 的功耗要比 FPGA 大，且集成度越高越明显	FPGA 功耗较低

1.2.4 可编程逻辑器件主要厂商

目前，世界上知名的可编程逻辑器件厂商除了前面介绍的 Altera 公司之外，还有以下著名厂商：

美国的 Xilinx 公司，网址是：www. xilinx. com；

美国的 Lattice 公司，网址是：www. lattice. com；

美国的 Actel 公司，网址是：www. actel. com。

1. Altera 公司

Altera 公司是 20 世纪 90 年代以来发展较快的 PLD 生产厂家。在激烈的市场竞争中，Altera 公司凭借其雄厚的技术实力，独特的设计构思和功能齐全的芯片系列，跻身于世界最大的可编程逻辑器件供应商之列。

Altera 产品的基本构造块是逻辑单元。它的内部连线均采用集总式互联通路结构，即利用同样长度的一些连线实现逻辑之间的互连。在 Classic、MAX 3000A、MAX 5000、MAX 7000、MAX 9000 系列中，逻辑单元称为宏单元（Macrocell），宏单元由可编程的"与阵列"和固定的"或阵列"构成；FLEX 8000、FLEX 6000、FLEX 10K、APEX 20K、ACEX 1K 等系列的逻辑单元（LE）则采用查找表 LUT 结构来构成。

2. Xilinx 公司

Xilinx 公司成立于 1984 年，Xilinx 首创了现场可编程逻辑阵列（FPGA）这一创新性的技术，并于 1985 年首次推出商业化产品。目前 Xilinx 公司满足了全世界对 FPGA 产品一半以上的需求。

除了 FPGA，Xilinx 产品线还包括复杂可编程逻辑器件（CPLD）。在某些控制应用方面，CPLD 通常比 FPGA 速度快，但其提供的逻辑资源较少。Xilinx 可编程逻辑解决方案缩短了电子设备制造商开发产品的时间并加快了产品面市的速度，从而减小了制造商的风险。与采用传统方法如固定逻辑门阵列相比，利用 Xilinx 可编程器件，客户可以更快地设计和验证他们的电路。而且，由于 Xilinx 器件是只需要进行编程的标准部件，客户不需要像采用固定逻辑芯片时那样等待样品或者付出巨额成本。Xilinx 产品已经被广泛应用于从无线电话基站到 DVD 播放机的数字电子应用技术中。

Xilinx 公司生产的 CPLD 产品包括 XC9500 系列和 Cool Runner 系列。XC9500 系列产品包括 XC9500、XC9500XL 和 XC9500XV 三种类型。Cool Runner 系列产品包括 Cool Runner XPLA 和 Cool Runner-Ⅱ 两种类型。

Xilinx 公司的主流 FPGA 分为两大类，一种侧重低成本应用，容量中等，性能可以满足一般的逻辑设计要求，如 Spartan 系列；还有一种侧重于高性能应用，容量大，性能能满足各类高端应用，如 Virtex 系列，用户可以根据自己实际应用要求进行选择。在性能可以满足的情况下，优先选择低成本器件。

3. Lattice 公司

Lattice 公司是较早利用 E^2CMOS 技术制造可编程逻辑器件的公司之一，也是世界上第一片 GAL 的研制者。近年来，该公司在 CPLD 的研制方面取得了很大进展，特别是 20 世纪 90 年代以来，Lattice 公司将 E^2CMOS 与在系统可编程 ISP（In-System Programming）技术结合在一起，推出了 9 个系列的在系统可编程逻辑芯片。

Lattice 公司的可编程逻辑器件主要包括高密度可编程逻辑器件 ispLSI 及 MACH、低密度可编程逻辑器件 ispGAL、信号开关/接口器件 ispGDX/ispGDS 和可编程模拟电路 ispPAC 等系列产品。

4. Actel 公司

Actel 公司 1985 年在美国加利福尼亚州组建，是现场可编程门阵列器件（FPGA）的专业制造商。Actel 公司 1988 年推出第一个抗熔断 FPGA 产品，它的 FPGA 产品被广泛应用于通信、计算机、工业控制、军事、航空和其他电子系统。由于采用了独特的抗熔丝硅体系结构，Actel 公司的 FPGA 产品具有可靠性高、抗辐射强、能够在极端环境条件下使用等特点，因而被美国宇航局的太空飞船、哈勃望远镜修复、火星探测器、国际空间站等项目所采用。

1.3 EDA 技术

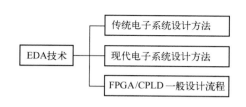

1.3.1 电子系统设计方法

随着可编程逻辑器件的不断发展，特别是 20 世纪 90 年代以后，电子设计自动化 EDA 技术的发展和普及，使数字电子系统的设计方法和设计手段发生了革命性的变化。由传统的基于电路板的自底向上（Bottom-Up）的设计方法，逐渐转变成基于芯片的自顶向下（Top-Down）的设计方法。

1. 传统的电子系统设计方法

传统的电子系统设计一般基于电路板设计，采用自底向上的设计方法。系统硬件的设计从选择具体逻辑元器件开始，再用这些元器件进行逻辑电路设计，完成系统各独立功能模块设计，然后将各功能模块连接起来，完成整个系统的硬件设计，如图1.59所示。

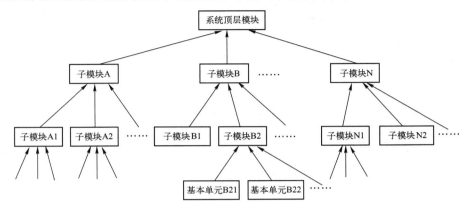

图1.59 自底向上设计方法示意图

从最低层设计开始，到最高层设计完毕，因而称为自底向上的设计方法。这种设计方法的主要特征是：

（1）采用通用的逻辑元器件；

（2）仿真和调试在系统设计后期进行；

（3）主要设计文件是电原理图。

采用传统的设计方法，熟悉硬件的设计人员凭借其设计经验，可以在很短的时间内完成各个子电路模块的设计。而由于一般的设计人员对系统的整体功能把握不足，使得将各个子模块进行组合构建——→完成系统调试——→实现整个系统的功能所需的时间比较长，并且使用这种方法对设计人员之间相互协作有比较高的要求。

2. 现代电子系统设计方法

20世纪80年代初，在硬件电路设计中开始采用计算机辅助设计技术CAD（Computer Aided Design）。最初仅仅是利用计算机软件来实现印制板的布线，之后实现了插件板级规模的电子电路的设计和仿真。

随着大规模可编程逻辑器件FPGA/CPLD的发展，各种新兴EDA工具的出现，传统的电路板设计开始转向基于芯片的设计。基于芯片的设计不仅可以通过芯片设计实现多种数字逻辑系统功能，而且由于管脚定义的灵活性，大大减少了电路图设计和电路板设计的工作量，提高了设计效率，增强了设计的灵活性；同时减少了芯片的数量，缩小了系统体积，提高了系统的可靠性。因此，基于芯片的设计方法目前正在成为现代电子系统设计的主流。

> **小提示**
>
> 从前面的实践中我们知道，基于芯片设计必需的工具和器件有：计算机、可编程逻辑器件FPGA/CPLD以及EDA工具软件。具备了以上条件，在实验室就可以完成数字系统的设计和生产了。

新的基于芯片的设计采用自顶向下（Top-down）的设计方法，就是从系统总体要求出发，自上而下地逐步将设计内容细化，最后完成系统硬件的整体设计，如图 1.60 所示。

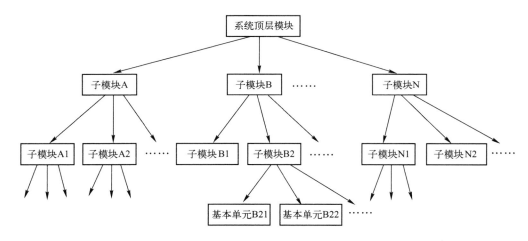

图 1.60　自顶向下设计示意图

这种设计方法的主要特征是：

（1）采用 FPGA/CPLD，电路设计更加合理，具有开放性和标准化；

（2）采用系统设计早期仿真；

（3）主要设计文件是用硬件描述语言 HDL（Hardware Description Language）编写的源程序。

采用这种设计方法，在设计周期伊始就做好了系统分析、系统方案的总体论证，将系统划分为若干个可操作模块，进行任务和指标分配，对较高层次模块进行功能仿真和调试，所以能够早期发现结构设计上的错误，避免设计工作的浪费，帮助设计人员避免不必要的重复设计，提高了设计的一次成功率。

1.3.2　FPGA/CPLD 进行电路设计的一般流程

FPGA/CPLD 进行电路设计的过程是指在计算机上利用 EDA 工具软件对 FPGA/CPLD 器件进行开发设计的过程，一般包括设计准备、设计输入、功能仿真、设计实现、时序仿真、下载编程和器件测试七个步骤，如图 1.61 所示。

1. 设计准备

设计准备阶段是 FPGA/CPLD 进行电路设计的第一步，包括方案论证、系统设计、器件选择等工作。

2. 设计输入

设计输入阶段就是设计者将设计电路以某种方式输入到计算机中。设计输入通常有以下

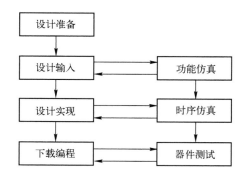

图 1.61　FPGA/CPLD 进行电路设计
的一般流程

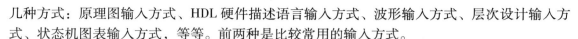
几种方式：原理图输入方式、HDL 硬件描述语言输入方式、波形输入方式、层次设计输入方式、状态机图表输入方式，等等。前两种是比较常用的输入方式。

（1）原理图输入方式，与传统的原理图设计类似，用最直接的图形化的方式描述设计电路，使用工具软件提供的元件库中的符号，用连线画出原理图。这种输入方式是大家最习惯的方式，直观简单，便于仿真，但原理图设计效率低，对设计人员要求高。

（2）HDL 硬件描述语言输入方式，用文本方式输入设计电路，是 EDA 设计的基本特征之一。目前常用的硬件描述语言有 VHDL（Very High speed Description Language）、Verilog-HDL 等。因为语言与工艺无关，采用这种方式输入设计电路，设计人员对底层电路和 PLD 结构不必太熟悉，而且便于实现大规模系统的设计；缺点是硬件描述语言必须依赖综合器，综合器的好坏直接影响到生成电路的质量。

3. 功能仿真

功能仿真也称为前仿真。在编译之前对设计的电路进行逻辑功能验证，初步检测电路功能是否正确。仿真时首先要建立波形文件或测试向量，仿真结果一般是输出信号波形和报告文件等。

4. 设计实现

设计电路的逻辑功能验证正确后，就可以进入电路的设计实现环节了。设计实现是 FPGA/CPLD 进行电路设计的关键步骤，工具软件将对设计输入文件（原理图或文本等）进行逻辑化简、综合优化和适配，最后产生编程下载需要的编程文件。

5. 时序仿真

时序仿真一般称为后仿真，是把设计电路与具体实现器件（FPGA/CPLD）结合起来的仿真。因为不同的器件内部延时不一样，不同的布局布线方案也会产生不同的延时。因此，时序仿真是增加了延时信息后对设计电路的仿真，是仿真电路在器件中实现后，作为真实器件工作时的情况。

6. 下载编程

下载编程是将设计实现阶段生成的编程文件装入到目标器件 FPGA/CPLD 中，也就是将设计电路在具体器件中实现。

7. 器件测试

器件测试就是指器件在编程实现后，可以用编译产生的文件对器件进行校验、加密等工作，当然，利用实验板对器件的性能进行现场测试也是十分必要的。

知识梳理与总结

本章从简单的数字系统设计任务入手，介绍了现代数字系统设计的软硬件环境及基本设计流程，并在实践中逐渐熟悉 Quatus Ⅱ 软件的使用方法，对可编程逻辑器件建立了从外部到内部、从直观到抽象的认识过程，为后面章节的学习打下基础。

本章重点内容如下：

（1）数字系统设计开发环境；

（2）Quatus Ⅱ 软件的使用；

（3）Quatus Ⅱ 软件设计流程；

（4）可编程逻辑器件基本概念；

（5）可编程逻辑器件基本结构；

（6）EDA 基本概念；

（7）现代数字系统设计基本方法。

习题 1

一、填空题

1. 进位数制之间的转换。

（1）$(25)_{10}$ = (　　　)$_2$ = (　　　)$_{16}$

（2）$(101101)_2$ = (　　　)$_{10}$ = (　　　)$_{16}$

（3）$(3F)_{16}$ = (　　　)$_2$ = (　　　)$_{10}$

2. 任务 1 中的设计步骤包括以下 5 步：_____、_____、_____、_____和_____。

3. Quartus Ⅱ 是_____公司新一代的 EDA 设计工具，由该公司早先的 MAXPLUS Ⅱ 演变而来。

4. 按照时间顺序，可编程逻辑器件大致经历了以下发展阶段：_____、_____、_____、_____、_____、_____、_____。

5. 可编程逻辑器件从集成密度上分类，可分为_____和_____。

6. 可编程逻辑器件从结构上将其分为两大类：_____和_____；简单可编程逻辑器件都是_____结构器件。

7. 简单可编程逻辑器件的基本结构包括_____、_____、_____和_____。

8. 复杂可编程逻辑器件的基本资源包括四部分_____、_____、_____和_____。

9. EDA 的中文意思是_____，是由以下三个英文单词_____、_____和_____的首字母组合而成的。

10. HDL 的中文意思是_____，是由以下三个英文单词_____、_____和_____的首字母组合而成的。

11. 写出下列英语缩写词的完整英语单词及中文翻译。

（1）PROM _____　　（2）PLA _____

（3）PAL _____　　（4）GAL _____

（5）EPLD _____　　（6）CPLD _____

（7）FPGA _____　　（8）VHDL _____

（9）ISP _____　　（10）LUT _____

（11）PLD _____　　（12）LAB _____

（13）CAD _____

12. 写出下列英文单词的中文意思。

（1）project _____　　（2）wizard _____

（3）device _____　　（4）package _____

（5）pin _____　　（6）family _____

（7）schematic _____

（8）diagram _____

（9）block _____

（10）symbol _____

（11）input _____

（12）output _____

（13）compilation _____

（14）message _____

（15）analysis _____

（16）synthesis _____

（17）fitter _____

（18）assembler _____

（19）report _____

（20）waveform _____

（21）node _____

（22）simulator _____

（23）functional _____

（24）timing _____

（25）assignment _____

（26）fuse _____

（27）Interconnect _____

（28）macrocell _____

（29）Product Terms _____

（30）carry _____

二、问答题

1. 画出 Quartus II 软件的完整设计流程。

2. 简述任务 1 中的设计步骤。

3. 用图示说明简单可编程逻辑器件的基本结构。

4. 画出 4 选 1 数据选择器的输入/输出结构及真值表。

5. 简述 FPGA 的一般设计流程。

第2章

Verilog设计基础

教学导航

本章从几个简单数字电路的结构和行为功能入手，让读者在实践中了解 Verilog HDL 硬件描述语言的基本概念，学习用 Verilog 硬件描述语言进行数字系统设计的基本方法，并进一步介绍 Verilog 硬件描述语言的结构特点、数据类型、运算符和表达式、常用的赋值语句和条件语句以及底层模块调用的层次化设计方法。

教	知识重点	1. Verilog 硬件描述语言的基本概念； 2. Verilog 硬件描述语言模块的基本结构； 3. Verilog 硬件描述语言的数据类型、运算符和表达式； 4. Verilog 硬件描述语言的赋值语句和条件语句； 5. Verilog 硬件描述语言的层次化设计方法
	知识难点	1. Verilog 硬件描述语言模块的基本结构； 2. Verilog 硬件描述语言的数据类型、运算符和表达式； 3. Verilog 硬件描述语言的赋值语句和条件语句使用方法； 4. Verilog 硬件描述语言的层次化设计方法
	推荐教学方式	从工作任务入手，通过用 Verilog 硬件描述语言进行基本门电路、2 选 1 数据选择器、4 选 1 数据选择器的设计，让学生在实践中由浅入深地学习用 Verilog 硬件描述语言进行现代数字系统层次化设计的方法
	建议学时	6 学时
学	推荐学习方法	Verilog 是一种复杂的语言，初学者要完整地掌握它是很困难的。建议读者从简单的门电路开始，动手实践完成指定任务，并举一反三，逐渐学习重要的、有用的、可以完成数字电路设计综合的 Verilog 语句构造，并进一步熟练开发环境的使用
	必须掌握的理论知识	1. Verilog 硬件描述语言模块的基本结构； 2. Verilog 硬件描述语言的数据类型、运算符和表达式； 3. Verilog 硬件描述语言的赋值语句和条件语句； 4. Verilog 硬件描述语言的层次化设计方法
	必须掌握的技能	使用 Quartus Ⅱ 集成开发环境及 Verilog HDL 设计简单电路的基本方法

任务3　基于 HDL 实现的基本门电路设计

任务分析

在第1章的任务1中，采用原理图输入方式实现了基本门电路设计，这里改用 Verilog HDL 语言来描述基本门电路，从而完成设计任务。首先用 Verilog 来描述一个2输入与非门电路，基本门电路的相关说明资料可参考任务1。

任务实现

用 Verilog HDL 的结构级描述方式描述的2输入与非门电路模块的程序代码 nand2_ex1. v 如下：

```
// 2 输入与非门电路
//nand2_ex1. v
module nand2_ex1(          //定义2输入与非门电路模块 nand2_ex1
a,                         //模块的外部输入/输出端口列表
b,
f
);
input a,b;                 //a、b 为输入端口
output f;                  //f 为输出端口
nand inst1 (f,a,b);        //调用 Verilog 内部预定义的门级原语 nand
endmodule
```

上述代码首先定义了模块的名称，也就是2输入与非门顶层模块名"nand2_ex1"，接下来描述了输入/输出端口列表，定义了两个输入，分别是 a 和 b，一个输出 f。

语句"input a，b；"和"output f；"分别定义输入/输出属性和位宽，2输入与非门有2个输入，1个输出，都是1位位宽。

> ┌─── **小知识** ───
>
> Verilog 中包含有一组用于构成电路设计的最常用逻辑门的功能模型，称为门级原语(gate level primitive)。每个基本门原语都有可与外部电路连接的输入/输出端口，输入/输出端口的关系通过真值表来定义。基本门原语的端口列表放在原语名右边的圆括号中，各个端口用英文逗号隔开。输出端口信号名必须放在端口列表的最前面，输入端口信号名紧接在后面。例如，nand(f,a,b,c) 表示的是一个三输入与非门，f 是其输出端口，a、b 和 c 是其三个输入端口。而 or(f,a,b) 表示的是一个二输入或门，f 是其输出端口，a 和 b 是其两个输入端口。表2.1列出了 Verilog 中预定义的基本门级原语。

表 2.1　Verilog 中预定义的基本门原语

原　语	功　能	范　例
and	n 输入与门	二输入与门 and（out，in1，in2）
nand	n 输入与非门	三输入与非门 nand（out，in1，in2，in3）
or	n 输入或门	三输入或门 or（out，in1，in2，in3）
nor	n 输入或非门	二输入或非门 nor（out，in1，in2）
xor	异或门	xor（out，in1，in2）
xnor	异或非门	xnor（out，in1，in2）
buf	n 输出缓冲器	三输出缓冲门 buf（out1，out2，out3，in）
not	n 输出反相器	二输出反相器 not（out1，out2，in）
bufif0	低电平有效的 n 输出三态缓冲器	二输出三态缓冲器 bufif0（out1，out2，in，ctrl）
bufif1	高电平有效的 n 输出三态缓冲器	三输出三态缓冲器 bufif1（out1，out2，out3，in，ctrl）
notif0	低电平有效的 n 输出三态反相器	二输出三态反相器 notif0（out1，out2，in，ctrl）
notif1	高电平有效的 n 输出三态反相器	三输出三态反相器 notif1（out1，out2，out3，in，ctrl）

　　用 Verilog 的门级描述方式进行逻辑电路的设计，通常就是通过调用基本门级原语，并编写代码将这些门级原语连接起来构成较大的电路，因此这种描述电路的方式也称为结构描述。门级原语的调用语句是以原语的关键字名称开始的，空格后面紧接着一个引用名以及用圆括号括起来的输入/输出信号端口列表，如上例代码 nand2_ex1.v 中调用与非门原语 nand 的语句 "nand inst1（f，a，b）;" 中的 inst1 即为引用名。

　　用 Verilog HDL 描述方式进行 2 输入与非门电路设计可按下面的步骤进行。

1. 新建工程

　　启动 Quartus Ⅱ软件，在 "File" 下拉菜单中选择 "New Project Wizard" 命令项，新建工程 nand2_ex1。

2. 设计输入

　　（1）在 "File" 下拉菜单中选择 "New" 命令项，出现如图 2.1 所示的窗口，选择设计文件 "Design Files" 列表中的 "Verilog HDL File" 输入类型，单击 "OK" 按钮便可进入 Verilog 文本编辑界面。

　　（2）在 Verilog 文本编辑器中输入程序代码，输入完成后，选择 "File" 菜单下的 "Save As" 命令，将文件保存在所创建的工程目录中，文件名为 "nand2_ex1.v"，如图 2.2 所示。

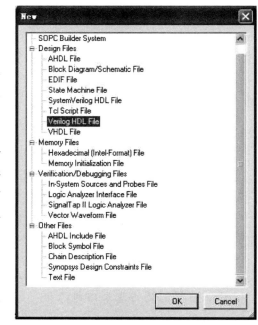

图 2.1　选择文件输入类型窗口

图 2.2 Verilog 文本编辑器

在输入代码时，还可以利用其他环境下的文本编辑器进行源代码编辑，并将文件保存为扩展名为 .v 的文件。启动 Quartus Ⅱ软件并完成新建工程后，选择"Project"菜单下的"Add/Remove Files in Project"命令，弹出如图 2.3 所示的对话窗口，单击"File name"文本框右侧的"▢"按钮，找到已有的代码文件，单击"Add"按钮，最后再单击"OK"按钮，就可以将已经编辑好的代码文件加入到当前工程中了。

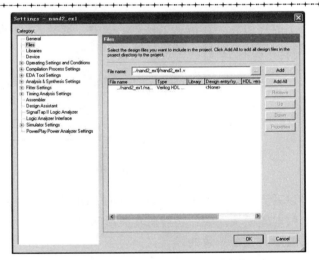

图 2.3 将已有的设计文件加入到当前工程

3. 工程编译

选择"Processing"菜单下的"Start Compilation"命令，或者单击位于工具栏的编译按钮 ▶，完成工程的编译。

4. 设计仿真

（1）建立波形文件。选择"File"菜单下的"New"命令，在弹出的窗口中选择"Vector Waveform File"项，新建仿真波形文件。在波形文件编辑窗口，单击"File"菜单下的"Save as"命令项，将该波形文件另存为"nand2_ex1.vwf"。

（2）添加观察信号。在波形文件编辑窗口的左边空白处单击鼠标右键，选择"Insert"

的 "Insert Node or Bus" 命令项，在打开的窗口中单击 "Node Finder" 按钮，在 "Node Finder" 窗口中单击 "List" 按钮，设计的 4 个引脚出现在左边的空白窗格中，选中所有引脚，单击窗口中间的 >> 按钮，4 个引脚出现在右边的空白窗格中，再单击 "OK" 按钮回到波形编辑窗口。

（3）添加激励。通过拖曳波形，产生想要的激励输入信号。

（4）功能仿真。添加完激励信号后，保存波形文件。选择 "Processing" 菜单下的 "Simulator Tool" 命令项，在 "Simulation mode" 下拉列表中选择 "Functional"，再单击 "Generate Functional Simulation Netlist" 按钮，产生仿真需要的网表文件，然后选中 "Overwrite simulation input file with simulation result" 复选框，否则不能显示仿真结果，单击 "Start" 按钮进行仿真。

仿真完成后，单击 "Open" 按钮打开仿真结果，如图 2.4 所示，2 输入与非门电路模块逻辑功能正确。

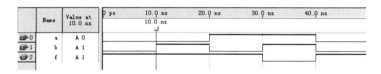

图 2.4　采用 Verilog HDL 设计的 2 输入与非门功能仿真结果

（5）时序仿真。在仿真工具对话框中，选择 "Simulation mode" 下拉列表中的 "Timing" 项，进行时序仿真，仿真结果如图 2.5 所示。

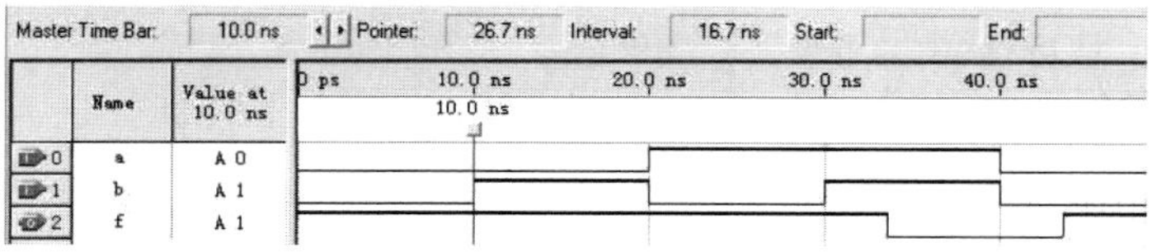

图 2.5　采用 Verilog HDL 设计的 2 输入与非门时序仿真结果

可以看到，在任务 3 中采用 Verilog HDL 方法与任务 1 中采用原理图设计方法建立的 2 输入与非门电路模块比较，功能仿真波形和时序仿真波形与任务 1 中相应的功能仿真波形和时序仿真波形是完全一致的。

任务小结

通过采用 Verilog 描述一个 2 输入与非门电路的设计过程，使读者了解在 Quartus Ⅱ 开发环境中采用 Verilog 进行数字系统设计的方法和步骤，了解 Verilog 硬件描述语言的基本结构特点。

自己做

按照任务 3 中的实现步骤，自行完成用 Verilog HDL 的结构级描述方式描述的与门、或门、或非门以及异或门电路模块的设计。

2.1　Verilog 模块结构与数字系统设计流程

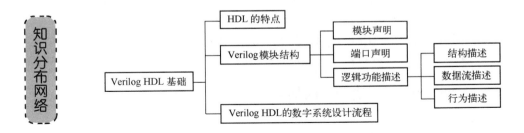

2.1.1　HDL 的概念及特点

HDL（Hardware Description Language，硬件描述语言）是一种用文本方式来描述数字电路和数字系统的语言。

设计者利用 HDL 来描述一个数字系统，首先编写设计文件，然后利用 EDA 工具进行逻辑综合和仿真，再进行功能验证，最后自动生成能在 ASIC 或 FPGA 上具体实现的逻辑网表，并对产生的电路进行优化。

数字系统的设计、综合、仿真及验证都可以利用 HDL 实现，这种综合设计方法已经成为数字系统的主流设计方法，与传统的人工设计电路原理图的方法相比，它采用自顶向下的设计方式，便于设计的早期规划、分工协作、设计功能验证，从而大大缩短了产品开发的周期。

目前最常用的硬件描述语言是 VHDL 和 Verilog HDL，这两种语言都有 IEEE（美国电气和电子工程师协会）标准。VHDL 是 Very High Speed Integrated Circuit HDL 的缩写，语法比较烦琐，关键字较长，学习较困难，对电路的行为描述能力较强，但对开关级电路描述能力不强。与 VHDL 相比，Verilog 对底层电路描述能力较强，而行为描述能力较 VHDL 弱，但它类似于 C 语言，语法简洁，结构自由，入门较易，可使设计者集中精力在设计工作中，而不必花费太多的时间在语言和语法的学习上，并且用 Verilog HDL 编辑的程序代码长度只是VHDL 的一半，因此现代工业广泛采用 Verilog HDL 进行电路系统设计。

小资料

　　VHDL 在 1985 年正式推出，其开发背景源于美国国防高级研究计划局（DARPA）提出的超高速集成电路计划，目的是在各个承担美国国防部订货的集成电路厂商之间建立一个标准的设计数据格式。VHDL 于 1987 年成为 IEEE 标准（IEEE Standard 1076—1987）。

　　1983 年，GDA（Gateway Design Automation）公司开发了 Verilog HDL，最初只设计了一个仿真与验证工具，之后又陆续开发了相关的故障模拟与时序分析工具。1985 年 Moorby 公司推出了它的第三个商用仿真器 Verilog-XL，获得了巨大成功，从而使 Verilog HDL 得到迅速推广和应用。1989 年 Cadence Design Systems 公司收购了 GDA 公司，从此对 Verilog 和 Verilog-XL 模拟器拥有全部的财产权。1990 年 Cadence 公司公开发表了 Verilog HDL。随着技术发展，Cadence 公司采取了开放标准的路线，将 Verilog 转放到

公众开放领域 OVI（Open Verilog International）组织以促进 Verilog HDL 语言的发展，1995 年 Verilog HDL 成为 IEEE 标准，即 IEEE Standard 1364—1995，我们通常称这个标准为 Verilog 5。随后，人们向 IEEE 提交了一个改善了原始的 Verilog—95 标准缺陷的新标准。这一扩展版本成为 IEEE 1364—2001 标准，也就是 Verilog 2001。

2.1.2　Verilog 电路模块的一般结构

1. 电路建模的概念

用 Verilog HDL 描述的电路设计称为模块，也就是该电路的 Verilog HDL 模型。模块描述某个电路的功能或结构以及与其他模块通信的外部接口，是 Verilog 的基本描述单位。用 Verilog 语言编写代码来设计一个电路的过程，也就称为对电路建模的过程。

2. Verilog HDL 模块结构

用 Verilog HDL 语言来定义一个电路的模块，必须符合一定的语法结构和基本规则。下面采用任务 3 中的 2 输入与非门电路模块 nand2_ex1.v 来认识 Verilog 代码的基本结构。

```
行号      代码
1        // nand2_ex1.v
2        module nand2_ex1(        //定义 2 输入与非门电路模块 nand2_ex1
3        a,                       //模块的外部输入/输出端口列表
4        b,
5        f
6        );
7        input a,b;               //a、b 为输入端口
8        output f;                //f 为输出端口
9        nand inst1 (f,a,b);      //调用 Verilog 内部预定义的门原语 nand
10       endmodule
```

第 1 行：注释文字。

第 2 ～ 6 行：用关键字 module 定义了模块的名字 nand2_ex1，其后用圆括号 （ ） 列出了模块的所有对外输入/输出端口 a、b 和 f，并且将输入端口 a、b 列在前面，输出端口 f 列在后面。

第 7 行：用关键字 input 说明端口 a、b 是输入端口。

第 8 行：用关键字 output 说明端口 f 是输出端口。

第 9 行：调用了 Verilog 内部预定义的门级原语 nand 来说明输入/输出信号之间的逻辑关系。

第 10 行：用关键字 endmodule 来结束电路模块 nand2_ex1 的定义。

可以看出，用 Verilog HDL 描述一个电路模块必须做以下两件事情：

（1）模块声明和端口类型声明。首先定义设计模块，包括给模块命名并确定输入和输出信号线（称为端口，port），也称为模块声明（以上代码的第 2 ～ 6 行），其次必须对该模块各个端口的输入/输出类型进行声明，即端口类型声明（以上代码的第 7 ～ 8 行）。

（2）必须确定该模块的实际操作、输入和输出的关系，也称为模块的逻辑功能描述（以

上代码的第9行）。

小经验

为了使代码具有可读性好和可维护性高的特点，要求用多行注释符"/ * …… * /"或单行注释符"//"对代码段或语句做必要的注释说明。例如，模块 nand2_ex1.v 在程序中首先在第1行用单行注释符来注释说明2输入与非门电路模块的 Verilog 代码名是 nand2_ex1.v。

注意：注释行不被编译，仅起注释作用。

一般地，我们习惯称所编写的设计内容为"代码"，而不叫"程序"，因为用硬件描述语言表述的是一个物理上存在的电路，本身不是应该被运行的"程序"。但是通常可以把验证代码是否正确的验证代码称之为验证程序，因为这些验证代码是可以运行的，用来检测设计是否正确。

假定，一个通用的 Verilog HDL 电路模块结构如图 2.6 所示，下面以该电路为例介绍 Verilog 代码的一般描述方法。

对电路模块描述的内容都是嵌在关键字 module 和 endmodule 之间的，其基本架构如下：

```
module 模块名(port1,port2,…,portn);
    端口声明语句块；
    逻辑功能描述语句块；
endmodule
```

图 2.6 通用的 Verilog 模块

1）模块声明

模块声明包括模块名字和模块输入/输出端口列表，格式如下：

```
module 模块名(port1,port2,…,portn);
```

模块声明以关键字 module 开始，后面紧接着模块名，在圆括号内列出模块的所有输入/输出端口，后面必须加上作为行结束符的英文分号";"。

小经验

一般地，EDA 工具对中文的支持不是很好，而且 EDA 设计一般会跨越 Windows 和 Linux 平台，所以对于命名需要注意规范形式。一般地，建议使用字母或者下画线开头，整个路径以及文件名、模块名中不要出现空格、中文。此外，项目工程不能保存在根目录下。同时应注意，Verilog 语言对字母大小写是敏感的。

模块定义以关键字 endmodule 结束，此时不须使用行结束符的英文分号";"。

2）端口声明语句块

完成了模块声明语句后，还必须明确说明模块的端口类型。一个电路模块与外界连接和通信的端口有3种类型，分别是输入端口（input）、输出端口（output）和输入/输出双向端口（inout）。端口类型声明语句格式如下：

input	端口名 1,端口名 2,……;	//声明输入端口
output	端口名 1,端口名 2,……;	//声明输出端口
inout	端口名 1,端口名 2,……;	//声明双向端口

> **小提示**
>
> 端口声明语句仍然使用英文分号";"表示语句行的结束。

3）逻辑功能描述语句块

建模中最重要的部分是正确地描述模块逻辑功能，也就是需要定义 f(port1, port2,…, portn)是什么。描述和定义模块逻辑功能的方法通常采用结构描述、数据流描述以及行为描述三种方式，下面分别加以简单介绍。

（1）调用库元件的结构描述方式。在 Verilog HDL 语言中，可以通过调用原语元件的方式来描述电路的结构，这种方法类似于在电路图输入方式下调用库元件来完成设计。例如，在任务 3 中，2 输入与非门建模时采用的语句"nand inst1（f，a，b）;"，调用了库原语元件 nand，说明了库元件的实例引用名为 inst1，将库元件的引脚连接到模块的相应信号端口。

（2）使用连续赋值语句"assign"的数据流描述方式。

对任务 3 的 2 输入与非门电路建模也可用如下代码来实现：

```
// nand2_ex2. v
module nand2_ex2(
a,
b,
f
);
input a,b;
output f;
assign f =~（a & b）;        //逻辑表达式 f = a·b,符号"～"表示非,"&"表示与操作
endmodule
```

由关键字 assign 引出的是连续赋值语句。连续赋值语句不间断地监视等式右端的变量，每当这些变量中有任何一个发生变化，右端表达式就被重新赋值，并将结果传给等式左端进行输出。这种描述方法简单，只须将逻辑表达式放在关键字 assign 后面即可。

> **小知识**
>
> assign 连续赋值语句的赋值操作符是普通的赋值操作符"="，通过定义数据信号的"流程"来描述模块，一旦其输入端发生变动，输出端也随之而改变，因此用连续赋值语句描述模块逻辑功能的方式也称为数据流描述方式，一般用于组合电路的逻辑功能描述，它可以看成是行为级模块的一种。

关于 assign 的具体描述参见 2.3 节。

（3）使用 always 过程块的行为描述方式。

任务 3 的 2 输入与非门建模时还可采用如下方式：

```
//nand2_ex3. v
module nand2_ex3(
a,
b,
f
);
input a,b;
output f;
reg f;                    //将输出信号定义为 reg 寄存器型
always @ ( a or b )
    f < = ～ ( a & b );      //逻辑表达式 f = a·b,符号"～"表示非,"&"表示与操作
endmodule
```

在上述代码中，关键字 always 引出的语句称为 always 过程语句。always 过程语句的执行是需要触发条件的，触发条件列在圆括号里，称为敏感信号表达式，如"a or b"，表示当敏感信号 a 或 b（输入端口）发生变化时，逻辑表达式就将随之发生一次变化，执行过程赋值语句"f < = ～ （a & b）;"一次。这里的 always 具有循环等待的含义，即循环等待敏感信号表达式是否发生变化，一旦发生变化，就执行逻辑表达式一次。

根据以上不同的模块逻辑功能描述方式，我们可以了解到，Verilog HDL 程序有三种描述设计的方式：

（1）结构描述方式；

（2）行为描述方式；

（3）数据流描述方式。

一个电路模块既可以用结构方式建模，也可以用行为描述方式建模，还可以采用数据流方式建模，实际的建模过程往往会综合使用这三种方式来实现。

小资料

一个电路系统的 Verilog 模块，可以采用结构级描述方式进行建模，如任务 3 中的代码 nand2_ex1. v。也可以用行为描述方式的代码风格来建模，如代码 nand2_ex2. v 和 nand2_ex3. v。Verilog 模型共有五种不同抽象级别的描述风格。

（1）系统级（system-level）。系统级建模方式用 Verilog 语言来抽象地描述电路的外部性能，目前这种描述方式建立的电路模型不一定能综合出实际的标准门级电路。

（2）算法级（algorithm-level）。算法级建模风格是用 Verilog 语言来构造电路输入/输出的行为算法程序，这种描述方式可读性好，容易理解，但所描述的算法与硬件之间没有明显的对应关系，因此不是所有的算法级描述方式建立的电路模型都能综合出实际的标准门级电路。

（3）RTL 级（register transfer level）。数据流/寄存器传输级的建模编程通常是处理和控制数据如何在寄存器之间传送，RTL 级模型和逻辑电路有着明确对应的关系，

一般来说都能综合出实际的硬件电路。

（4）门级（gate-level）。门级建模是结构级描述风格，描述的是逻辑门和逻辑门之间的连接，因此所建立的模型与逻辑电路有明确的对应关系。

（5）开关级（switch-level）。开关级模型是建立在底层物理器件基础上的，描述的是器件级的晶体管之间的连接关系。

系统级、算法级和 RTL 级都属于行为级，门级属于结构级。大多数的电路设计都采用易于用逻辑表达式描述的行为描述方式，而通常只有 RTL 级这样的行为级描述能够综合出实际的硬件电路，因此行为级的建模通常就是 RTL 级建模或数据流建模。

2.1.3　基于 Verilog 的系统设计流程

在 1.3 节中介绍了电子系统的基本设计方法，包括传统的自底向上（Bottom-Up）和现代的自顶向下（Top-Down）设计方法，我们采用 Verilog HDL 进行复杂数字逻辑电路和系统的设计过程中，通常将以上两种设计方法结合起来运用。

在定义高层系统结构和系统模块时采用 Top-Down 设计方法，划分好系统所需要的各个子模块，根据系统性能的总体考虑和指标要求，对高层次模块往往编写一些行为级的代码，进行功能仿真和验证。而在设计实现时使用 Bottom-Up 的方法，从库元件或数据库中调用已有的单元或采用可综合的行为描述方式来设计底层的子模块，并且进行电路综合、优化，以及功能、性能的仿真和验证；再实现大一些的子模块，最后构建出整个系统。

硬件描述语言 HDL 为我们提供了在所希望的层次级别中描述电路的方法。用 Verilog HDL 设计电路的基本流程如图 2.7 所示。

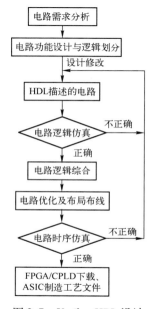

图 2.7　Verilog HDL 设计电路的基本流程

> **小资料**
>
> 设计验证是在系统设计的过程中，进行包括功能、性能等各种参数指标的仿真，如果在仿真过程中发现问题，就返回设计的输入阶段进行修改，然后再重复各项仿真，直至达到各项系统指标的要求。
>
> 对一个系统设计的验证工作通常采用 Bottom-Up 的方法，即先验证底层模块，保证每个底层模块的正确性后，再验证顶层模块的正确性。

1. 电路需求分析

需求分析是进行电路系统设计的起点。工作人员需要对用户提出的功能要求进行分析理解，做出电路系统的整体规划，形成详细的技术指标，确定初步方案。例如，要设计一个数字密码锁，需要考虑供电方式、电路工作频率、开锁方式、设码/解码方式、产品体积、成本、功耗和安装位置，电路实现采用 ASIC 还是选用哪种 FPGA/CPLD 器件等。需求分析的结果是否准确将直接影响到后面各阶段的设计过程，并影响到设计结果是否合理和实用。做好电路的需求分析，必定会大大缩短产品开发周期。

2. 电路功能设计与逻辑划分

正确地分析了用户的电路需求后，就可以进行逻辑功能的总体设计，设计整个电路的功能、接口和总体结构，考虑功能模块的划分和设计思路，各子模块的接口和时序（包括接口时序和内部信号的时序）等，向项目组成员合理分配子模块设计任务。

3. HDL 描述的电路设计

按照电路的功能设计及性能要求，用硬件描述语言来描述各个子模块。

> **小提示**
>
> 电路设计也可以按照传统的画电路图的设计方式来完成。但是，当今电路系统的逻辑关系和时序关系往往非常复杂。按照以往传统的画电路图设计方式且没有计算机辅助仿真工具的条件下，开发一个电路系统需要很长的周期。HDL 的出现使电路设计的工作效率大幅提高，如今一个成熟的数字电路设计师所做的工作，在早期的 20 世纪 80 年代则需要十几个人乃至一个研究所才能完成。因此，要做一个硬件设计师，如果不学会像写程序一样地用 HDL 来描述电路系统，则很难适应高速发展的信息时代。

4. 电路逻辑功能仿真

电路逻辑功能仿真的目的是对所描述的电路功能正确与否进行验证，经过功能仿真找出设计的错误并进行修正，因此功能仿真在整个电路系统的设计过程中具有重要的作用。

电路逻辑功能仿真时并不考虑信号的时间延迟等因素对电路性能的影响，只是验证功能的正确性。

> **小知识**
>
> 一般的 EDA（Electric Design Automation，电子设计自动化）综合工具都提供了电路逻辑仿真的环境，例如，在任务1、任务2、任务3中都使用了 Quartus Ⅱ 软件提供的"仿真波形文件"，采用图形方式编辑激励信号，对电路进行功能仿真。仿真还可以使用专门的仿真工具。例如，FPGA 设计中最常用的仿真工具是 Mentor Graphics 公司的产品 Modelsim 仿真软件。
>
> 除了用图形方式编辑激励信号仿真电路功能以外，还可以用 HDL 编写测试程序。例如，对一个 2 输入与非门的逻辑仿真编写的测试程序 nand2_test. tst 如下所示。
>
> ```
> / *  nand2_test. tst  */
> timescale 1ns/1ns          // 将仿真的时间单位设置为 ns,精度为 1 ns
> module nand2_ex_test;       // 定义测试程序模块 nand2_ex_test
> ```

```
        reg a,b;                        //将被测试模块的输入信号定义为 reg 寄存器型
        wire f;                         //将被测试模块的输出信号定义为 wire 线网型
        nand2_ex_1 U1（a,b,f）;         //说明被测电路 U1 为模块 nand2_ex_1
        initial begin                   //保留字 initial 后描述的是仿真波形的变化情
                                        //况,所描述的内容写在 begin 和 end 之间
        a=1'b0; b=1'b0;                 //输入信号波形起始状态:a=0,b=0
        #100 a=1'b1;                    //"#100"表示经过 100 ns 的延迟后 a=1,b 没变
        #100 a=1'b0; b=1'b1;            //经过第二个 100 ns 的延迟后 a=0,b=1
        #100 a=1'b1;                    //经过第三个 100 ns 的延迟后 a=1,而 b 仍为 1
        #200 $ finish;                  //再经过 200 ns 的延迟后结束仿真
        end
    endmodule
```

　　这样的测试程序在仿真软件中要产生出所需的激励波形，并将它加载到电路模块上。仿真软件再控制显示出仿真后产生的输出信息。测试程序也称为验证程序、测试文件、测试模块或顶层模块。

　　这段测试程序中出现的语句 "a = 1'b0;" 和 "b = 1'b1;"，其含义分别是将 1 位位宽的二进制数 0 和 1 赋值给寄存器变量 a 和 b。

5. 电路逻辑综合

　　当逻辑仿真验证正确以后，就可以进行逻辑综合，将电路模块的逻辑描述文件根据选定的 ASIC 类型或 FPGA/CPLD 器件类型的硬件结构和约束控制条件进行编译、优化和转换，最后获得可以实现的基本门级电路的网表文件。

　　逻辑综合的目的是决定电路门级结构，寻求时序与面积、功耗与时序的平衡，增强电路的可测试性。

　　能够完成逻辑综合的工具软件称为逻辑综合器，它借助于计算机强大的计算能力，自动完成逻辑综合的过程，产生优化的电路结构网表，输出 .edf 文件。

　　在 FPGA/CPLD 设计中最著名的逻辑综合工具有三种：Synopsys 公司的 FPGA Express、FPGA Compiler 和 FPGA Compiler Ⅱ；Synplicity 公司的 Synplify 和 Synplify Pro.；Mentor Graphics 公司的 Leonardo Spectrum。

　　专门用于 ASIC 的综合工具有 Synopsys 公司的 Design Compiler 和 Behavial Compiler；Synplicity 公司的 Synplify ASIC；Cadence 公司的 Synergy。

小提示

　　不是所有的 HDL 语句和程序都可以进行逻辑综合，自动产生真实电路。对于 HDL 的可综合性研究已有十多年的历史，但目前尚未形成国际标准，各厂商的综合器所支持的可综合 HDL 语法也不相同。因此，为了能转换成标准的门级电路网表，编写 HDL 程序时必须符合特定的综合器需求的风格。目前所有的逻辑综合器基本上都支持门级结构和 RTL（寄存器传输级）结构的 HDL 程序的综合。

6. 电路优化及布局布线

由于各种 ASIC 和 FPGA/CPLD 器件的工艺各不相同，因而当用不同厂家的不同器件来实现已通过验证的电路逻辑网表时，不但需要使用该器件类型对应的基本单元库，还必须使用相应的布线延迟模型，才能进行精确的电路优化和布局布线，使设计能与实际电路的情况一致。

基本单元库与布线延迟模型由器件厂家提供，并由 EDA 工具厂商的工程师将其编入到相应的处理程序中。逻辑电路设计师在进行逻辑综合时只需调用一个说明了工艺器件和约束条件的文件，EDA 工具就会自动地根据这一个文件选择相应的库和模型进行准确的处理。

7. 电路时序仿真

完成了逻辑综合和电路的优化及布局布线工作后，结合为电路实现所选定的器件类型，还需要考虑信号的延迟对电路进行仿真。由于不同器件的内部时延以及布局、布线方案都会给电路的功能及时延造成很大的影响，因此在设计实现后，对电路进行时延仿真，分析定时关系，估计设计性能非常有必要。

不考虑信号时延等因素的功能仿真称为前仿真，时序仿真称为后仿真。

8. FPGA/CPLD 下载或 ASIC 制造工艺文件产生

完成了电路的设计、仿真验证后，就可以通过 EDA 工具生成由基本门电路组成的逻辑网表目标文件，再通过开发工具将目标文件下载到 FPGA/CPLD 芯片中，然后在电路板上进行实际环境的调试。如果电路要在 ASIC 上实现，则在 EDA 工具上生成集成电路制造的工艺文件，再将工艺文件送到 Foundry 开始制造芯片。

任务 4　基于 HDL 实现的 2 选 1 数据选择器设计

任务分析

在第 1 章任务 2 中，采用原理图输入方式实现了 2 选 1 数据选择器，这里将其改为用 Verilog HDL 来完成设计。2 选 1 数据选择器的相关说明资料可参考任务 2。

任务实现

1. 2 选 1 数据选择器电路模块的描述

如前所述，我们可以用 Verilog HDL 在不同的层次级别、采用不同的描述方式来完成逻辑电路的设计，2 选 1 数据选择器电路如图 2.8 所示。

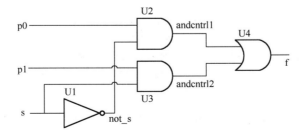

图 2.8　由基本门电路组成的 2 选 1 数据选择器

（1）用 Verilog HDL 的结构级描述方式，描述图 2.8 所示的 2 选 1 数据选择器电路模块。代码如下：

```
//采用结构级方式描述 2 选 1 数据选择器
//mux2_1_ex1.v
module mux2_1_ex1(              //定义 2 选 1 数据选择器 mux2_1_ex1
p0,                            //模块的外部输入/输出端口列表
p1,
s,
f
);
input p0,p1,s;                 //p0、p1 和 s 为输入端口
output f;                      //f 为输出端口
wire not_s,andcntrl1,andcntrl2;  //关键字 wire 表示连线数据类型,定义了电路中各个
                                 //门原语之间的连接线

not U1 (not_s,s);
and U2 (andcntrl1,P0,not_s),
    U3 (andcntrl2,P1,s);
or U4 (f,andcntrl1,andcntrl2);
endmodule
```

> **小提示**
>
> 上面代码中的 not、and 和 or 分别是非门、与门和或门的门级原语。具体介绍请参考任务 3。

（2）用 Verilog HDL 的行为级数据流描述方式，描述 2 选 1 数据选择器电路模块。代码如下：

```
//采用数据流方式描述 2 选 1 数据选择器
//mux2_1_ex2.v
module mux2_1_ex2(
p0,
p1,
s,
f
);
input p0,p1,s;                 //p0、p1 和 s 为输入端口
output f;                      //f 为输出端口
assign f =~ s & p0 | s & ~p1;  //逻辑表达式 f = s̄·p0 | s·p̄1,其中符号~表示非操作,
                               // & 表示与操作,|表示或操作

endmodule
```

（3）用 Verilog HDL 的 always 过程块的行为描述方式，描述 2 选 1 数据选择器电路模块。代码如下：

```
//采用行为描述方法描述2选1数据选择器
//mux2_1_ex3. v
module mux2_1_ex3(
p0,
p1,
s,
f
);
input p0,p1,s;              //p0、p1 和 s 为输入端口
output f;                   //f 为输出端口
reg f;                      //关键字 reg 表示一种暂存的数据类型,说明输出信号 f
                            //需要在 always 语句块中得到赋值

always@ ( p0 or p1 or s)
    begin
        if( s == 1'b0) f <= p0;  //if 条件分支语句,如果选择端 s 为 0 电平,则输出端 f 上输出
        else f <= p1;            //的是输入信号 p0 的状态;否则如果 s 为 1 电平,输出端 f 上
                                 //输出的是 p1 的状态

    end
endmodule
```

小提示

代码设计时往往需要根据给定的条件进行判断,从而选择不同的处理手段。对给定的条件进行判断,并根据判断结果选择应执行的操作的代码,称为选择结构代码。在 Verilog 语言中,选择结构代码设计一般用 if 语句或 case 语句来实现,对这两种分支语句的具体介绍请参看第2.5节。

2. 2 选 1 数据选择器电路设计的基本步骤

用 Verilog HDL 描述方式进行 2 选 1 数据选择器电路设计按以下步骤进行。

1)新建工程

启动 Quartus Ⅱ 软件,在"File"下拉菜单中选择"New Project Wizard"命令,新建工程 mux2_1_ex2。

2)设计输入

(1)在"File"下拉菜单中选择"New"命令项,选择设计文件"Design Files"列表中的"Verilog HDL File"项,单击"OK"按钮进入 Verilog 文本编辑界面。

(2)在 Verilog 文本编辑器中输入 mux2_1_ex2. v 代码,输入完成后,选择"File"菜单的"Save As"命令项,将代码文件保存在所创建的工程目录中,文件名为 mux2_1_ex2. v。

3)工程编译

选择"Processing"菜单下的"Start Compilation"命令项,或者单击位于工具栏的编译按钮▶,完成工程的编译。

4)设计仿真

(1)建立波形文件。执行"File"菜单下的"New"命令,在弹出的窗口中选择"Vector Waveform File"项,新建仿真波形文件。在波形文件编辑窗口,单击"File"菜单下的

"Save as"命令项，将该波形文件另存为"mux2_1_ex2. vwf"。

（2）添加观察信号。在波形文件编辑窗口的左边空白处单击鼠标右键，选择"Insert"的"Insert Node or Bus"命令项，在打开的窗口中单击"Node Finder"按钮，在"Node Finder"窗口中单击"List"按钮，设计的 4 个引脚出现在左边的空白窗格中，选中所有引脚，单击窗口中间的 >> 按钮，4 个引脚出现在右边的空白窗格中，再单击"OK"按钮回到波形编辑窗口。

（3）添加激励。通过拖曳波形，产生想要的激励输入信号。

（4）功能仿真。添加完激励信号后，保存波形文件。选择"Processing"菜单下的"Simulator Tool"命令项，在"Simulation mode"下拉列表中选择"Functional"项，再单击"Generate Functional Simulation Netlist"按钮，产生仿真需要的网表文件，然后选中"Overwrite simulation input file with simulation result"复选框，否则不能显示仿真结果，单击"Start"按钮进行仿真。

仿真完成后，单击"Open"按钮打开仿真结果，如图 2.9 所示，2 选 1 数据选择器电路模块逻辑功能正确。

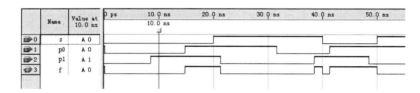

图 2.9　采用 Verilog HDL 设计的 2 选 1 数据选择器功能仿真结果

（5）时序仿真。在仿真工具对话框中，选择"Simulation mode"下拉列表中的"Timing"项，进行时序仿真，仿真结果如图 2.10 所示。

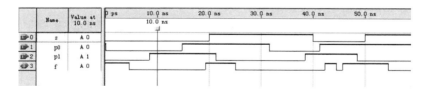

图 2.10　采用 Verilog HDL 设计的 2 选 1 数据选择器时序仿真结果

可以看到，在任务 4 中采用 Verilog HDL 方法与任务 2 中采用原理图设计方法建立的 2 选 1 数据选择器电路模块比较，功能仿真波形和时序仿真波形与任务 2 中相应的功能仿真波形和时序仿真波形是完全一致的。

任务小结

通过 2 选 1 数据选择器的设计，使读者更加熟悉采用 Verilog HDL 在不同层次级别、采用不同的描述方式进行数字系统设计的方法与步骤，了解 Verilog 中使用不同的数据类型对各种信号进行定义的方法，并加深理解功能仿真和时序仿真的意义。

2.2 数据类型、常量及变量

任何程序或代码运行处理的对象都是数据。用硬件描述语言设计的电路模块代码所处理的数据就是实际电路中的物理连线、存储单元中的逻辑值。这些逻辑值存储在变量中，逻辑信号在连线上的传送方式用变量的数据类型来说明。

> **小知识**
>
> Verilog HDL 经常用以下 4 种逻辑值状态来表示电连接线上的逻辑信号值。
> (1) 0：表示低电平、逻辑 0 或逻辑"非"；
> (2) 1：表示高电平、逻辑 1 或逻辑"真"；
> (3) x 或 X：不确定或未知的逻辑状态；
> (4) z 或 Z：高阻态；
> 上面的 x 和 z 都不区分大小写。

2.2.1 标识符

Verilog HDL 中的标识符用于表示电路系统中的模块、寄存器、输入/输出端口、连线等物理对象的名字。标识符可以是任意一组字母、数字以及符号"＄"和下画线"＿"的组合，但首字符必须是字母或者下画线。

以下是几个合法的标识符：reg_out、count、P0、F、ABC＄、_M1_d1。

而下面几个标识符则是不合法的：8_data、avr%、*out。

必须注意标识符是区分大小写的，例如，count 与 COUNT 是两个不同的标识符。

标识符还可以是以符号"\"开头，以空白符结尾的任何字符组成的转义标识符，例如，"\8_data"定义了一个转义标识符，但反斜线和结束空白符并不是转义标识符的一部分，再如，标识符"\reg_out"与标识符"reg_out"是一样的。

> **小资料**
>
> 在 Verilog HDL 语言内部已经使用的标识符称为关键字或保留字，这些保留字用户不能随便使用。例如，always、input、output、nand、not、or、module、begin、end 等内部保留字。
>
> 需注意的是：所有关键字全部采用小写字母组成。例如，input 是一个内部保留字，而 INPUT 则是用户定义的标识符，两者表示不同的意义。

同时，必须注意内部保留字与转义标识符并不完全相同。例如，转义标识符 \ initial 与保留字 initial 并不同，具有不同的意义。

2.2.2 常量

常量在程序运行过程中不会改变其数值，常量的取值类型一般是整数型数据、实数型数据和字符串数据。

1. 整数型数据

整数型数据可以用二进制、十进制、八进制和十六进制这四种形式来表示。Verilog 中的整数按如下方式书写：

+/- ＜位宽＞'＜进制符号＞＜数值＞

上述的"位宽"表示整数以二进制形式存在时的位数，表示进制的符号有 4 种：b 或 B 表示二进制；o 或 O 表示八进制；d 或 D 表示十进制（通常十进制整数可以不标示进制符号）；h 或 H 表示十六进制。

以下是一些合法的整数表示方式：

8'b01010101	//位宽为 8 位的二进制数 01010101
4'hE	//位宽为 4 位的十六进制数 E，十六进制数中的 a 到 f 值不区分大小写
5'D25	//位宽为 5 位的十进制数 25
6'o70	//位宽为 6 位的八进制数 70
8'Hz	//位宽为 8 位的十六进制数 z，即 zzzzzzzz
8'B1x_000001	//可以使用下画线来提高程序的可读性，下画线本身没有任何意义
4'h 3e	//可以在位宽与'之间、进制与数值之间出现空格，但在'和进制之间、 //数值之间不能出现空格

下面是一些非法的书写整数的例子：

3'h –3E	//负数符号"–"必须放在最左边，正数符号"+"可以省略不写
(4＋4)'O36	//位宽不能为表达式
8'b11110000	//在和进制之间不能出现空格

小知识

在书写和使用整数时要注意以下一些问题：

（1）书写较长的数值使用下画线，可以提高可读性。例如，16'b1100_0110_0000_1010。

（2）x 或 z 表示的宽度取决于所用的进制，即在二进制中代表 1 位 x 或 z，在八进制中代表 3 位 x 或 z，在十六进制中代表 4 位 x 或 z。例如：

8'h1x	// 等价于 8'b0001xxxx
4'bz	// 等价于 4'bzzzz

（3）如果没有定义一个整数的位宽，则宽度为相应值中定义的位数。例如：

```
'hD2            //8 位十六进制数
'o17            //6 位八进制数
```

（4）如果定义的位宽比实际的位数长，通常在数的左边填"0"补位。如果数的最左边一位为 x 或 z，就相应地用 x 或 z 在左边补位。例如：

```
8'b11           //定义的位宽为8,比实际位数2大,左边补0,数值为:00000011
8'bx110         //数的最左边为x,左边补 x 后数值为:xxxxx110
```

（5）如果定义的位宽比实际的位数小，那么将最左边的位舍掉。例如：

```
4'b1111_0101    //定义的位宽为4小于实际位数8,最左边4 位被截断,数值为:
                //4'b0101
```

整数是可以带符号（正、负号）的，并且正（＋）、负（－）号应写在最左边。负数通常用二进制补码的形式来表示。

2. 实数型数据

实数型数据可以用十进制方式表示，如 2.55、4.23、10.0 等，但不能省略小数点后面的数字，例如，实数 10.0 不能写成 10.。

实数型数据还可以用科学记数法表示，例如，十进制数 10000.0 用科学记数法表示是 1.0E4；而 9.32e2 就表示十进制数 932。

3. 字符串数据

在 Verilog 中字符串是一个用双引号引出的字符序列，如 "Hello！Welcome."。

小提示

字符串数据不能分成多行书写。

4. parameter 型

在 Verilog HDL 中常用关键字 parameter 来定义符号常量，即用 parameter 来定义一个标识符表示常量，其说明格式如下：

parameter 参数名 1 = 表达式,参数名 2 = 表达式,……,参数名 n = 表达式;

例如：

```
parameter width = 8;
parameter e = 25,f = 27;
parameter delay_time = 100;
```

parameter 是定义参数型常量的关键字，在其后跟着一个用英文逗号分隔开的赋值语句表。在每一个赋值语句的右边必须是一个常数表达式，该表达式只能包括数字或先前已定义过的参数，例如：

```
parameter n = 100,m = 80;
parameter average = (n + m)/2;
```

代码中使用符号常量，可以增强程序的可读性和可维护性。由 parameter 定义的参数型常量在模块中一般表示延迟时间、信号线宽度等。例如，下面的 2 输入与非门的测试模块 nand2_test. tst 中，定义了参数型常量 delay1 和 delay2 来分别表示延迟时间100 ns 和200 ns。

```
//nand2_test. tst
timescale 1ns/1ns
module nand2_test;
    reg a,b;
    wire f;
    parameter delay1 = 100,delay2 = 200;        //定义参数型常量 delay1 和 delay2
    nand2_ex_1 U1 (a,b,f);
    initial begin
      a = 1'b0; b = 1'b0;
      #delay1    a = 1'b1;                       //经过 100 ns 的延迟后 a = 1,b 没变。
      #delay1    a = 1'b0; b = 1'b1;             //经过第二个 100 ns 的延迟后 a = 0,b = 1
      #delay1    a = 1'b1;                       //经过第三个 100 ns 的延迟后 a = 1,而 b 仍为 1
      #delay2    $ finish;                       //再经过 200 ns 的延迟后结束仿真
    end
endmodule
```

2.2.3　变量及其数据类型

变量是指在程序执行过程中其值可以变化的量。Verilog HDL 中变量的数据类型有很多种，这里只介绍最常用的线网 wire 型、寄存器 reg 型、寄存器 memory 型。

1. wire 线网型

wire 线网型是最常用的数据类型，它相当于组合逻辑电路中的各种连接线，其特点是输出的值紧随输入值的变化而变化，不能暂存。

Verilog HDL 模块中的输入/输出信号类型默认定义为 wire 型。模块中引用实例元件的输出信号变量以及用"assign"语句赋值的变量，一般都定义为 wire 型。例如，在 2 选 1 数据选择器模块 mux2_1_ex1. v 中，输入/输出端口说明语句"input p0,p1,s;"和"output f"将输入/输出信号 p0、p1、s 均默认定义为 wire 类型变量，而门级原语的引用实例 U1、U2 和 U3 的输出端变量 not_s、andcntrl1 和 andcntrl2 要用语句"wire not_s,andcntrl1,andcntrl2;"来说明为 wire 类型；在模块 mux2_1_ex2. v 中用"assign"语句赋值的输出端口变量 f 则由端口说明语句默认定义为 wire 类型。

┌─ **小经验** ─────────────────────────────────────┐

在用 Verilog 进行系统开发时，为了避免出现实际位宽与期望位宽不一致的情况，所有的 wire 信号必须显性定义。

└──┘

定义一根单信号连线为 wire 型变量的格式如下：

> wire 信号名1,信号名2,……;

上述各个电路模块例子中所定义的 wire 型变量都表示一根连线。但在实际电路系统中，经常会遇到总线，如地址总线、数据总线等，它们具有多位数据线。用 Verilog 来描述 n 位总线信号为 wire 型变量的格式如下：

> wire[n-1:0] 信号名1,信号名2,……;

例如：

> wire[7:0] data;　　　　　//说明一个 8 位数据总线 data 为 wire 型
> wire[31:0] adder;　　　　//说明一个 32 位地址总线 adder 为 wire 型

2. reg 寄存器型

reg 类型定义的是一种能暂存数据的变量，定义一个 reg 型信号变量的格式与定义 wire 型变量的格式类似，如下所示：

> reg 信号名1,信号名2,……;　　　　//说明信号1,信号2,…为1位 reg 型
> reg[n-1:0] 信号名1,信号名2,……;　//说明信号1,信号2,…为 n 位 reg 型

例如：

> reg q;
> reg[7:0] a,b;

reg 型变量在定义时默认的初始值为不定值 x，在设计时要求给寄存器变量赋予明确的值。如果寄存器变量没有得到新的赋值，它将一直保持原有的值不变。

reg 型变量与 wire 型变量不同，除了可以与 wire 型变量一样表示组合逻辑电路中的连接线，reg 型变量还可以在时序电路中对应具有状态保持作用的电路元件，如触发器、寄存器等。

> **小提示**
>
> 　　用 reg 数据类型定义的信号必须放在过程块（如 always、initial）中通过过程赋值语句赋值。

3. memory 寄存器型

Verilog HDL 可通过 reg 变量来建立数组，用来表示一组存储器，称为 memory 寄存器。定义在 IEEE 的 Verilog 2001 标准中，memory 寄存器型变量的格式如下：

> reg[n-1:0] 存储器名[m-1:0];

这里 n 代表每个存储单元的大小，即该存储单元是一个 n 位的寄存器。而 m 为地址空间范围，定义了该存储器中有 m 个这样的寄存器（m 个 n 位寄存器）。例如：

> reg[7:0] memory1[255:0];

上例定义了一个存储器，该存储器有 256 个 8 位的寄存器，名字叫 memory1。该存储器

的地址范围是 0 ～ 255。

如果要对 memory1 中的存储单元进行读写操作，必须指定该单元在存储器的地址。例如下面的语句：

```
memory1[10] = 0;        //给 memory1 中第 10 个存储单元赋值为零
memory1[2] = 16;        //给 memory1 中第 2 个存储单元赋值为 16
```

2.3 连续赋值语句及"？:"语句

知识分布网络

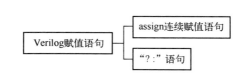

2.3.1 连续赋值语句

在任务 4 中，我们采用数据流描述方式来实现了 2 选 1 数据选择器的设计，从这个应用实例中可以看到：数据流的建模方式主要采用连续赋值语句（Continuous Assignments）来实现。这里主要介绍连续赋值语句的使用。

在硬件中，assign 连续赋值语句一般用来描述组合逻辑电路，用于给线网型 wire 变量赋值。组合逻辑电路的输出信号只取决于当时的输入信号，与电路原来所处的状态无关。

assign 连续赋值语句用右端表达式所推导出来的逻辑来驱动赋值语句左端的连接线变量。"连续"的意思是指等号右端的任一信号发生变化立即影响左端的被赋值信号。只要输入端操作数的值发生变化，该语句就重新计算并刷新赋值结果。

用 assign 语句实现数据流建模的描述语法如下：

```
assign wire 型变量 = 表达式；
```

例如，任务 3 中的 2 输入与非门的数据流建模如下：

```
assign f = ~(a & b);        //2 输入与非门逻辑表达式 f = $\overline{a \cdot b}$
```

在上面的例子中，输出变量 f 和输入变量 a、b 都默认为 wire 类型，a 和 b 信号的任何变化都将随时反映到 f 上来。这条连续赋值语句在 Quartus Ⅱ上综合出来的电路如图 2.11 所示。

任务 4 中的 2 选 1 数据选择器的数据流建模如下：

```
assign f = ~s & p0 | s & ~p1;        //2 选 1 数据选择器逻辑表达式 f = $\overline{s} \cdot p0 + s \cdot \overline{p1}$
```

在 Quartus Ⅱ上综合出的硬件电路如图 2.12 所示。

> 小提示
>
> 由 assign 引出的连续赋值语句与在 always 过程语句中的过程赋值语句有很大的不同，主要表现在以下几个方面：

（1）连续赋值语句用于对 wire 线网型变量赋值，而过程赋值语句用于对寄存器型变量赋值。

（2）连续赋值语句在过程块外部使用，而过程赋值语句在过程块内部使用。

（3）连续赋值语句是并发执行的，而过程赋值语句的阻塞式赋值属于顺序执行过程，非阻塞式赋值才是并发执行的。

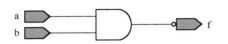

图 2.11　由连续赋值语句综合出来的
2 输入与非门电路

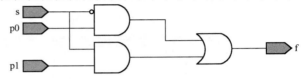

图 2.12　由连续赋值语句综合出来的 2 选 1 数据选择器电路

2.3.2　"？:"语句

任务 4 中的 2 选 1 数据选择器电路的特点是根据选择信号的值把对应的输入信号送到输出端，在逻辑电路中，具有这种特点的电路有很多。在 Verilog 中提供了一种条件操作符"？:"，来简单处理这种在不同的条件状态下对几个可能的信号或值进行选择的电路。

使用条件操作符的语法格式如下：

条件表达式？表达式 1：表达式 2

条件操作符的运算过程如下：如果条件表达式的值为 1（即为真），则运算后的结果取表达式 1 的值，否则取表达式 2 的值。

任务 4 的 2 选 1 数据选择器建模还可以在连续赋值语句中用条件操作符来定义，代码如下：

```
//条件操作符的应用——2选1数据选择器
//mux2_1_ex4.v
module mux2_1_ex4(
p0,
p1,
s,
f
);
input p0,p1,s;          //说明 p0、p1 和 s 为输入端口
output f;               //说明 f 为输出端口
assign f = (s == 1'b0) ? p0:p1;    //条件表达式
endmodule
```

上例中，条件表达式是 s == 1'b0，即判断选择输入信号 s 的值是否为 0，如果是，则给输出端 f 连续赋予表达式 1（输入端 p0）的值，否则给输出端 f 连续赋予表达式 2（输入端 p1）的值。对 2 选 1 数据选择器模型 mux2_1_ex4.v 进行综合后产生出的硬件电路如图 2.13 所示。

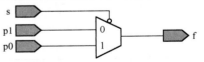

图 2.13　综合出来的 2 选 1 数据选择器电路

试一试

将 Verilog HDL 设计文件（.v 文件）综合出实际硬件电路，可以使用 Quartus Ⅱ 的内置浏览器观察。在 Quartus Ⅱ 中观察综合结果的步骤如下：

（1）按照任务 3 的步骤完成工程建立、器件选择、设计模块输入、设计编译及仿真过程。

（2）单击"Tools"的"Netlist Viewers"子菜单下的"RTL Viewer"命令项，如图 2.14 所示。此时在 Quartus Ⅱ 界面上显示出"RTL Viewer"寄存器传输级电路浏览器的卡片式窗口，给出了综合生成的门级电路，如图 2.15 所示。

图 2.14   在 Quartus Ⅱ 中进行电路综合的菜单命令

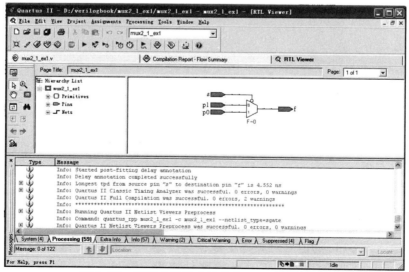

图 2.15   浏览电路综合结果的 Quartus Ⅱ 界面

2.4　运算符及表达式

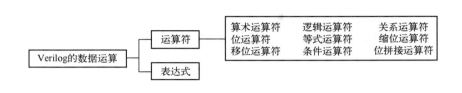

2.4.1　运算符

运算符就是完成某种特定运算的符号，Verilog HDL 提供了丰富的运算符。按照运算功能来划分，运算符分为以下几种类型：

（1）算术运算符；

（2）关系运算符；

（3）等式运算符；

（4）逻辑运算符；

（5）位运算符；

（6）缩位运算符；

（7）移位运算符；

（8）条件运算符；

（9）位拼接运算符。

按照运算符所带的操作数个数来划分，运算符分为三类，分别为：

（1）单目运算符（unary operators）：运算符只带有一个操作数。

（2）双目运算符（binary operators）：运算符带有两个操作数。

（3）三目运算符（ternary operators）：运算符带有三个操作数。

下面按照功能分类对 Verilog HDL 语言中的运算符分别进行介绍。

1. 算术运算符

在 Verilog HDL 语言中，算术运算符也称为二进制运算符。如表 2.2 所示，列出了 Verilog 的算术运算符。

加法运算符"＋"可以是双目运算符，用法为：操作数 1＋操作数 2，如 a＋b；也可以作为单目运算符，即正值运算符，用法如：＋1、＋b。

减法运算符"－"也与加法运算符一样，可以是双目运算符，用法为：操作数 1－操作数 2，如 a－b；也可以作为单目运算符，即负值运算符，用法如：－1、－b。

乘法运算符"＊"、除法运算符"/"和求余运算符"%"都属于双目运算符。用法为：操作数 1＊操作

表 2.2　算术运算符

算术运算符号	功　　能
＋	加法
－	减法
＊	乘法
/	除法
%	求余

数 2、操作数 1/操作数 2、操作数 1% 操作数 2，如：a＊b、a/b、a% b。

使用除法运算符进行整数除法运算时，结果值要略去小数部分只取整数部分。例如，"5/2"的值为 2，"10/3"的值为 3。

求余运算符也称为模运算符，要求"%"的两侧均为整数。在运算符左侧的运算数为被除数，右侧的运算数为除数，运算结果是两数相除后所得的余数，并且结果的符号位采用模运算式里第一个操作数的符号位，如："10% 3"的值为 1，"10% 5"的值为 0，"－10% 3"的值为 －1。

2. 逻辑运算符

逻辑运算符用于求条件式的逻辑值。在 Verilog HDL 语言中有三种逻辑运算符，如表 2.3 所示。

逻辑与"&&"和逻辑或"‖"都是双目运算符，要求有两个操作数。

逻辑与的用法：操作数 1 && 操作数 2。当两个操作数都为真时，运算的结果才为真。如果任何一个操作数为假，则运算的结果为假。

逻辑或的用法：操作数 1 ‖ 操作数 2。当两个操作数中有一个为真时，运算的结果就为真。只有当两个操作数都为假时，则运算的结果才为假。

逻辑非"!"只有一个操作数，用法：!操作数。运算结果值是对操作数取反。如果操作数的值为真，进行逻辑非运算后的结果为假；当操作数的值为假时，逻辑非运算的结果则为真。

表 2.4 列出的是逻辑运算的真值表。

表 2.3　逻辑运算符

逻辑运算符号	功　　能
&&	逻辑与
‖	逻辑或
!	逻辑非

表 2.4　逻辑运算真值表

a	b	a && b	a ‖ b	! a	! b
1	1	1	1	0	0
1	0	0	1	0	1
0	1	0	1	1	0
0	0	0	0	1	1

3. 关系运算符

关系运算符用来比较变量的值或常数的值。在 Verilog HDL 语言中有四种关系运算符，如表 2.5 所示。

> **小提示**
>
> 操作符"＜＝"还可用于表示信号的一种非阻塞赋值操作，非阻塞赋值在电路建模中的使用方法请参看第 3.4.3 节。

在进行关系运算时，如果声明的关系结果为假，则运算的结果为 0；如果声明的关系结果为真，则运算的结果为 1。例如：

14 ＜25 的关系是正确的，则运算的结果为 1；

0 ＞＝10 的关系是不成立的，则运算的结果为 0。

如果两个操作数长度不同，那么长度较短的操作数在最重要的位方向（左方）添 0 补齐。例如，'b1000 >= 'b01110 等价于：'b01000 >= 'b01110 结果为假（0）。

4. 位运算符

位运算符的作用是将两个操作数按对应位分别进行逻辑运算。Verilog 中共有 5 种位运算符，如表 2.6 所示。

<table>
<tr><td colspan="2">表 2.5 关系运算符</td></tr>
<tr><td>关系运算符号</td><td>功 能</td></tr>
<tr><td>></td><td>大于</td></tr>
<tr><td><=</td><td>不大于（小于或等于）</td></tr>
<tr><td><</td><td>小于</td></tr>
<tr><td>>=</td><td>不小于（大于或等于）</td></tr>
</table>

<table>
<tr><td colspan="2">表 2.6 位运算符</td></tr>
<tr><td>位运算符号</td><td>功 能</td></tr>
<tr><td>～</td><td>按位取反</td></tr>
<tr><td>&</td><td>按位与</td></tr>
<tr><td>|</td><td>按位或</td></tr>
<tr><td>^</td><td>按位异或</td></tr>
<tr><td>^～、～^</td><td>按位同或</td></tr>
</table>

按位运算的真值表如表 2.7 所示。

表 2.7 按位运算的真值表

位变量1	位变量2	位 运 算					
a	b	～a	～b	a & b	a | b	a ^ b	a～^b
0	0	1	1	0	0	0	1
0	1	1	0	0	1	1	0
0	x	1	x	0	x	x	x
1	0	0	1	0	1	1	0
1	1	0	0	1	1	0	1
1	x	0	x	x	1	1	x
x	0	x	1	0	x	x	x
x	1	x	0	x	1	1	x
x	x	x	x	x	x	x	x

例如，若 A = 8'b11001010、B = 8'b00001111，则有：

$$\sim A = 8'b00110101$$
$$A \& B = 8'b00001010$$
$$A \mid B = 8'b11001111$$
$$A \char94 B = 8'b11000101$$

小提示

两个不同长度的数据进行位运算时，会自动地将两个操作数在右端对齐，位数少的操作数会在高位用 0 补齐。

5. 等式运算符

Verilog 中的 4 种等式运算符如表 2.8 所示。

四种等式运算符都是双目运算符，得到的结果是 1 位的逻辑值，如果结果为 1，说明声明的关系为真；如果结果为 0，说明声明的关系为假。

等式运算符（＝＝）和全等运算符（＝＝＝）的区别是：对于"＝＝"，参与比较的两个操作数必须逐位相等，其相等比较的结果才为 1，如果某些位是不定态或高阻值，其相等比较得到的结

表 2.8　等式运算符

位运算符号	功　　能
＝＝	等于
！＝	不等于
＝＝＝	全等
！＝＝	不全等

果是不定值；而全等比较（＝＝＝）则是对这些不定态或高阻值的位也进行比较，两个操作数必须完全一致，其结果才是 1，否则结果是 0。例如，两个操作数：A = 8'b1100010x、B = 8'b1100010x，则"A ＝＝ B"的运算结果为不定值 x，而"A ＝＝＝ B"的运算结果则为 1。

相等运算和全等运算的真值表分别如表 2.9、表 2.10 所示。

表 2.9　相等运算真值表

＝＝	0	1	x	z
0	1	0	x	x
1	0	1	x	x
x	x	x	x	x
z	x	x	x	x

表 2.10　全等运算真值表

＝＝＝	0	1	x	z
0	1	0	0	0
1	0	1	0	0
x	0	0	1	0
z	0	0	0	1

6. 缩位运算符

缩位运算符的运算法则与位运算符一样，但二者的运算过程不同。位运算是对两个操作数的相应位进行逻辑运算，操作数是几位数，则运算结果也是几位数；缩位运算则是对单个操作数进行逻辑递推运算，最后的运算结果只有 1 位二进制数。缩位运算共有 6 种方式，如表 2.11 所示。

缩位运算的具体运算过程是：首先将操作数的第 1 位与第 2 位进行逻辑运算，再将这个运算结果与第 3 位进行逻辑运算，以此类推，直至最后 1 位。如果变量 A = 8'10010001，对其进行缩位运算的示例如下：

表 2.11　缩位运算符

缩位运算符号	功　　能
＆	缩位与
～＆	缩位与非
｜	缩位或
～｜	缩位或非
＾	缩位异或
～＾或＾～	缩位同或

```
&A = 0;        //只有 A 的所有位都为 1 时,缩位与运算的结果才为 1
|A = 1;        //只有 A 的所有位都为 0 时,缩位或运算的结果才为 0
^A = 1;
```

7. 移位运算符

Verilog 的移位运算符有两个：左移"＜＜"和右移"＞＞"，其用法为：

```
A ＜＜ n 或 A ＞＞ n
```

表示将操作数 A 左移或右移 n 位，移出的位用 0 来补充。

如果变量 A = 4'b1101，则移位运算"A >> 2"将 A 右移 2 位，并用 0 添补移出的位后，A = 4'b0011。

如果变量 A = 4'b1010，则移位运算"A << 2"将 A 左移 2 位，并用 0 添补移出的位后，A = 4'b1000。

8. 条件运算符

条件运算符只有一个，即"? :"，其格式和用法与 C 语言中的条件运算符一样，其一般形式如下：

> 条件? 表达式1:表达式2

条件运算符的作用就是根据所设置的"条件"选择使用表达式的值。当"条件"成立时，条件运算的结果选取的是表达式 1 的值；当"条件"不成立时，条件运算的结果选取的是表达式 2 的值。

数据选择电路的 Verilog 建模常常使用条件运算符，具体使用方法参见 2.3.2 节。

小提示

条件运算符中的"条件"可以是逻辑表达式、关系表达式等任何一个合法的表达式，当"条件"表达式的值为 1 时，表示条件成立；当"条件"表达式的值为 0 时，表示条件不成立。例如，在任务 4 的 2 选 1 数据选择器模块 mux2_1_ex4.v 中，语句：

```
assign f = (s = = 1'b0)?p0,p1;   // 条件为关系表达式(s = = 0) 形式,当 s = 0 时,条件成立,
                                  // 输出端 f = p0;s = 1 时,条件不成立,输出端 f = p1
```

也可以写为：

```
assign f = s ? p1,p0;            // 条件直接取选择端信号 s 的状态值。s 状态为 1,条件成立,
                                  // 输出端 f = p1;s 状态为 0,条件不成立,输出端 f = p0
```

---

9. 位拼接运算符

在 Verilog 中，可以用一个特殊的位拼接运算符"{ }"，将两个或多个信号的某些位拼接起来。

位拼接运算符的使用形式如下：

> {信号 1 的某几位, 信号 2 的某几位, ……,信号 n 的某几位}

例如，下面一小段程序是在加法运算时，将和、进位输出拼接在一起使用：

```
output[3:0] sum;              //sun 代表和
output cout;                  //cout 为进位输出
input[3:0] ina,inb;          //ina,inb 为两个加数
input cin;                    //cin 为进位输入
assign {cout,sum} = ina + inb + cin;   //将和、进位输出拼接在一起
```

位拼接可以嵌套使用，还可以用重复法来简化书写，如：

{3{a,b}} 等同于{{a,b},{a,b},{a,b}}，也等同于{a,b,a,b,a,b}。

2.4.2　表达式

与 C 语言一样，Verilog 中的表达式是由运算符及运算对象（操作数）组成的、具有特定含义的式子。

下面列出了一些表达式的例子：

a >= b	//关系表达式,判断 a 是否不小于 b
A ‖ B	//逻辑表达式,将 A 与 B 进行逻辑或运算
SEL == 0	//等式表达式,判断 SEL 是否等于 0
SEL ? B : A	//条件表达式

任务5　2位二进制数据比较器的设计

任务分析

在数字逻辑电路的设计中数据比较器占有很重要的位置，它被用来比较两个二进制数的数值关系，即假设有两个二进制数 a 和 b，比较 a > b、a < b 还是 a = b，输出比较结果。

本任务是要设计一个 2 位的二进制数据比较器。该电路应有两个数据输入端口 a、b，每个端口的数据宽度为 2 位，分别设为 a0、a1 和 b0、b1，a0、b0 为数据低位，a1、b1 为数据高位。电路的输出端口分别为 eq（a = b 时的输出信号）、lg（a > b 时的输出信号）和 sm（a < b 时的输出信号）。电路符号如图 2.16 所示，真值表如表 2.12 所示。

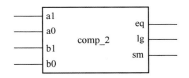

图 2.16　2 位二进制数据比较器电路符号

表 2.12　2 位二进制数据比较器真值表

输 入 信 号				输 出 信 号			输 入 信 号				输 出 信 号		
a1	a0	b1	b0	eq	lg	sm	a1	a0	b1	b0	eq	lg	sm
0	0	0	0	1	0	0	1	0	0	0	0	1	0
0	0	0	1	0	0	1	1	0	0	1	0	1	0
0	0	1	0	0	0	1	1	0	1	0	1	0	0
0	0	1	1	0	0	1	1	0	1	1	0	0	1
0	1	0	0	0	1	0	1	1	0	0	0	1	0
0	1	0	1	1	0	0	1	1	0	1	0	1	0
0	1	1	0	0	0	1	1	1	1	0	0	1	0
0	1	1	1	0	0	1	1	1	1	1	1	0	0

分析以上真值表，画出三个输出端口 eq、lg 和 sm 与输入端口 a0、a1、b0、b1 的关系卡诺图如图 2.17、图 2.18 和图 2.19 所示。

b0 b1 \ a0 a1	00	01	11	10
0 0	1	0	0	0
0 1	0	1	0	0
1 1	0	0	1	0
1 0	0	0	0	1

图2.17　eq的卡诺图

b0 b1 \ a0 a1	00	01	11	10
0 0	0	1	1	1
0 1	0	0	1	1
1 1	0	0	0	0
1 0	0	0	1	0

图2.18　lg的卡诺图

b0 b1 \ a0 a1	00	01	11	10
0 0	0	0	0	0
0 1	1	0	0	0
1 1	1	1	0	1
1 0	1	1	0	0

图2.19　sm的卡诺图

由图2.17所示的卡诺图可以得出输出端口 eq 的逻辑表达式如下：

$$eq = \overline{a0} \cdot \overline{a1} \cdot \overline{b0} \cdot \overline{b1} + a0 \cdot \overline{a1} \cdot b0 \cdot \overline{b1} + \overline{a0} \cdot a1 \cdot \overline{b0} \cdot b1 + a0 \cdot a1 \cdot b0 \cdot b1$$

由图2.18所示的卡诺图可以得出输出端口 lg 的逻辑表达式如下：

$$lg = a0 \cdot \overline{b0} \cdot \overline{b1} + a0 \cdot a1 \cdot \overline{b0} + a1 \cdot \overline{b1}$$

由图2.19所示的卡诺图可以得出输出端口 sm 的逻辑表达式如下：

$$sm = \overline{a0} \cdot b0 \cdot b1 + \overline{a0} \cdot \overline{a1} \cdot b0 + \overline{a1} \cdot b1$$

根据这些逻辑表达式，可以设计出一个2位数据比较器的逻辑电路，如图2.20所示。

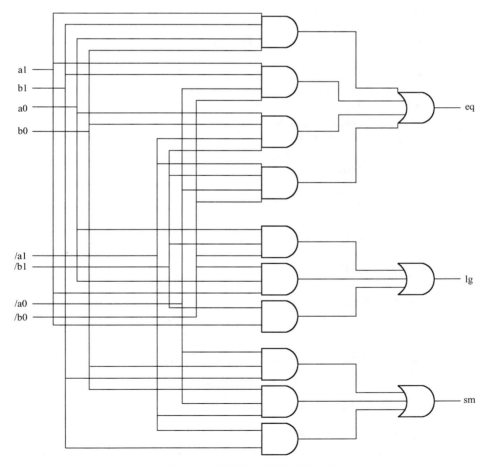

图2.20　2位数据比较器逻辑电路

代码设计

下面采用不同的 Verilog HDL 描述方式来进行 2 位二进制数据比较器逻辑电路的设计。

（1）用 Verilog HDL 的结构级描述方式，描述图 2.20 所示的 2 位数据比较器电路模块的代码 comp_2_ex1. v 如下。

```
// 2 位数据比较器——采用结构级描述方式
//comp_2_ex1. v
module comp_2_ex1(        //定义 2 位数据选择器模块 comp_2_ex1
a0,                       //模块的外部输入/输出端口列表
a1,
b0,
b1,
eq,
lg,
sm
);
input a0,a1,b0,b1;        //a0、a1 和 b0、b1 为输入端口
output eq,lg,sm;          //eq、lg 和 sm 为输出端口
wire [3:0] la;            //定义电路中 4 个非门的输出连线
wire [9:0] lb;            //定义电路中 10 个与门的输出连线
not U1 (la[0],a[0]),
    U2 (la[1],a[1]),
    U3 (la[2],b[0]),
    U4 (la[3],b[1]);
and U5 (lb[0],la[0],la[1],la[2],la[3]),
    U6 (lb[1],a0,la[1],b0,la[3]),
    U7 (lb[2],la[0],a1,la[2],b1),
    U8 (lb[3],a0,a1,b0,b1),
    U9 (lb[4],a0,la[1],la[3]),
    U10 (lb[5],a0,a1,la[2]),
    U11 (lb[6],a1,la[3]),
    U12 (lb[7],la[0],b0,b1),
    U13 (lb[8],la[0],la[1],b0),
    U14 (lb[9],la[1],b1);
or U15 (eq,lb[0],lb[1],lb[2],lb[3]),
    U16 (lg,lb[4],lb[5],lb[6]),
    U17 (sm,lb[7],lb[8],lb[9]);
endmodule
```

这个 2 位比较器电路的输出端口 eq 的逻辑表达式还可以简化如下：

$$eq = \overline{a0} \cdot \overline{a1} \cdot \overline{b0} \cdot \overline{b1} + a0 \cdot \overline{a1} \cdot b0 \cdot \overline{b1} + \overline{a0} \cdot a1 \cdot \overline{b0} \cdot b1 + a0 \cdot a1 \cdot b0 \cdot b1$$

$$= \overline{a1} \cdot \overline{b1}(\overline{a0} \cdot \overline{b0} + a0 \cdot b0) + a1 \cdot b1(\overline{a0} \cdot \overline{b0} + a0 \cdot b0)$$

$$= (\overline{a1} \cdot \overline{b1} + a1 \cdot b1) + (\overline{a0} \cdot \overline{b0} + a0 \cdot b0)$$

$$= \overline{a1 \oplus b1} \cdot \overline{a0 \oplus b0}$$

这个表达式中使用了两个与或门来实现输出端 eq 的逻辑功能，电路结构如图 2.21 所示。

> **小经验**
>
> 　　从这个电路的结构级建模过程很容易看出：当逻辑电路的规模加大时，所需的门电路增加，门电路之间的内部连接线也会大大增加，采用电路结构的描述方式来设计将会非常烦琐，工作量大大增加。此时采用数据流描述方式或行为描述方式来完成电路的建模，能有效提高系统设计的效率，缩短设计周期，降低设计成本。

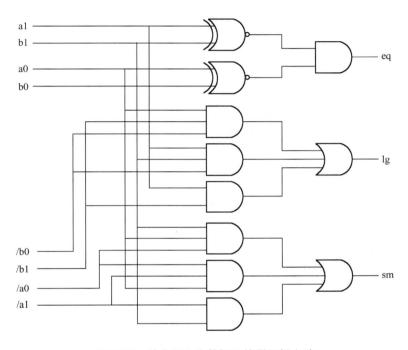

图 2.21　简化的 2 位数据比较器逻辑电路

（2）用 Verilog HDL 的数据流描述方式实现 2 位数据比较器电路模块的代码如下。

```
//2位数据比较器——采用数据流描述方式
//comp2_ex2. v
module comp2_ex2(
a,
b,
eq,
lg,
sm
);
input [1:0] a,b;                    //输入端口 a、b,它们的数据宽度为 2 位
output eq,lg,sm;                    //eq、lg 和 sm 为输出端口
wire eqlg sm;
assign eq = (a == b) ? 1'b1:1'b0;
assign lg = (a > b) ? 1'b1:1'b0;
```

```
assign sm = ( a < b )? 1'b1 : 1'b0 ;
endmodule
```

（3）用 Verilog HDL 的 always 过程块的行为描述方式实现 2 位数据比较器电路模块的代码如下。

```
//2 位数据比较器——采用行为描述方式
//comp_2_ex3. v
module comp_2_ex3(
a,
b,
eq,
lg,
sm
);
input [1:0] a,b;            //输入端口 a、b,它们的数据宽度为 2 位
output eq,lg,sm;           //eq、lg 和 sm 为输出端口
reg eq,lg,sm;
 always@ ( a or b )
   begin
       if( a == b )
           begin
             eq <= 1'b1;
             lg <= 1'b0;
             sm <= 1'b0;
           end
       else if( a > b )
           begin
             eq <= 1'b0;
             lg <= 1'b1;
             sm <= 1'b0;
           end
       else
           begin
             eq <= 1'b0;
             lg <= 1'b0;
             sm <= 1'b1;
           end
   end
endmodule
```

任务实现

下面以代码 comp_2_ex3. v 为例来说明用 Verilog HDL 描述方式进行 2 位数据比较器电路设计的基本步骤。

1. 新建工程

启动 Quartus Ⅱ 软件，在"File"下拉菜单中选择"New Project Wizard"命令项，新建工程 comp_2_ex3。

2. 设计输入

（1）在"File"下拉菜单中选择"New"命令，选择设计文件"Design Files"列表中的"Verilog HDL File"项，单击"OK"按钮进入 Verilog 文本编辑界面。

（2）在 Verilog 文本编辑器中输入 comp_2_ex3.v 程序代码，输入完成后，执行主菜单"File"下的"Save As"命令，将程序文件保存在所创建的工程目录中，文件名为"comp_2_ex3.v"。

3. 工程编译

选择菜单"Processing"下的"Start Compilation"命令项，或者单击位于工具栏的编译按钮►，完成工程的编译。

4. 设计仿真

（1）建立波形文件。执行"File"菜单下的"New"命令，在弹出的窗口中选择"Vector Waveform File"项，新建仿真波形文件。在波形文件编辑窗口中，单击"File"菜单下的"Save as"命令项，将该波形文件另存为"comp_2_ex3.vwf"。

（2）添加观察信号。在波形文件编辑窗口的左边空白处单击鼠标右键，选择"Insert"的"Insert Node or Bus"命令，在打开的窗口中单击"Node Finder"按钮，在"Node Finder"窗口中单击"List"按钮，设计的 4 个引脚出现在左边的空白窗格中，选中所有引脚，单击窗口中间的 >> 按钮，4 个引脚出现在右边的空白窗格中，再单击"OK"按钮回到波形编辑窗口。

（3）添加激励。通过拖曳波形，产生想要的激励输入信号。

（4）功能仿真。添加完激励信号后，保存波形文件。选择"Processing"菜单下的"Simulator Tool"命令项，在"Simulation mode"下拉列表中选择"Functional"命令，再单击"Generate Functional Simulation Netlist"按钮，产生仿真需要的网表文件，然后选中"Overwrite simulation input file with simulation result"复选框，否则不能显示仿真结果，单击"Start"按钮进行仿真。

仿真完成后，单击"Open"按钮打开仿真结果，如图 2.22 所示，2 位数据比较器电路模块逻辑功能正确。

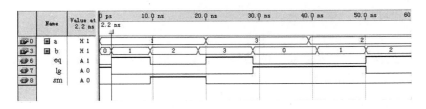

图2.22　2位数据比较器功能仿真结果

（5）时序仿真。在仿真工具对话框中，选择"Simulation mode"下拉列表中的"Timing"项，进行时序仿真，仿真结果如图 2.23 所示。

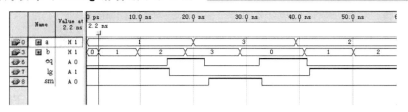

图 2.23　2 位数据比较器时序仿真结果

任务小结

本任务是让读者了解数据比较器电路的 Verilog HDL 设计方法，并加深理解用数据流描述方法及行为描述方法进行数字系统设计的优势，可以缩短开发时间、提高设计效率。在 2 位数据比较器的行为描述程序模块中，我们还学习使用了"if…else…"条件语句。

2.5　条件语句

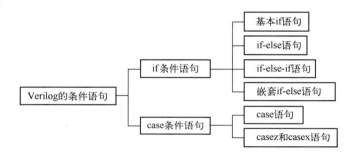

条件语句是根据条件判定的结果决定是否执行相应的语句。Verilog 提供两种条件语句：if 条件语句和 case 条件语句。

2.5.1　if 条件语句

if 条件语句也称为分支语句，Verilog 提供 4 种形式的 if 语句。

1. 基本 if 语句

基本 if 语句的格式如下：

```
if（表达式）
    begin
        语句组；
    end
```

if 语句执行过程：当"表达式"的结果为"真"时，执行其后的"语句组"，否则跳过该语句组，继续执行下面的语句。例如：

```
if（p3 == 1'b0）
    begin
        p1 <= 1'b0；
    end
```

当 p3 等于 0 时，p1 就赋值 0，执行过程如图 2.24 所示。

小提示

（1）if 语句中的"表达式"通常为逻辑表达式或关系表达式，也可以是任何其他的表达式或类型数据，只要表达式的值非 0 即为"真"。以下语句都是合法的：

```
if(3) begin…end
if(x = = 8) begin…end
if(P3_0) begin…end
```

（2）在 if 语句中，"表达式"必须用括号括起来。

（3）在 if 语句中，如果在"begin…end"里面的语句组只有一条语句，可以省略"begin…end"，这里的"begin…end"相当于 C 语言中的花括号"{ }"，例如，"if（p3 = = 1'b0）p1 = 1'b0；"语句。

---

2. if-else 语句

if-else 语句的一般格式如下：

```
if（表达式）
    begin
        语句组 1；
    end
else
    begin
        语句组 2；
    end
```

if-else 语句执行过程：当"表达式"的结果为"真"时，执行其后的"语句组 1"，否则执行"语句组 2"，执行过程如图 2.25 所示。

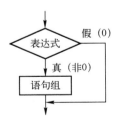

图2.24　基本 if 语句执行流程图

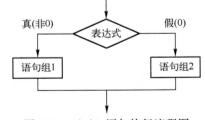

图 2.25　if-else 语句执行流程图

例如，在任务 4 的 2 选 1 数据选择器行为描述方式程序模块中，使用的 if 条件语句：

```
if( s == 1'b0) f = p0；
    else f = p1；
```

3. if-else-if 语句

这是在任务 5 的 2 位数据比较器的行为建模时使用的 if 条件语句形式。

if-else-if 语句是由 if else 语句组成的嵌套，用来实现多个条件分支的选择，其一般格式如下：

```
if（表达式 1）
    begin
        语句组 1；
    end
else if（表达式 2）
    begin
        语句组 2；
    end
…
else if（表达式 n）
    begin
        语句组 n；
    end
    else
        begin
            语句组 n + 1；
        end
```

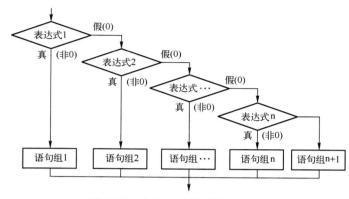

图 2.26　if-else-if 语句执行流程图

执行该语句时，依次判断"表达式"的值，当"表达式"的值为"真"时，执行其对应的"语句组"，跳过剩余的 if 语句组，继续执行该语句下面的一条语句。如果所有表达式的值均为"假"，则执行最后一个 else 后的"语句组 n + 1"，然后再继续执行其下面一条语句，执行过程如图 2.26 所示。

4. 嵌套的 if-else 语句

嵌套的 if-else 语句的一般格式如下，执行过程如图 2.27 所示。

```
if（表达式 1）
    if（表达式 2）
        begin
            语句组 1；
        end
    else
        begin
            语句组 2；
        end
else if（表达式 3）
        if（表达式 4）
            begin
                语句组 3；
            end
        else
            begin
                语句组 4；
            end
        ……
        else
            begin
```

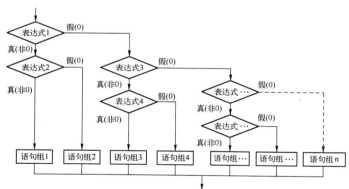

图 2.27　嵌套的 if-else-if 语句执行流程图

```
        语句组 n；
    end
```

执行嵌套的 if-else 语句时，先判断"表达式 1"的值，当"表达式 1"的值为"真"时，继续判断"表达式 2"的值，如果"表达式 2"的值为真，则执行"语句组 1"，否则执行"语句组 2"。若"表达式 1"的值为"假"，则跳过内部嵌套的 if 语句转去判断"表达式 3"的值，当"表达式 3"的值为"真"时，继续判断"表达式 4"的值，如果"表达式 4"的值为真，则执行"语句组 3"，否则执行"语句组 4"。如果所有表达式的值均为"假"，则执行最后一个 else 后的"语句组 n"。

使用嵌套的 if－else 条件语句可以建立一个 4 选 1 数据选择器模块 mux4_1_ex1.v。4 选 1 数据选择器的相关资料请参看任务 6。

```
//4 选 1 数据选择器——用 if 语句实现
//mux4_1_ex1.v
module mux4_1_ex1(
p0,
p1,
p2,
p3,
s,
f
);
input p0,p1,p2,p3;
input [1:0]s;
output f;
reg f;
always@( p0 or p1 or p2 or p3 or s)
    begin
        if( s[1] ==1'b0)
            if( s[0] ==1'b0)
                f = p0;
            else
                f = p1;
        else if( s[0] ==1'b0)
                f = p2;
            else
                f = p3;
    end
endmodule
```

2.5.2 case 条件语句

if 语句一般用在单一条件或分支数目较少的场合，如果使用 if 语句来编写超过 3 个以上分支的程序，就会降低程序的可读性。Verilog HDL 提供了一种用于多分支选择的 case 条件语句，常用于多条件译码电路，如描述译码器、数据选择器、状态机及微处理器的指令译码等。

case 条件语句有三种表示方式，即 case、casez 和 casex 语句。

1. case 语句

case 语句的使用格式如下：

```
case（控制表达式）
    分支表达式值 1：语句 1；
    分支表达式值 2：语句 2；
    ……
    分支表达式值 n：语句 n；
    default：语句 n + 1；
endcase
```

该语句的执行过程是：首先计算控制表达式的值，当控制表达式的值与分支表达式值 1 相等时，则执行语句 1；与分支表达式值 2 相等时，则执行语句 2；以此类推。如果控制表达式的值与列出的所有分支表达式值均不相同，则执行 default 后的语句 n + 1。如果列出了控制表达式的所有可能值，则 default 语句可以省略。

用 case 语句改写 4 选 1 数据选择器模块 mux4_1_ex2. v 的源代码如下。

```
//4 选 1 数据选择器——用 case 语句实现
//mux4_1_ex2. v
module mux4_1_ex2(
p0,
p1,
p2,
p3,
s,
f
);
input p0,p1,p2,p3;
input [1:0]s;
output f;
reg f;
  always@（p0 or p1 or p2 or p3 or s）
    begin
       case(s)                    //用 case 语句进行选择
          2'b00:f <= p0;          //s1s0 <= 00 时选择输出数据 p0
          2'b01:f <= p1;          //s1s0 <= 01 时选择输出数据 p1
          2'b10:f <= p2;          //s1s0 <= 10 时选择输出数据 p2
          2'b11:f <= p3;          //s1s0 <= 11 时选择输出数据 p3
       endcase
    end
endmodule
```

想一想

如何用 case 语句建立 7 段数码显示管显示 8421BCD 码的译码电路模块？

2. casez 和 casex 语句

在 case 语句中，控制表达式的值与分支表达式值 1 ～ 分支表达式值 n 是进行全等比较的，必须保证两者的对应位完全相等。casez 与 casex 语句是 case 语句的两种变体。在 casez 语句中，如果表达式的值中出现 z，那么对这些位的比较不予考虑，只需关注其他位的比较结果。在 casex 语句中，如果表达式的值中出现 x 或 z，那么对这些位的比较都不予考虑。表 2.13 分别列出了 case、casez 和 casex 语句的比较规则。

表 2.13　case、casez 和 casex 语句的比较规则

case	0	1	x	z	casez	0	1	x	z	casex	0	1	x	z
0	1	0	0	0	0	1	0	0	1	0	1	0	1	1
1	0	1	0	0	1	0	1	0	1	1	0	1	1	1
x	0	0	1	0	x	0	0	1	1	x	1	1	1	1
z	0	0	0	1	z	1	1	1	1	z	1	1	1	1

例如：

```
case(a)
    2'b1x:out = 1'b1;      //全等比较，只有 a = 1x，才有 out = 1'b1
casez(a)
    2'b1x:out = 1'b1;      //不比较出现 z 值的位，如果 a = 1x 或 a = 1z，才有 out = 1'b1
casex(a)
    2'b1x:out = 1'b1;      //不比较出现 x 或 z 的位，如果 a = 10、11、1x 或 1z，都有 out = 1'b1
```

在 Verilog 中还可以用符号"?"来表示 x 或 z，如：

```
casez(a)
    3'b1? 1:out = 1'b1;
```

上面的例子中出现的"?"可任取 0、1、x 或 z 中的一个值，表示如果 a = 101、111、1x1 或 1z1，都有 out = 1'b1。

又如：

```
casez(a)
    3'b1??:out = 1'b1;
```

其中 a 若等于三位二进制值"1??"的任一个可能值，如 100、101、110、111 或 1x0、1xx、10z、11z、1zz 等值时，都会有 out = 1'b1。

小提示

（1）在 case 后各个分支项的表达式值不能相同，否则会出现同一个条件有多种执行方案的矛盾。

（2）case 语句比较完表达式值并执行了分支项后的语句之后，就跳出该 case 语句结构，终止 case 语句的执行，转向执行其下一条语句。

（3）case 语句中所有表达式值的位宽必须相等，这样控制表达式的值和分支表达式值才能进行对应位的比较。

（4）一个 case 语句中只能有一个 default 语句项。如果分支表达式值已将控制表达式的所有可能取值都一一列出的话，则 default 语句项可以省略不写。但由于每一个变量至少有 4 种取值 0、1、z 和 x，所以一般不可能列出所有的可能取值。如果没有列出所有条件分支的话，在进行逻辑综合时编译器认为条件不满足从而引入一个锁存器保持原值，这种情况通常在进行时序电路设计时加以应用，例如，在计数器的设计中，条件满足则加 1，否则保持不变；在进行组合电路设计过程中，应避免这种锁存器的存在。为了保证包含所有的取值，通常都在 case 语句的最后加上 default 语句。如果是用 if 条件语句建模的话，通常在 if 语句最后加上 else 语句将没有罗列出来的取值统统包含进来。

2.6　循环语句

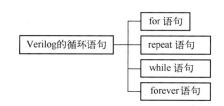

在进行数字电路设计的过程中，通常需要处理一些具有规律性的重复操作，为此 Verilog HDL 提供了 4 种类型的循环语句，用来控制语句的执行次数。

forever：连续地执行语句，多在 initial 块内用于生成如时钟等周期性波形。

repeat：连续执行一条语句 n 次。

while：执行循环体语句，直到某个条件不满足。

for：有条件的循环语句。

2.6.1　for 语句

for 语句构成的循环结构通常称为 for 循环。for 语句的使用格式如下所示：

> for（循环变量赋初值；循环条件；修改循环变量）循环语句；

关键字 for 后面的圆括号内通常包括三个表达式：循环变量赋初值、循环条件和修改循环变量，三个表达式之间用英文分号“；”隔开。

for 语句的执行过程如下：

（1）先执行第一个表达式，给循环变量赋初值，通常这里是一个赋值表达式。

（2）利用第二个表达式判断循环条件是否满足，通常是关系表达式或逻辑表达式，若其值为“真”（非 0），则执行“循环语句”一次，再执行下面第（3）步；若其值为“假”（0），则转到第（5）步循环结束。

（3）计算第三个表达式，修改循环控制变量，一般也是赋值语句。

（4）跳到上面第（2）步继续执行。

（5）循环结束，执行 for 语句下面的一个语句。

以上过程用流程图表示如图 2.28 所示。

如果按照下面的代码段来描述一个计数器，这个 for 语句会将一个加法器电路复制 1000 次，并不能实现一个 1000 次计数的功能。

$$for(i = 1; i < 1000; i = i + 1\ 'b1)$$
$$counter <= counter + 1\ 'b1;$$

因此，为了保持良好的代码风格，设计人员通常只在复制电路的时候才使用 for 循环语句。

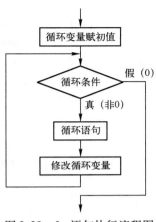

图 2.28　for 语句执行流程图

小经验

在 Verilog 语言中使用 for 循环为电路建模，更多地表示为根据循环次数复制一个电路。例如，下面的程序段用 for 循环完成 5 bits 二进制数到 gray 码转换的电路，此 for 语句将异或门按一定的规律复制了 4 次，对应的电路如图 2.29 所示。

$$for(i = 1\ 'b1; i <= 3\ 'd5; i = i + 1\ 'b1)$$
$$gray\_cnt[i - 1] = cnt[i - 1] \wedge cnt[i];$$

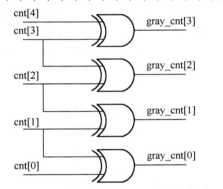

图 2.29　for 循环描述的 gray 码转换电路

2.6.2　repeat 语句

repeat 语句用来连续重复地执行一条语句 n 次，重复的次数由循环次数表达式进行控制。repeat 语句的使用格式为：

```
repeat(循环次数表达式)语句;
```

或

```
repeat(循环次数表达式)
    begin
        语句组;
    end
```

2.6.3　while 语句

while 语句的使用格式如下：

> while（循环执行条件表达式）语句；

或

> while（循环执行条件表达式）
> 　　begin
> 　　　　循环体语句组；
> 　　end

　　while 语句在执行时，首先判断循环执行条件表达式是否为真。若为真，执行后面的语句或语句块，然后再回头判断循环执行条件表达式是否为真；若为真的话，再执行一遍后面的语句，如此不断重复，直到条件表达式不为真，此时退出 while 循环。由此看到：while 后一对圆括号中循环执行条件表达式的值决定了循环是否执行，因此进入 while 循环后，一定要有能修改此表达式的值的操作语句，使该值能变为 0，从而退出循环。否则循环将会无限地进行下去。

2.6.4　forever 语句

forever 语句的使用格式如下：

> forever 语句；

或

> forever
> 　　begin
> 　　　　循环语句组；
> 　　end

　　forever 循环语句连续不断地执行后面的语句或语句块，常用来产生周期性的波形，作为仿真测试信号。

任务6　4 选 1 数据选择器的设计

任务分析

　　4 选 1 数据选择器的逻辑符号如图 2.30 所示，它有 4 个数据输入端（p0、p1、p2 和 p3）、2 个控制选择端 s0 和 s1、一个输出端 f，通过控制选择端的状态从 4 个数据输入端中选择一个作为输出，真值表如表 2.14 所示。

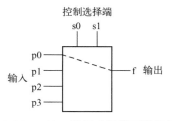

控制选择端

s0 s1

p0

输入 p1   f 输出

p2

p3

图 2.30 4 选 1 数据选择器逻辑符号

表 2.14 2 选 1 数据选择器真值表

控制选择端		输　出
s1	s0	f
0	0	p0
0	1	p1
1	0	p2
1	1	p3

由表 2.14 可以得出 4 选 1 数据选择器的逻辑表达式为：

$$F = \overline{s1} \cdot \overline{s0} \cdot p0 + \overline{s1} \cdot s0 \cdot p1 + s1 \cdot \overline{s0} \cdot p2 + s1 \cdot s0 \cdot p3$$

由此可以得到 4 选 1 数据选择器逻辑电路图如图 2.31 所示。

代码设计

将 4 选 1 数据选择器的逻辑表达式变化如下：

$$f = \overline{s1} \cdot \overline{s0} \cdot p0 + \overline{s1} \cdot s0 \cdot p1 + s1 \cdot \overline{s0} \cdot p2 + s1 \cdot s0 \cdot p3$$
$$= \overline{s1} \cdot (\overline{s0} \cdot p0 + \overline{s0} \cdot p1) + s1 \cdot (\overline{s0} \cdot p2 + s0 \cdot p3)$$

在变化后的逻辑表达式中，$(\overline{s0} \cdot p0 + \overline{s0} \cdot p1)$ 和 $(\overline{p0} \cdot p2 + s0 \cdot p3)$ 实际上是两个 2 选 1 数据选择器，而这两个 2 选 1 数据选择器的输出又通过 s1 信号端来进行 2 选 1 的数据选择。按照变化的逻辑表达式设计的 4 选 1 数据选择器逻辑电路如图 2.32 所示。

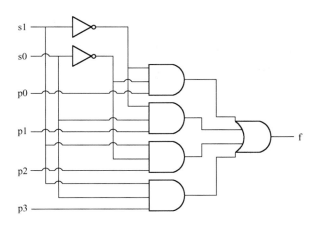

图 2.31 4 选 1 数据选择器逻辑电路

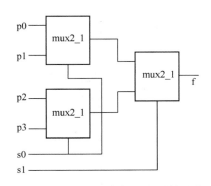

图 2.32 用 2 选 1 数据选择器扩展的
4 选 1 数据选择器

在任务 4 中曾经采用各种 HDL 描述方式建立了 2 选 1 数据选择器的电路模块，如模块 mux2_1_ex1。在此任务中我们要引用已有的 2 选 1 数据选择器模块来进行 4 选 1 数据选择器的 Verilog HDL 模块设计，程序代码 mux4_1_ex3.v 如下：

```
/* 4 选 1 数据选择器 mux4_1_ex3. v */
module mux4_1_ex3(        //定义 4 选 1 数据选择器模块 mux4_1_ex3
p,                       //模块的外部输入/输出端口列表
s,
f
);
input[3:0] p;            //说明 p 为数据输入端口
input[1:0] s;            //说明 s 为选择输入端口
output f;                //说明 f 为数据输出端口
wire[1:0] mwire;         //定义电路中两个 2 选 1 数据选择器的输出线

mux2_1_ex1 U1 (p[0],p[1],s[0],mwire[0]),    //U1～U3 引用的是曾经定义的
           U2 (p[2],p[3],s[0],mwire[1]),    //Verilog 模块 mux2_1_ex1
           U3 (mwire[0],mwire[1],s[1],f);

endmodule
```

任务实现

1. 新建工程

启动 Quartus Ⅱ 软件，在"File"下拉菜单中选择"New Project Wizard"命令项，新建工程 mux4_1_ex3。

2. 设计输入

（1）在"File"下拉菜单中选择"New"命令项，选择设计文件"Design Files"列表中的"Verilog HDL File"项，单击"OK"按钮进入 Verilog 文本编辑界面。

（2）在 Verilog 文本编辑器中输入 mux4_1_ex3. v 程序代码，输入完成后，选择主菜单"File"下的"Save As"命令，将程序文件保存在所创建的工程目录中，文件名为"mux4_1_ex3. v"。

（3）选择主菜单"Project"下的"Add/Remove Files in Project"命令，弹出如图 2.33 所

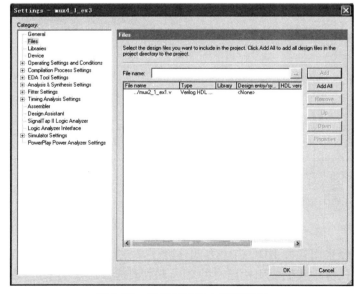

图 2.33　选择文件输入类型窗口

示的对话窗口，单击文件名（File name）文本框右侧的"…"按钮，找到已有的 mux2_1_ex1.v，单击"Add"按钮，最后单击"OK"按钮，就可以将已经编辑好的代码文件 mux2_1_ex1.v 加入到 4 选 1 数据选择器电路设计工程中。

3. 工程编译

选择菜单"Processing"下的"Start Compilation"命令项，或者单击位于工具栏的编译按钮▶，完成工程的编译。

4. 设计仿真

（1）建立波形文件。执行"File"菜单下的"New"命令，在弹出的窗口中选择"Vector Waveform File"项，新建仿真波形文件。在波形文件编辑窗口，单击"File"菜单下的"Save as"命令，将该波形文件另存为"mux4_1_ex3.vwf"。

（2）添加观察信号。在波形文件编辑窗口的左边空白处单击鼠标右键，选择"Insert"的"Insert Node or Bus"命令，在打开的窗口中单击"Node Finder"按钮，在"Node Finder"窗口中单击"List"按钮，设计的 4 个引脚出现在左边的空白窗格中，选中所有引脚，单击窗口中间的 >> 按钮，4 个引脚出现在右边的空白窗格中，再单击"OK"按钮回到波形编辑窗口。

（3）添加激励。通过拖曳波形，产生想要的激励输入信号。

（4）功能仿真。添加完激励信号后，保存波形文件。选择"Processing"菜单下的"Simulator Tool"命令项，在"Simulation mode"下拉列表中选择"Functional"，再单击"Generate Functional Simulation Netlist"按钮，产生仿真需要的网表文件，然后选中"Overwrite simulation input file with simulation result"复选框，否则不能显示仿真结果，单击"Start"按钮进行仿真。

仿真完成后，单击"Open"按钮打开仿真结果，如图 2.34 所示，4 选 1 数据选择器电路模块逻辑功能正确。

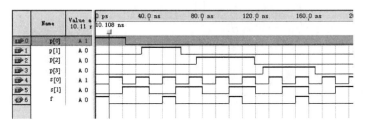

图 2.34　4 选 1 数据选择器功能仿真结果

（5）时序仿真。在仿真工具对话框中，选择"Simulation mode"下拉列表中的"Timing"项，进行时序仿真，仿真结果如图 2.35 所示。

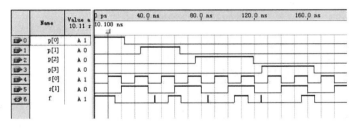

图 2.35　4 选 1 数据选择器时序仿真结果

任务小结

通过在 4 选 1 数据选择器设计过程中调用以前建立的 2 选 1 数据选择器模块，使读者了解 Verilog HDL 的结构化、层次化的数字系统设计方法。

2.7 Verilog HDL 的模块调用

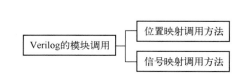

Verilog HDL 支持采用自顶向下的结构化设计方法进行复杂电路系统设计。将一个复杂的系统设计分割成许多较小的、较简单的功能单元模块，这些小模块与大系统相比，设计更容易、测试更简单。对这些小模块分别进行设计和验证通过后，再调用这些小模块嵌套在更大的功能单元模块中进行设计和验证，最后组合为一个完整的电路系统。

在 Verilog HDL 的层次化设计中调用小单元模块也叫模块例化，是将已设计存在的 Verilog HDL 模块作为当前电路模块设计的一个组件，将这个组件作为黑盒子引用，直接发送给输入信号而得到黑盒子的输出信号。

模块例化的方法有两种：一种是和调用门原语方法类似的位置映射法；另一种是将例化模块的端口名对应信号名的信号映射法。

1. 位置映射法

用位置映射法引用一个模块，需要先在引用语句前面写上这个模块的名字，然后在一个空格后写上此模块引用的实例名，在其后圆括号内按模块端口顺序写上连接到各个端口的信号线名。其引用的语法如下：

> 模块名 实例名（连接端口 1 的信号名,连接端口 2 的信号名,...）；

任务 6 的 4 选 1 数据选择器在调用已有的 2 选 1 数据选择器模块时，使用的就是位置映射法，相关的语句如下：

> mux2_1_ex1 U1 (p[0],p[1],s[0],mwire[0]),
>   U2 (p[2],p[3],s[0],mwire[1]),
>   U3 (mwire[0],mwire[1],s[1],f);

其中，mux2_1_ex1 是引用的 2 选 1 数据选择器模块的模块名，而 U1、U2、U3 是引用这个模块的实例名，总共调用了三次，每次调用时模块的端口所连接的信号线名按照模块定义时的端口顺序——列出。

小提示

如果被调用模块的某些端口不使用，在模块例化时将此端口省去，但须保留分隔各个端口名的逗号","。下面的例子是调用一个触发器模块flop，flop定义的端口名及排列顺序为：data、clock、clear、q、qb，其中data、clock和clear为输入端口，q和qb为输出端口。调用此模块的语句示例如下：

```
flop U1(d0,clk,clr,q0,);        // 端口qb没有使用则省去不写,但前面的逗号保留
```

2. 信号映射法

用信号映射法引用一个模块，不必严格遵守端口顺序，只需将所调用的模块端口逐一对应到信号线上列出。信号映射法引用模块的语法如下：

```
模块名 实例名
(
    .端口名1(连接端口1的信号名),
    .端口名2(连接端口2的信号名),
    ...
);
```

上面的模块引用语法中，原模块定义的端口名用符号"."引出，在其后用圆括号标出该端口在电路中需连接的信号线名。这里的端口名1、端口名2等的排列顺序并不一定是模块定义时端口的顺序。用信号映射法完成4选1数据选择器电路模块设计的代码示例如下：

```
/*4选1数据选择器 mux4_1_ex4.v */
module mux4_1_ex4(              //定义4选1数据选择器模块 mux4_1_ex4
p,                             //模块的外部输入/输出端口列表
s,
f
);
input[3:0] p;                  //说明 p 为数据输入端口
input[1:0] s;                  //说明 s 为选择输入端口
output f;                      //说明 f 为数据输出端口
wire [1:0]mwire;               //定义电路中两个2选1数据选择器的输出线

mux2_1_ex4 U1 (
                .p0(p[0]),
                .p1(p[1]),
                .s(s[0]),
                .f(mwire[0])
              );
mux2_1_ex4 U2 (
                .p0(p[2]),
```

```
                    .p1(p[3]),
                    .s(s[0]),
                    .f(mwire[1])
                );
    mux2_1_ex4 U3 (
                    .p0(mwire[0]),
                    .p1(mwire[1]),
                    .s(s[1]),
                    .f(f)
                );
    endmodule
```

小资料

在 Verilog HDL 中通过模块例化的层次结构设计，可以构成可仿真及可综合的复杂电路。信号映射法与位置映射法比较，前者将信号名和对应的被引用端口名同时列出来，不必遵守端口顺序，提高了程序代码的正确性、可读性和可移植性。在实际的电路系统建模工作中，通常采用信号映射法来调用已有模块。

采用信号映射法调用已有模块时，对于不使用的端口可在映射电路信号线名时做空白处理，也可以直接省略而不必列出此端口。调用在位置映射法中提到的触发器模块 flop 的代码语句如下：

```
    flop U1 (
                .data(d0),
                .clock(clk),
                .clear(clr),
                .q(q0),
                .qb( )          // 端口 qb 没有使用,映射空白的电路信号线名
            );
```

还可以将引用语句改写如下：

```
    flop U1 (
                .data(d0),
                .clock(clk),
                .clear(clr),
                .q(q0)
                                // 端口 qb 没有使用,直接省略
            );
```

调用模块时，如果省去的是输入端口，则该端口接入了一个高阻 Z；若省去的是输出端口，则此端口被悬空，废弃不用。

知识梳理与总结

本章叙述了 Verilog HDL 的基本概念、程序结构、数据类型、运算符，介绍了赋值语句、条件语句和循环语句在数字电路建模过程中的使用方法。

本章重点内容如下：

（1）Verilog HDL 电路模块的一般结构主要包括三个部分：模块声明、端口声明和逻辑功能描述。

（2）Verilog HDL 的数据类型与电路模块代码需要处理的实际数据对象相关联，常用的有 wire 线网型、reg 寄存器型、memory 存储器型。

（3）Verilog HDL 电路模块的逻辑功能描述通常可以采用三种方式：结构描述方式、数据流描述方式和可综合的行为描述方式。

（4）采用数据流描述方式建模，电路的内部连线变量通常定义为 wire 型；而在行为描述方式建模时，电路的内部连线变量如果是在 always 过程语句中被赋值的，则须将其定义为 reg 型。

（5）Verilog HDL 的数据流描述方式主要采用 assign 连续赋值语句来实现，在硬件中，assign 连续赋值语句一般用来描述组合逻辑电路，给 wire 型变量赋值。

（6）Verilog HDL 的行为描述方式建模必须注意模块的可综合性，通常采用 always 过程语句来实现。在 always 语句执行过程中，应采用过程赋值语句给 reg 型变量赋值。

（7）Verilog HDL 基本语句包括：赋值语句、"？:"语句、if 条件语句、case 条件语句、for 语句、repeat 语句、while 语句和 forever 语句。

（8）在 if 条件语句中，用于条件判断的"条件表达式"一般由逻辑运算、逻辑比较或逻辑等式等逻辑操作构成，逻辑操作的结果只有 1 或 0 两种情况，也可以理解为成立（真）或不成立（假）。

（9）循环语句在建模中只有 for 语句有可能被综合，而 forever 语句通常用在测试模块的 initial 过程语句中。

（10）Verilog HDL 的层次化设计是通过调用已建立的电路模块来实现的。电路模块的调用方法有两种：位置映射法和信号映射法。

（11）在 Verilog 模块中所有的过程语句（如 always 语句）、连续赋值语句以及实例引用都是并行执行的，它们出现的先后顺序没有关系，表示的是一种通过变量名互相连接的关系。

习题 2

一、填空题

1. 用 Verilog HDL 描述的电路设计称为_____，即该电路的 Verilog HDL 模型。

2. 一个电路的 Verilog HDL 模块的定义是以关键字_____开始，以关键字_____结束。

3. 一个电路的 Verilog HDL 模块声明包括_____和_____。

4. 模块的端口类型有_____端口、_____端口和_____端口。

5. 除了 endmodule 语句外，每个语句和数据定义的最后必须有结束符_____。

6. 一个 Verilog HDL 模块可以有三种描述设计的方式：_____、_____以及_____。

7. Verilog HDL 的结构描述方式主要是调用_____或者调用_____完成电路建模。

8. 最常用的 Verilog 变量有_____、_____和_____。

9. 由持续赋值语句 assign 赋值的变量必须定义为_____。

10. 在 always 过程语句中被赋值的变量必须定义为_____。

二、问答题

1. 在模块的端口声明部分如何说明总线型多位信号的位宽？

2. wire 类型变量和 reg 类型变量的差别是什么？

3. 在编写 Verilog 模块代码时，如果用到 if 语句设计组合逻辑电路，为什么必须要求使用 else？

4. 在编写 Verilog 模块代码时，如果用到的 case 语句，其分支条件没有覆盖所有可能的组合条件，那么定义了 default 项和没有定义 default 项有什么不同？

5. 使用 Verilog HDL 如何实现复杂数字电路的层次化设计？

三、操作题

1. 分别用 Verilog HDL 的结构描述方式、数据流描述方式以及行为描述方式进行图 2.36 所示简单组合电路的建模。

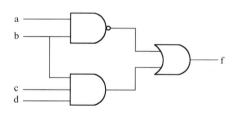

图 2.36　简单的组合电路

2. 用数据流描述方式建立一个三态门的模块，该三态门当 e 使能控制端为高电平时，输出 out = in；当 e 端为低电平时，输出 out 为高阻态。

3. 建立一个七段共阴极数码管显示数字 0 ～ 9 的译码电路模块。

第3章

组合逻辑电路设计

教学导航

组合逻辑电路是数字系统中最基础、最常见的一种电路形式，本章从典型的组合逻辑电路入手，让读者在实践中逐步认识常见组合逻辑电路，并通过组合逻辑电路设计，进一步介绍可编程逻辑器件的典型设计过程。

教	知识重点	1. 组合逻辑的概念和基本原理； 2. 常用组合逻辑电路的基本结构； 3. 组合逻辑电路 Verilog 建模方法
	知识难点	必须使用完整条件分支建模组合逻辑的原理
	推荐教学方式	从三人表决器入手，通过一个完整的工程项目实例，让学生从实践中体会出什么是组合逻辑电路、如何完成组合逻辑最基本的建模。接下来通过任务扩展，逐步掌握清楚几种常用组合逻辑电路的原理，以及建模方法，最后总结出得到组合逻辑的标准建模方法
	建议学时	16 学时
学	推荐学习方法	按照教材安排的顺序，逐一完成项目任务，按照项目的要求逐渐掌握组合逻辑的原理，阻塞赋值与非阻塞赋值的区别，三态门的应用，BCD 译码原理以及动态显示技术。每一个任务都会安排新的原理和内容，通过任务的学习，逐渐掌握这些必要的组合逻辑电路设计知识，进而掌握常用组合逻辑电路设计方法，最终总结出组合逻辑通行的、一般化的设计方法
	必须掌握的 理论知识	1. Verilog 语言的并行性；　　　　2. 常用组合逻辑运算器件的原理； 3. 阻塞赋值与非阻塞赋值的区别及应用；4. 三态门的原理及设计方法； 5. BCD 码译码原理，动态显示技术原理
	必须掌握的技能	最常用组合逻辑电路 Verilog 设计

任务 7 三人表决器设计

任务分析

表决器是一个基本组合逻辑电路，作为一个重要部件经常被应用。本任务实现的表决器功能如下：电路有三个输入端口，分别表示三个参与表决的人；一个输出端口，表示表决器表决结果。输入/输出电平状态与其意义的对应关系如表 3.1 所示。

表 3.1 表决器输入/输出电平状态与其意义的对应关系

输入电平	高电平	低电平
表决人	同意议案	否决议案
输出电平	高电平	低电平
表决结果	议案通过	议案不通过

表决器的基本逻辑为：当多数人认为通过，则议案通过；当多数人认为不通过，则议案不通过。我们定义表决器输入端为 b1、b2、b3，输出端为 u，通过分析可以得到如表 3.2 所示的真值表。

考虑到真值表和电路功能，三人表决器的电路功能结构如图 3.1 所示。

表 3.2 三人表决器真值表

输　入			输　出
b1	b2	b3	u
0	0	0	0
0	0	1	0
0	1	0	0
0	1	1	1
1	0	0	0
1	0	1	1
1	1	0	1
1	1	1	1

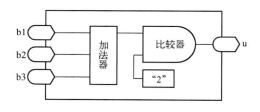

图 3.1 三人表决器的电路结构

> **小经验**
>
> 完成一个组合逻辑电路设计任务，需要对电路结构进行设计。首先可以用框图把电路的基本结构设计出来，认真分析方案是否可行，然后再对框图描述的结构进行代码设计，可有效地提高设计速度和设计的准确性。

对于三人表决器，我们给出一种基于加法器和比较器的电路结构来实现。其中，三输入加法器把输入的三位表决人的信号做加法，根据真值表可知，如果有任意两个人同意该提案，则加法的结果为 2；如果有 3 个人同意该提案，则加法的结果为 3；如果只有一人同意该提案，则加法的结果为 1；没有人同意的话，结果就为 0。可以看出，加法的结果大于或等于 2 时，表示提案通过，否则提案不通过。所以，把加法器的输出结果和"2"进行比较，

比较结果大于或等于2，输出为1，否则输出为0。这里比较器采用一个两位"大于或等于"比较器即可。

任务实现

1. 新建工程

启动Quartus Ⅱ软件，在"File"下拉菜单中选择"New Project Wizard"命令项，新建三人表决器项目工程，工程名字可以是Three_voter。然后选择顶层模块的名称，名字为"three_voter_ex"（这个名称是自己选择的，可以根据自己的想法起一个有意义的名称）。接下来选择使用的器件系列和具体器件，这里选择MAXⅡ系列器件EPM1270T144。

2. 设计输入

（1）在"File"下拉菜单中选择"New"命令项，选择设计输入类型为"Device Design Files"列表中的"Verilog HDL Files"项，单击"OK"按钮进入Verilog语言编辑画面。

（2）输入三人表决器的Verilog描述代码如下：

```
//three_voter_ex. v
//Verilog 代码段 3 - 1
module three_voter_ex(                       //模块名为 three_voter_ex
b1,
b2,
b3,
u
);                                           //输入/输出列表
input b1,b2,b3;                              //输入信号
output u;                                    //输出信号
wire[1:0] add_result;                        //定义变量与其位宽
assign add_result = b1 + b2 + b3;            //对设计进行建模
assign u = (add_result >=2) ?  1'b1 : 1'b0;
endmodule
```

上述代码首先定义了模块的名称，也就是三人表决器顶层模块名"three_voter_ex"，接下来代码描述了输入/输出端口列表，定义了3个输入，分别是b1、b2、b3，1个输出u。

语句"input b1，b2，b3；"和"output u；"定义输入/输出属性和位宽，三人表决器有 3 个输入、1 个输出，都是 1 位位宽。

使用语句"wire［1：0］add_result；"定义加法器的输出结果，结果位宽为 2 位。

> **小知识**
>
> 由于代码中使用 assign 连续赋值建模方法，所以定义 add_result 为 wire（线网）类型，如果使用过程赋值语句，这里就需要定义为 reg 类型。

加法器是一个典型的组合逻辑电路，本设计中采用了一种标准的组合逻辑建模方法：

```
assign add_result = b1 + b2 + b3；
```

"assign"的含义是连续赋值，其含义就是 add_result 始终等于 b1 + b2 + b3，而与任何其他的信号（主要指时钟信号）没有关系。这种输出只与输入有关而与状态无关的电路就是组合逻辑电路，所以人们就约定，采用 assign 连续赋值语句写出来的代码对应组合逻辑电路。

因此，上面的代码表示 add_result 为 b1、b2、b3 求加法和的组合逻辑结果。

（3）选择"File"菜单下的"Save"命令项，保存 Verilog 设计文件，文件名为"three_voter_ex. v"。

3. 工程编译

选择菜单"Processing"下的"Start Compilation"命令项，或者单击位于工具栏的编译按钮▶，完成工程的编译。

如果工程编译出现错误提示，则编译不成功，需根据 Message 窗口中所提供的错误信息修改电路设计，再重新进行编译，直到没有错误为止。

4. 设计仿真

（1）建立波形文件。选择"File"菜单下的"New"命令，在弹出的窗口中选择"Vector Waveform File"，新建仿真波形文件。在波形文件编辑窗口，单击"File"菜单下的"Save as"命令项，将该波形文件另存为"three_voter_ex. vwf"。

（2）添加观察信号。在波形文件编辑窗口的左边空白处单击鼠标右键，执行"Insert"的"Insert Node or Bus"命令项，在打开的窗口中单击"Node Finder"按钮，在"Node Finder"窗口中单击"List"按钮，设计的 4 个引脚出现在左边的空白窗格中，选中所有引脚，单击窗口中间的 >> 按钮，4 个引脚出现在右边的空白窗格中，再单击"OK"按钮回到波形编辑窗口。

（3）添加激励。通过拖曳波形，产生想要的激励输入信号。

（4）功能仿真。添加完激励信号后，保存波形文件。选择"Processing"菜单下的"Simulator Tool"命令项，在"Simulation mode"下拉列表中选择"Functional"项，再单击"Generate Functional Simulation Netlist"按钮，产生仿真需要的网表文件，然后选中"Overwrite simulation input file with simulation result"复选框，否则不能显示仿真结果，单击"Start"按钮进行仿真。

仿真完成后，单击"Open"按钮打开仿真结果，得到如图 3.2 所示的仿真波形，可以看出，三人表决器的输入/输出逻辑功能正确。

（5）时序仿真。在仿真工具对话框中，选择"Simulation mode"下拉列表中的"Timing"项，进行时序仿真，仿真结果如图 3.3 所示。

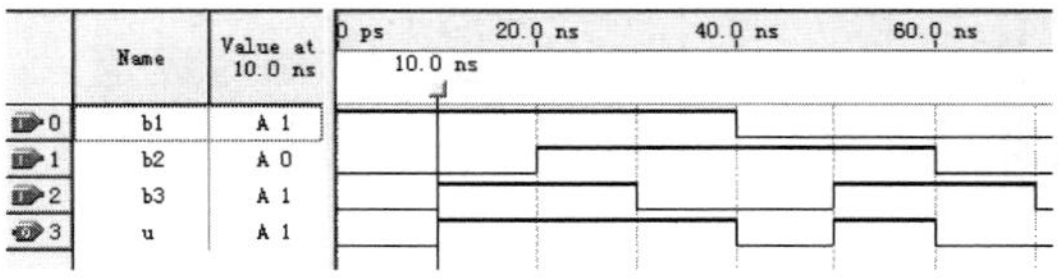

图 3.2 三人表决器功能仿真结果 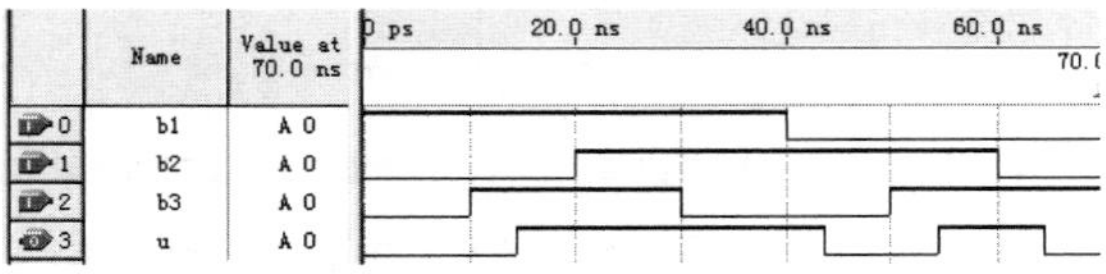　　　　　图 3.3 三人表决器时序仿真结果

> **小知识**
>
> 　　一般地，数字电路设计的主要步骤包括代码设计、仿真、综合、布局布线、下载（对于可编程逻辑器件）。其中代码编辑几乎所有的工具都支持，但是一般设计者会使用功能较为强大的文本编辑工具，如 Windows 平台下的 Ultra Edit，以及 Linux/Unix 平台下的 VIM。仿真必须使用专业的仿真工具，一般在 Windows 平台下使用 Modelsim。对于可编程逻辑器件，综合部分可以使用第三方 Synplicity 公司的 Synplify，对 Altera 公司的 PLD 也可以使用其支持工具 Quartus Ⅱ，Xilinx 公司的 PLD 可以使用其支持工具 ISE。而布局布线和下载，Altera 公司的 PLD 必须使用 Quartus Ⅱ，Xilinx 公司的 PLD 必须使用 ISE。

5. 综合布局布线

如果引脚和器件选定之后，可以再次选择"编译"，此时 Quartus Ⅱ 会根据选择的器件和引脚把已经设计好的 RTL 代码综合成为具体的逻辑门，并且针对引脚的位置完成这些逻辑门在 FPGA 芯片中的对应位置和连接关系。综合器首先会分析整个 RTL 的逻辑结构，三人表决器的逻辑结构如图 3.4 所示。

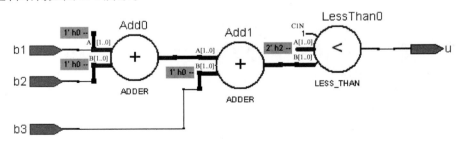

图 3.4 三人表决器的 RTL 结构

首先对 b1 和 b2 进行加法，其结果再和 b3 进行加法，最后将加法结果再和数字 2 进行比较，得到结果 u。图 3.5 给出了三人表决器的最终逻辑结果，该电路需要使用 2 个或门和 2 个与门电路，共使用 1 个逻辑单元，占用了 4 个 pin 脚。

图 3.6 给出了三人表决器的最终时序结果，可以看到，从输入 b1、b2、b3 到输出的延迟，其中最长的延迟路径为 b1 到 u 的，是 3.812 ns。

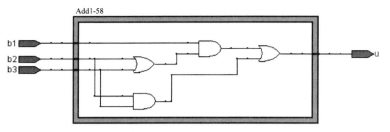

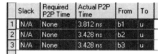

图 3.5　三人表决器的逻辑结构　　　　　　图 3.6　三人表决器的时序结果

> **小提示**
>
> FPGA 结构中没有现成的门电路，这个组合逻辑在 FPGA 中是由 LUT 来实现的。

知识扩展

实现三人表决器的方法不是唯一的。Verilog 硬件描述语言的丰富性体现在如下两个方面：第一，电路结构本身的丰富性。实现同一种功能，可以使用多种电路结构或者体系结构。第二，语言描述方法的丰富性。实现同一种电路体系结构可以使用不同的描述风格和方法。下面给出用另外一种结构来描述的三人表决器：

```verilog
//three_voter_ex1. v
//Verilog 代码段 3 – 2
module three_voter_ex1(              //模块名为 three_voter_ex1
b1,
b2,
b3,
u
);                                   //输入/输出列表
input b1,b2,b3;                      //输入信号
output u;                            //输出信号
wire[1:0] add_result;                //定义变量与其位宽
reg u;                               //定义变量与其位宽
always@( b1,b2,b3)                   //对设计进行建模
    begin
        casex({b1,b2,b3})
            3'b00x: u <= 1'b0;
            3'b01x: u <= b3;
            3'b11x: u <= 1'b1;
            3'b10x: u <= b3;
            default: u <= 1'bz;
        endcase
    end
endmodule
```

这是三人表决器的另外一种描述方法，结构、风格完全不同，但实现功能完全相同。

在上面的代码中，always 模块里描述表决器逻辑功能，必须要定义输出 u 为寄存器类型，定义寄存器的方法是使用关键字"reg"。如果是位宽为 1 位的信号，就可以直接采用"reg

信号名"的方法来定义；对于多位位宽的信号需要采用"reg 位宽 信号名"的方法来定义，例如，定义一个 3 位位宽的寄存器 result，定义方法如下：

> reg [2:0] result;

其中 [2:0] 表示从第 2 位到第 0 位，一共 3 位。引用的时候，"result[2]"表示最高位，"result[1]"表示第 1 位，而"result[0]"表示最低位。

小经验

对于信号的位宽表示，是有公共约定的：一般地，所有设计人员都会采用左边高、右边低、从 0 开始的原则，如图 3.7 所示。

图 3.7 中，四个语句都定义了一个 3 位的寄存器，但是我们习惯于从 0 位开始，且都是高位在左边，低位在右边，因此第一种方式最容易接受。

reg [2:0] result	第 2 位	第 1 位	第 0 位
reg [0:2] result	第 0 位	第 1 位	第 2 位
reg [5:3] result	第 5 位	第 4 位	第 3 位
reg [4:6] result	第 4 位	第 5 位	第 6 位

图 3.7　变量位宽以及排列顺序示意

上述代码使用了标准的 always 建模组合逻辑的方法。首先必须清楚三人表决器的输入和输出：三人表决器的输入是"b1，b2，b3"，而输出是 u。所以，把 always 后面的括号里写上所有的输入信号："always@（b1，b2，b3）"。

always 段的代码从 always 下面的 begin 开始，到 end 结束。

对于使用 always 建模组合逻辑的方法，需要使用完整的逻辑分支来进行赋值。简单地说就是需要采用有"if 语句，必须有 else 或用 case，必须使用 default"的方法，这里使用的是 case 语句的一个小变种，casex 语句：

```
casex({b1,b2,b3})
    3'b00x: u <= 1'b0;
    3'b01x: u <= b3;
    3'b11x: u <= 1'b1;
    3'b10x: u <= b3;
    default:u <= 1'bz;
endcase
```

表 3.3　输入信号和输出信号之间的关系

b1 b2 b3	Verilog 代码	u
0　0　0 0　0　1	3'b00x	0
0　1　0 0　1　1	3'b01x	b3
1　1　0 1　1　1	3'b11x	1
1　0　0 1　0　1	3'b10x	b3
其他	default	z

上述代码中，casex 中的 {b1，b2，b3} 表示把 b1、b2、b3 三个 1 位位宽的变量拼接成一个三位位宽的变量。casex 的特点是可以使用无关项"x"，接下来根据 casex 括号中信号的不同取值，分别对应给 u 进行赋值。信号取值如表 3.3 所示。

小提示

为了保持显性的组合逻辑风格，一般地，我们都需要增加 default 项来保护代码综合不会出现 latch 器件。default 的含义是"除了上述各种情况之外"的情况，我们只是增加保护，所以给 u 取值为高阻"z"。

任务小结

通过三人表决器的设计，了解了基于 Verilog 硬件描述语言设计一个组合逻辑电路的基本方法和步骤，同时也了解了使用 assign 连续赋值建模的方法，初步认识了现代数字系统设计方法与传统数字系统设计方法的异同。

自己做

按照任务 7 中的实现步骤以及相关语法，自行完成基于 Verilog 硬件描述语言实现的 5 人表决器的设计。

提示：5 人表决器的基本电路框架结构可以参考图 3.8。

要求：按照完整的设计过程来完成该项目的设计。

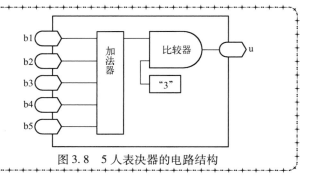

图 3.8　5 人表决器的电路结构

3.1　组合逻辑电路设计基础

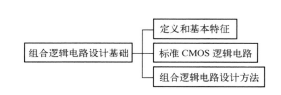

组合逻辑电路是数字系统中最基础的电路，广泛应用于数字系统设计的各个领域。组合逻辑电路设计经历了从分立器件电路到集成电路，从电子管、双机型晶体管、NMOS/PMOS 组合逻辑电路到 CMOS 组合逻辑电路的发展过程。

3.1.1　组合逻辑电路的定义和基本特征

电路首先可以分成数字电路和模拟电路，数字电路是把电信号抽象为数字逻辑的"1"和"0"，只处理电信号处于高电平和低电平的状态，对于其他中间状态，不予处理。而模拟电路处理的是连续的电信号，无论电路处于哪种电压状态，都是电路关心的信号，都要进行处理。

数字电路可以划分为组合逻辑电路和时序逻辑电路。**组合逻辑电路**的定义：电路当前的输出仅取决于当前的输入信号，输出信号随输入信号的变化而改变，与电路原来的状态无关，这种电路无记忆功能。

小提示

这里要注意定义中所说的"仅取决于"，组合逻辑的输出仅仅和输入相关，也就是说只要知道了输入的数值，就一定可以知道输出的结果。但是，在真实的电路中，从给出电路输入，到输出正确的结果，需要一定的延迟时间，我们通常称为"组合逻辑延时"，这个延时要在设计电路中予以考虑，以保证电路的正确性。

组合逻辑电路的基本特征是：电路的输出一定可以表示为输入的"与、或、非"逻辑表达式，且表达式中不得出现输出变量本身，也就是说不存在输出反馈到输入的情况。所以，组合逻辑就是一组仅仅包含输入的布尔代数表达式，这一点是理解 Verilog 组合逻辑建模方式的关键。

3.1.2 标准 CMOS 组合逻辑电路结构

目前，绝大多数集成电路中的组合逻辑电路都是使用 CMOS 工艺来实现的，CMOS 电路就是互补的 MOS 电路。

MOS 管是金属（metal）—氧化物（oxid）—半导体（semiconductor）场效应晶体管，或者称金属—绝缘体（insulator）—半导体。场效应管的名字也来源于它的输入端（称为 gate）通过投影一个电场在一个绝缘层上来影响流过晶体管的电流。

MOSFET（Metal – Oxide – Semiconductor Field – Effect Transistor，MOSFET）有 P 沟道和 N 沟道两种。

> **小提示**
>
> 之所以选择 CMOS 电路，主要是因为其电路结构十分简洁，理论上无静态电路功耗。

1. 互补 CMOS 电路

由 N 沟道和 P 沟道两种 MOSFET 组成的电路称为互补 MOS 或 CMOS 电路。图 3.9 给出了 CMOS 反相器电路，由两只增强型 MOSFET 组成，其中下面的为 N 沟道结构，上面的为 P 沟道结构。

由电路结构可以看出，当输入 $v_i = 0\,V$ 时，上面增强型的 PMOS 处于导通状态，而下面的增强型 NMOS 处于截止状态，因此输出 v_o 和电源 V_{DD} 实现了导通，和"大地"绝缘，此时输出为 V_{DD}。

如果输入 $v_i = V_{DD}$ 时，对于增强型的 NMOS 处于导通状态，而增强型的 PMOS 处于截止状态，因此输出 v_o 和"大地"实现了导通，和 V_{DD} 绝缘，此时输出为"大地"即 0 V。

所以，上述电路实现了反相器的功能。

2. 2 输入 CMOS 与非门电路

标准 CMOS 电路结构就是要使用数目相等的增强型 NMOS 和 PMOS 晶体管实现基本门电路功能。

图 3.10 是 2 输入 CMOS 与非门电路，其中包括两个串联的 N 沟道增强型 MOS 管和两个并联的 P 沟道增强型 MOS 管。

每个输入端连到一个 N 沟道和一个 P 沟道 MOS 管的栅极。当输入端 A、B 中只要有一个为低电平时，就会使与它相连的 NMOS 管截止，与它相连的 PMOS 管导通，输出为高电平；仅当 A、B 全为高电平时，才会使两个串联的 NMOS 管都导通，使两个并联的 PMOS 管都截止，输出为低电平。

因此，这种电路具有与非的逻辑功能。

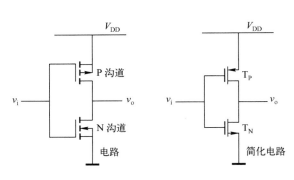

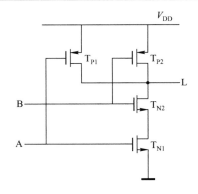

图 3.9　CMOS 非门（反相器）的电路结构　　　　图 3.10　2 输入 CMOS 与非门的电路结构

n 个输入端的与非门必须有 n 个 NMOS 管串联和 n 个 PMOS 管并联。

3. 2 输入端 CMOS 或非门电路

图 3.11 是 2 输入端 CMOS 或非门电路，其中包括两个并联的 N 沟道增强型 MOS 管和两个串联的 P 沟道增强型 MOS 管。

当输入端 A、B 中只要有一个为高电平时，就会使与它相连的 NMOS 管导通，与它相连的 PMOS 管截止，输出为低电平；仅当 A、B 全为低电平时，两个并联 NMOS 管都截止，两个串联的 PMOS 管都导通，输出为高电平。

因此，这种电路具有或非的逻辑功能。

显然，n 个输入端的或非门必须有 n 个 NMOS 管并联和 n 个 PMOS 管串联。

4. 2 输入 CMOS 异或门电路

CMOS 异或门电路由一级或非门和一级与或非门组成。由于异或门可以化解为如下表达式：

$$X = \overline{A + B}, \quad L = \overline{A \cdot B + X}$$

$$= \overline{A \cdot B + \overline{A + B}}$$

$$= \overline{A \cdot B + \overline{A} \cdot \overline{B}}$$

$$= A \oplus B$$

设 X 为 A 和 B 运算的或非门的输出。而有 X 参与的与或非门的输出 L 即为输入 A、B 的异或输出，所以最终 A 和 B 的异或门电路可以化解为图 3.12 的电路结构形式：第一级是 A、B 的或非门，第二级是第一级的输出 X 与 A、B 的与或非门。

若在异或门的后面增加一级反相器就构成异或非门，由于具有同或的功能，因而称为同或门。

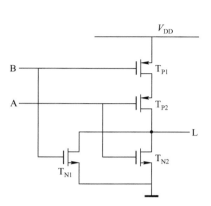

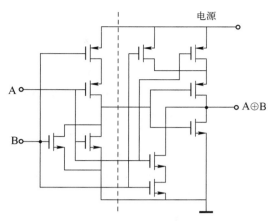

图 3.11　2 输入 CMOS 或非门的电路结构　　　图 3.12　2 输入 CMOS 异或门的电路结构

小资料

　　对于标准 CMOS 门电路的结构记忆是学习数字电路设计,尤其是数字集成电路设计人员的必修课,上面只给出了四种典型的门电路结构,但是通过上面的学习,读者应该很容易地扩展出来所有标准 CMOS 门电路的结构。

　　如果想把这些门电路的结构完全记住,可以通过如下口诀"NMOS 在下,串与并或;PMOS 在上串或并与;最后逻辑加个非"。上面三句口诀可以有效地利用 CMOS 电路来实现任何组合逻辑门。

　　通过观察可以发现,标准 CMOS 逻辑电路实现的都是与或非门,由于布尔代数理论告诉我们,任何布尔代数表达式都可以变成与或非门,所以这种结构最终可以实现所有组合逻辑门电路。而要实现与的逻辑只需要串联相应输入的 NMOS,并联相应输入的 PMOS 即可。举例来说,要实现 A、B 的与关系,只需要把 A、B 连接栅极的两个 NMOS 串联起来放在电路的下面,然后还需要把 A、B 连接栅极的两个 PMOS 并联起来放在电路的上面,最终实现 A、B 的与非门,这就是"最后逻辑加个非"。

　　通过对比上面四个实例电路,仔细思考,读者应该可以很容易掌握口诀,从而方便地设计出来任何 CMOS 组合逻辑门电路。

3.1.3　典型组合逻辑电路设计方法

1. 早期设计方法

　　早期的组合逻辑电路设计以手工设计为主,采用布尔代数化简的方法,通常包括以下三个步骤:

　　第一步,将文字描述的逻辑命题,转换为真值表。

　　(1) 分析事件的因果关系,确定输入和输出变量。一般总是把引起事件的原因定为输入变量,把事件引起的结果定为输出变量。

　　(2) 定义逻辑状态的含义,即确定 0、1 分别代表输入、输出变量的两种不同状态。

　　(3) 按照因果关系列出真值表。

　　第二步,由真值表写出逻辑表达式,并进行化简。化简形式应根据所选门电路而定。

　　第三步,画出逻辑图,并最终转化为电路。

> **小提示**
>
> 　　无论是电子管电路、双极型晶体管电路，还是 CMOS 电路都可以采用上述步骤实现。随着集成电路技术的发展，出现了很多专业的集成电路，可以提供非常复杂的逻辑电路结构，其中，第二步就有很大的空间给设计者发挥个人智慧，选择相对成熟的、功能比较复杂的集成电路，就可以大大减少设计工作。
>
> 　　基于可编程逻辑器件设计组合逻辑电路也可以采用上述方法，只要得到了电路原理图，再把电路原理图输入给 EDA 工具，然后通过工具下载就能在可编程逻辑器件上实现组合逻辑了，基于电路原理图的设计方法参见任务 1 和任务 2。

2. 现代设计方法

　　近年来，随着硬件描述语言的出现，传统组合逻辑电路的设计方法也渐渐被新的现代设计方法所取代，基于硬件描述语言的组合逻辑电路设计方法如下：

　　第一步，文字描述的逻辑命题，转换为电路规格书。

　　（1）分析事件的因果关系，确定输入和输出变量。一般总是把引起事件的原因定为输入变量，把事件引起的结果定为输出变量。

　　（2）定义逻辑状态的含义，即确定 0、1 分别代表输入、输出变量的两种不同状态。

　　（3）画出电路的结构框图，并且定义好相关信号含义，写出电路规格书。

　　第二步，根据规格书的要求，用 RTL 硬件描述语言描述电路（一般需要通过仿真验证）。

　　第三步，根据已有的库进行综合，得到可以与实际直接对应的网表并最终实现电路。

> **小提示**
>
> 　　在本书中，第 1 章介绍的基于原理图的设计方法属于传统的组合逻辑电路设计方法，从第 2 章开始介绍的是基于 Verilog 硬件描述语言的设计方法，属于现代组合逻辑电路设计方法。现代组合逻辑电路设计方法大大简化了设计步骤，有效地提高了设计的效率。

3.2　理解 Verilog 的并行语句

1. Verilog 需要并行语句

　　一般的程序设计语言是处理器按照顺序去执行的一些语句，硬件描述语言却是描述一个物理上可以客观存在的实际电路的语言。二者最本质的区别是 Verilog 硬件描述语言有并行语句。

并行语句是硬件描述语言的基本特征,可以说正是因为并行语句的存在,才使其成为真正的硬件描述语言。

为什么硬件描述语言需要并行语句呢?因为硬件描述语言描述的是电路,假如我们描述了一个由加法器、乘法器和比较器三个部件组成的电路,当电路上电工作时,这三个部件不存在先后的关系,必须同时工作,是并列关系,所以 Verilog 代码处理这三个部件必须是并行的。

2. Verilog 需要顺序语句

前面揭示了为什么 Verilog 语言需要并行语句,但是为什么还要在 Verilog 中出现顺序执行语句呢?原因有两个,第一是很多时序器件本身就是和时间相关的,例如,D 触发器,其原理就是"每当时钟上升沿来临之后,就把输入端的数据存入,并且放在输出端口,直到下一个上升沿来临为止"。如果使用语言来描述一个器件符合上述原理,很明显需要用到时间先后的语法,而且在很多场合,使用顺序执行的语句可以有效地简化描述语言,基于这个原因,描述有些电路结构需要使用顺序执行的语句。但是即使采用顺序执行语句描述出来了这种器件,在底层和其他器件中也是并行处理的。第二个原因就是为了仿真验证,可以想象,如果仿真一个电路的操作,这些操作过程必然是顺序执行的,例如,先发出某个信号,然后再发出某个信号,等等。

3. 从一段代码中理解 Verilog 的并行含义

下面给出一段 Verilog 代码作为例子来理解 Verilog 并行执行的含义。

```
module pe( );
//part 1
reg[2:0] a,b;
wire[3:0] c;
assign c = a + b;
//part 2
reg m,n,clk;
always@( posedge clk)
  begin
    if( a == c)
        m <= n;
  end
//part 3
always
#50 clk = ~ clk;
//part 4
initial
  begin
    clk = 1;
    a = 3'b001;
    b = 3'b001;
    n = 1'b0;
    #300 a = a + 1'b1;
    #300 b = 3'b0;
    #300 n = 1'b1;
```

```
        end
    endmodule
```

上述代码中，电路模块定义为 pe，没有输入和输出，电路描述包括四个部分，使用"//"行注释符分别注释为 part1、part2、part3、part4。

part1 部分：语句"reg [2:0] a，b；"定义了两个寄存器类型变量 a 和 b，语句"wire [3:0]c；"定义了一个线网类型变量 c，语句"assign c = a + b；"表示 c 等于 a 与 b 加法的和。

part2 部分：首先定义"m，n，clk"三个寄存器类型的变量，然后用一个 always 表示一个过程块，always 内部执行的含义是，每当 clk 信号的上升边沿来临的时候，如果 a 和 c 相等，就把 n 的数值赋给 m。

> **小提示**
>
> always 内部如果使用 begin 和 end 作为代码开始和结束的标识，表示是顺序执行的。

part3 部分：每隔 50 个时间单位，就把 clk 信号的数值翻转，"~ clk"表示 clk 的反相结果。

上述三部分是同时执行的，不存在执行的先后顺序，也就是说从一开始就同时执行各个部分，而 part2 部分内部是顺序执行的。上述三部分在写法上无论哪个写在前面或者后面，最终的代码效果是完全一样的。

Part4 部分：可以帮助理解 Verilog 的并行执行的特点。在这里给整个代码中的变量进行了赋值。initial 表示该段代码只执行一次，使用 begin 开头、end 结尾也表示顺序执行。首先使"clk = 1；a = 3'b001；b = 3'b001；n = 1'b0；"，然后在 300 个时间单位后，使"a = a + 1'b1；"，其中，"#300"表示延迟 300 个时间单位。之后再过 300 个时间单位使"b = 3'b0；"，最后，再过 300 个时间单位使"n = 1'b1；"。

Part4 部分也是和前三部分并行执行的，例如，当 part4 中改变了 a、b 的数值，part1 中 c 的计算结果也会随之改变。

以上四部分书写的顺序都可以随意改变，可以把任何一个部分和其他部分互换，不会影响最终的执行结果。

> **小资料**
>
> 对于 Verilog 语言的分析，以设计者经常会使用波形图来分析数字电路原理，也通常会使用软件来绘制仿真波形图来检测电路结果是否正确。所谓波形图，其横坐标是时间轴，纵坐标是变量的数值。例如，图 3.13 就是一个典型的波形图。
>
>
>
> 图 3.13 一个典型的波形图
>
> 图 3.14 中的波形图表示在不同的时间 a、b、m 分别取值不同，举例来说，在 4 ns 的时间，a 的数值从 3 变成了 4。

任务8　一位加法器的设计

任务分析

加法器是基本组合逻辑电路，本项目实现一个一位带进位加法器，其结构如图 3.14 所示。

加法器电路需要两个输入端口 a1 和 a2，分别代表两个加数；两个输出端口 b 和 c，b 代表加法的本位结果（和），c 代表加法的进位结果，其真值表如表 3.4 所示。

图 3.14　一位加法器框图

表 3.4　一位加法器真值表

输　　入		输　　出	
a1	a2	b	c
0	0	0	0
0	1	1	0
1	0	1	0
1	1	0	1

根据上述的真值关系，可以得到两个布尔代数表达式如下：

$$b = a1 \cdot \overline{a2} + \overline{a1} \cdot a2$$

$$c = a1 \cdot a2$$

根据上述表达式，按照原理图的方法设计加法器，其原理图如图 3.15 所示。

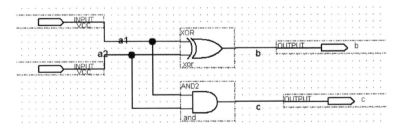

图 3.15　一位加法器原理图

> **小问答**
>
> 问：b 的表达式 $b = a1 \cdot \overline{a2} + \overline{a1} \cdot a2$，通常又称为异或门电路，是一种常见的组合逻辑单元门电路，为什么呢？
>
> 答：由于异或门电路通常可以使用特殊的电路结构构成，不需要把两个与门和一个或门联合使用，从而能够大大地节约电路面积和电路资源，所以异或门也就成了经常被引用的最基本的电路单元。异或门电路结构见图 3.12。

下面我们采用 RTL（寄存器传输级）描述方法来设计电路。首先，根据真值表以及电路的逻辑功能设计出电路的模块，再把模块细化成为 RTL 结构，从而设计出电路。

对于一位加法器，可以直接采用 RTL 描述方法。在 Verilog 语言中，本身就有加法语句，加法器可以直接描述，体现了 Verilog 语言的强大性。

> **小经验**
>
> Verilog 语言不仅可以描述 RTL 级电路，还可以描述门级电路，也就是说，可以使用 Verilog 语言，按照原理图来描述电路。
>
> 采用 RTL 描述电路的优点：文本占空间小，用信号名称来表示同一个信号及其连接关系，这样避免了画图，速度更快，错误更少。文本还可以对整体电路进行一次性的批处理，而原理图却不可以。
>
> 原理图描述的优点是直观、浅显易懂、容易上手。

任务实现

1. 新建工程

启动 Quartus Ⅱ 软件，在"File"下拉菜单中选择"New Project Wizard"命令项，新建一位加法器项目工程"full_adder"，然后选择顶层模块的名称"full_adder"。接下来根据具体设计要求来选择使用的器件系列和具体器件。

2. 设计输入

（1）在"File"下拉菜单中选择"New"命令项，选择"Device Design Files"→"Verilog HDL Files"项，单击"OK"按钮进入 Verilog 语言编辑界面。

（2）输入一位加法器的 Verilog 硬件描述语言的描述代码：

```verilog
//fulladder. v
//Verilog 代码段 3 - 3
module fulladder(
a1 ,
a2 ,
b,
c
);
input a1 , a2 ;
output b;
output c;
wire b, c;
assign {c, b} = a1 + a2;
endmodule
```

对上述代码说明如下：

① 定义了模块的名称：fulladder，也就是顶层模块名。

② 描述电路的输入/输出端口列表，定义了 2 个输入端口，2 个输出端口，名字分别为 a1、a2、b、c。

③ 定义输入/输出属性和位宽。一位加法器有 2 个输入，都是 1 位位宽的，所以定义 in-

put a1，a2，同理，定义输出 output b，output c。

④ 使用 wire 定义加法器的输出结果，结果位宽为 1 位，所以需要定义 wire b,c。

> **小提示**
>
> 　　这里需要说明的是，如果是线网类型的变量，在输入／输出端口上定义了位宽，可以省略这个定义过程。
>
> 　　如果位宽是 1 位，同时也是线网类型的变量，即使不是输入／输出也可以省略定义过程。
>
> 　　由于代码中使用 assign 连续赋值建模方法，所以定义其为 wire（线网）类型；如果使用过程赋值语句，这里就需要定义为 reg 类型。

⑤ 加法器是一个典型的组合逻辑电路，代码中采用了一种标准的组合逻辑建模方法：

```
assign { c,b } = a1 + a2 ;
```

其中｛c，b｝的含义是把 b、c 拼接成一个变量来处理。

在 Verilog 语言中，"＋"可以直接支持加法器的表达。如果写"assign h = a1 + a2"，h 是一个 1 位的变量，表示半加器，如果 h 是一个 2 位的变量，则上述表达式就是一个带进位加法器。

所以，使用拼接符｛｝来把 b 和 c 拼接起来。拼接符的使用原理很简单，就是按照左右的顺序拼接大括号里面的变量，例如，｛c，b｝的结果就是 c 为高位而 b 为低位。

"assign"的含义是连续赋值，连续赋值与任何其他的信号（主要指时钟信号）无关系。这种输出只与输入有关系而与状态无关的电路就是组合逻辑电路，所以人们就约定 assign 的连续赋值语句写出来的代码对应组合逻辑电路。

语句"assign {c,b} = a1 + a2;"表示｛c，b｝为 a1、a2 全加的组合逻辑结果。

> **小经验**
>
> 　　虽然一位带进位加法器的有效代码只有一句，充分体现了 Verilog 语言的强大功能，但是在实际的电路设计中，如果真的设计加法器单元电路，一般需要进行电路级的设计。因为通常一些加法器单元的结构会最终影响到整个电路的效果。

（3）选择"File"菜单下的"Save"命令项，保存 Verilog 设计文件，文件名为"fulladder. v"。

3. 工程编译

选择菜单"Processing"下的"Start Compilation"命令，或者单击位于工具栏的编译按钮 ▶，完成工程的编译。

如果工程编译出现错误提示，则编译不成功，需根据 Message 窗口中所提供的错误信息修改电路设计，再重新进行编译，直到没有错误为止。

4. 设计仿真

（1）建立波形文件。选择"File"菜单下的"New"命令，在弹出的窗口中选择"Vector

Waveform File"，新建仿真波形文件。在波形文件编辑窗口，单击"File"菜单下的"Save as"命令项，将该波形文件另存为"fulladder.vwf"。

（2）添加观察信号。在波形文件编辑窗口的左边空白处单击鼠标右键，选择"Insert"的"Insert Node or Bus"命令项，在打开的窗口中单击"Node Finder"按钮，在"Node Finder"窗口中单击"List"按钮，设计的 4 个引脚出现在左边的空白窗格中，选中所有引脚，单击窗口中间的 >> 按钮，4 个引脚出现在右边的空白窗格中，再单击"OK"按钮回到波形编辑窗口。

（3）添加激励。通过拖曳波形，产生想要的激励输入信号。对于本设计，输入有 2 个，分别为 2 个加数，由于输入数目比较少，所以可以采用排列组合的方法来进行仿真，也就是组合两个加数分别为"0"和"1"不同的 4 种情况，看看输出是否正确来验证设计。

（4）功能仿真。添加完激励信号后，保存波形文件。选择"Processing"菜单下的"Simulator Tool"命令项，在"Simulation mode"选项框中选择"Functional"，再单击"Generate Functional Simulation Netlist"按钮，产生仿真需要的网表文件，然后选中"Overwrite simulation input file with simulation result"复选框，否则不能显示仿真结果，单击"Start"按钮进行仿真。

仿真完成后，单击"Open"按钮打开仿真结果，得到如图 3.16 所示的仿真波形，可以看出，加法器的输入/输出逻辑功能正确。

（5）时序仿真。在仿真工具对话框中，选择"Simulation mode"下拉列表中的"Timing"项，进行时序仿真，仿真结果如图 3.17 所示。

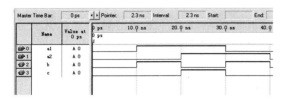

图 3.16　加法器功能仿真结果

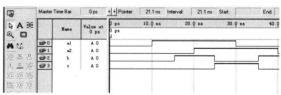

图 3.17　加法器时序仿真结果

小提示

对于编写好的 Verilog 设计文件，需要对其进行仿真来验证其功能是否正确，Quartus Ⅱ 支持波形编辑仿真的方式，也支持嵌入 Modelsim 软件进行仿真。如果使用 Verilog 硬件描述语言书写仿真的输入激励波形，则必须要嵌入 Modelsim 工具进行仿真，或者直接在 Modelsim 中将代码仿真正确之后，再使用 Quartus Ⅱ 工具进行操作，关于 Modelsim 工具软件的使用见第 5 章。

5. 器件编程与配置

（1）器件选择。选择"Assignments"菜单中的"Device"选项，打开器件设置对话框，根据具体设计要求来选择使用的器件系列和具体器件。

（2）综合、布局布线。如果引脚和器件选定之后，再次选择"编译"命令项，此时 Quartus Ⅱ 会根据选择的器件和引脚，把已经设计好的 RTL 综合成为具体的逻辑门，并且针对

引脚的位置完成这些逻辑门在 FPGA 芯片中的对应位置和连接关系。

图 3.18 给出了一位带进位加法器的逻辑结构图，首先对 a1 和 a2 进行加法，然后得到本位和进位结果 b 和 c。

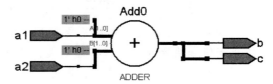

图 3.18 一位带进位加法器的 RTL 结构

图 3.19 给出了加法器的最终逻辑结果，该电路需要使用 2 个电路单元，一个是异或门，一个是与门逻辑单元，占用了 4 个 pin 脚。

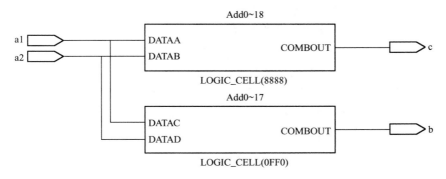

图 3.19 一位带进位加法器的逻辑结构

知识扩展

实现一位加法器的方法不是唯一的，下面给出基于 always 模块描述的一位加法器代码。

```
//fulladder. v
//Verilog 代码段 3 - 4
module fulladder(
a1,
a2,
b,
c
);
input a1,a2;
output b;
output c;
reg b,c;
always@ (a1,a2)
    begin
      {c,b} <= a1 + a2;
    end
endmodule
```

通过 always 模块来设计组合逻辑电路的几个要点是：所有的输入作为 always 模块的敏感信号列表，而对输出进行非阻塞赋值。

如果使用 always 模块描述，输出信号必须要定义为寄存器 reg 类型，定义寄存器的方法是使用关键字"reg"。如果信号位宽是 1 位，就可以直接采用"reg 信号名"的方法来定义，而对于多位位宽的信号需要采用"reg 位宽 信号名"的方法来定义。

> **小知识**
>
> 　　加法器、乘法器电路都是最基本组合逻辑电路，常常在各种系统中被调用。但是组合逻辑加法器和乘法器不能太大，因为过大的加法器和乘法器的延迟会非常大，从而影响整个系统的时钟速度，导致系统速度下降。所以，加法器和乘法器必须要有效控制其大小，保证其延迟不超过一个时钟周期。
>
> 　　除法器在 Verilog 中是如何实现的呢？理论上，除法器也可使用组合逻辑产生，通过真值表或者查表的方法来实现。但是位数较多的除法器会使得电路太大，所以，在实际电路中使用组合逻辑实现除法器是得不偿失的。
>
> 　　Quartus Ⅱ 工具软件最多可以支持使用 64 位的除法，不过最好不要使用组合逻辑除法器，因为这样的设计只完成少量的运算，而浪费大量的资源。

　　下面给出加法器的另外一种描述方法，采用原语的方式，分别对两个输入进行运算而得到最终的计算结果，代码如下：

```verilog
// fulladder. v
//Verilog 代码段 3 - 5
module fulladder(
a1 ,
a2 ,
b ,
c
);
input a1 ,a2 ;
output b;
output c;
xor( b,a1 ,a2 );
and( c,a1 ,a2 );
endmodule
```

　　上述代码中 b 为 a1 和 a2 的本位和，需要使用到异或逻辑，所以使用 "xor（b，a1，a2）；" 语句就能直接实现 b 是 a1 和 a2 本位和的运算，xor 是 Verilog 语言的原语，相当于一个标准的异或门。对于输出 c，代码中使用了 and 原语，and 表示与门。

　　and 原语和 xor 原语的输入输出应用如图 3.20 所示。

　　利用 Quartus Ⅱ 的内部工具，我们可以看到这种描述方法所产生的逻辑图如图 3.21 所示。由此可见，使用原语的方法描述的电路结构和其于 RTL 描述的电路结构是相同的，所以在 Verilog 门级描述的过程中，通常使用原语的风格进行描述。

图 3.20　and 原语和 xor 原语应用

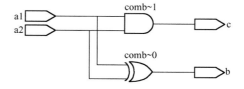

图 3.21　使用原语的方法描述的一位带进位加法器

小拓展

原语是 Verilog 预先设定好的一些保留的单元，常见的基本逻辑门，如 and、or 和 nand 等都内置在语言中，开关级结构模型，如 pmos 和 nmos 等也被内置在语言中，用户可以直接调用，具体介绍参见任务3。

任务小结

本任务给出了不同的建模方法来实现一位加法器电路，基于 RTL 的建模方法可以直接使用加法符号来描述加法逻辑；使用原语的方法，利用"异或门"和"与门"来实现加法器。通过一位加法器的设计，让读者更加了解 Quartus II 软件进行数字系统设计的步骤，了解不同的 Verilog 建模方法。

自己做

按照任务 8 中的实现步骤以及相关语法，自行完成基于 Verilog 硬件描述语言实现的 3 位减法器的设计。

提示：3 位减法器的基本电路框架结构请参考图 3.22。

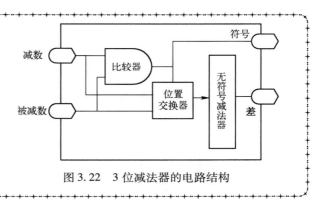

图 3.22 3 位减法器的电路结构

3.3 运算部件及其设计方法

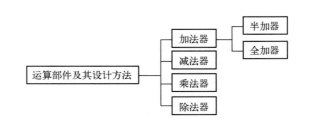

3.3.1 加法器

作为集成电路运算的核心部件，加法器广泛应用于各种集成电路设计中。任务 8 中的一位加法器结构和原理都比较简单，但如果涉及多位数据相加时，就变得比较复杂了。

实现多位二进制数相加的电路称为加法器，它能实现二进制数据的基本运算。加法器是实现数据加法，即产生数的和的装置，又分为半加器、全加器和多位加法器等。

1. 半加器

能对两个一位二进制数相加，求得其和值及进位的逻辑电路称为半加器。半加器的特点是：只考虑两个一位二进制数的相加，而不考虑来自低位进位的运算电路，称为半加器。任务 8 中设计的一位加法器即为半加器。

2. 全加器

一位二进制数相加不仅要考虑本位的加数与被加数，还要考虑低位的进位信号，而输出包括本位和以及向高位的进位信号，这就是通常所说的**全加器**。一位全加器是构成多位加法器的基础，应用非常广泛。

由以上分析可知，一位全加器有三个输入端（两个加数 A_i 和 B_i，以及低位的进位 C_{i-1}），输出有两个（加法和 S_i、加法向高位的进位 C_i），全加器电路框图如图 3.23 所示，真值表如表 3.5 所示。

表 3.5 全加器真值表

A_i	B_i	C_{i-1}	S_i	C_i
0	0	0	0	0
0	0	1	1	0
0	1	0	1	0
0	1	1	0	1
1	0	0	1	0
1	0	1	0	1
1	1	0	0	1
1	1	1	1	1

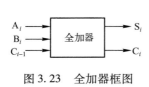

图 3.23 全加器框图

由表 3.5 可列出输出函数的逻辑表达式如下：

$$S_i = \overline{A_i}\,\overline{B_i}C_{i-1} + \overline{A_i}B_i\,\overline{C_{i-1}} + A_i\,\overline{B_i}\,\overline{C_{i-1}} + A_iB_iC_{i-1}$$
$$C_i = \overline{A_i}B_iC_{i-1} + A_i\,\overline{B_i}C_{i-1} + A_iB_i\,\overline{C_{i-1}} + A_iB_iC_{i-1}$$

采用代数法化简，结果如下：

$$S_i = \overline{A_i}\,\overline{B_i}C_{i-1} + \overline{A_i}B_i\,\overline{C_{i-1}} + A_i\,\overline{B_i}\,\overline{C_{i-1}} + A_iB_iC_{i-1}$$
$$= \overline{A_i}(B_i \oplus C_{i-1}) + A_i(\overline{B_i \oplus C_{i-1}})$$
$$= A_i \oplus B_i \oplus C_{i-1}$$
$$C_i = \overline{A_i}B_iC_{i-1} + A_i\,\overline{B_i}C_{i-1} + A_iB_i\,\overline{C_{i-1}} + A_iB_iC_{i-1}$$
$$= B_iC_{i-1} + A_iC_{i-1} + A_iB_i$$

由表达式画出全加器逻辑图如图 3.24 所示，全加器逻辑符号如图 3.25 所示，其中 C_{i-1} 表示低位的进位，C_i 表示本位的进位。

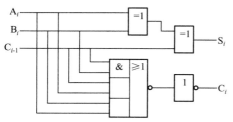

图 3.24 全加器电路逻辑图

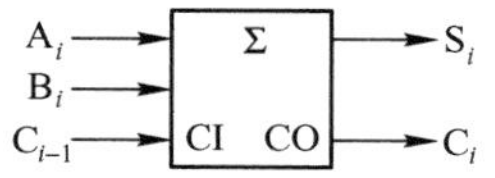

图 3.25 全加器逻辑符号

3. 多位加法器

在一位半加器和全加器的基础之上，实现多位加法器是一项非常有设计技巧的项目，其电路的结构和方式有多种多样，其中最基本的是串行进位加法器和超前进位加法器。

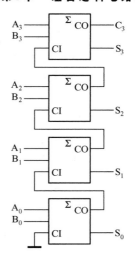

1）串行进位加法器

串行进位加法器是由 n 位全加器串联起来构成的，低位全加器的进位输出连接到相邻的高位全加器的进位输入。如图 3.26 所示为由 4 个全加器组成的 4 位串行进位的加法器。

如图 3.26 所示，低位全加器输出的进位信号依次加到相邻高位全加器的进位输入端 C_i。最低位的进位输入端 C_i 接地。显然，每一位的相加结果必须等到低一位的进位信号产生后才能建立起来，这样的电路虽然结构简单，但是由于其进位信号是由低位向高位逐级传递的，速度不高。

2）超前进位加法器

除了上述的串行加法器以外，还有一种常用的高速加法器，叫做并行进位加法器，也称为超前进位加法器。超前进位加法器的特点是速度快，缺点是电路面积大。

图 3.26　四位串行加法器

设一个 n 位加法器的第 i 位输入为 a_i、b_i、c_i，其中 a_i、b_i 为两个加数，c_i 是低位来的进位；输出为 s_i 和 c_{i+1}，其中 s_i 为加法的和，$c_{i+1}(i = n-1, n-2, \cdots, 1, 0)$ 是向高位的进位。

c_0 是整个加法器的进位输入，而 c_n 是整个加法器的进位输出，如图 3.27 所示。

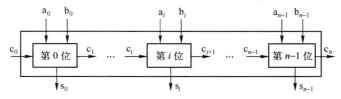

图 3.27　第 i 位加法器的结构

对于第 i 位加法器，则有下面的式子成立。

和：$\qquad s_i = a_i + b_i + c_i$

进位：$\qquad c_{i+1} = a_i b_i + a_i c_i + b_i c_i$

假定 $\qquad g_i = a_i b_i \quad p_i = a_i + b_i$

则 $\qquad c_{i+1} = g_i + p_i c_i$

只要 $a_i b_i = 1$，就会产生向 $i+1$ 位的进位，称 g 为进位产生函数；同样，只要 $a_i + b_i = 1$，就会把 c_i 传递到 $i+1$ 位，所以称 p 为进位传递函数。

把 $c_{i+1} = g_i + p_i c_i$ 展开，得到：

$$c_{i+1} = g_i + p_i g_{i-1} + p_i p_{i-1} g_{i-2} + \cdots + p_i p_{i-1} \cdots p_1 g_0 + p_i p_{i-1} \cdots p_0 c_0$$

随着位数的增加，上式也会加长，但总保持三个逻辑级的深度，因此形成进位的延迟是与位数无关的常数。一旦进位（$c_1 \sim c_{n-1}$）算出以后，和也就可得出。

使用上述公式来并行产生所有进位的加法器就是超前进位加法器。产生 g_i 和 p_i 需要一级门延迟，c_i 需要两级，s_i 需要两级，总共需要五级门延迟。与串行加法器（一般要 2n 级门延迟）相比，（特别是 n 比较大的时候）超前进位加法器的延迟时间大大缩短了。以一个 4 位的超前进位加法器为例子，给出相应的 Verilog 代码如下：

```verilog
//add4_head. v
//Verilog 代码段 3 - 6
module add4_head(a,b,ci,s,pp,gg);
input[3:0] a;
input[3:0] b;
input ci;
output[3:0] s;
output pp;
output gg;
wire[3:0] p;
wire[3:0] g;
wire[2:0] c;
assign p[0] = a[0] ^ b[0];
assign p[1] = a[1] ^ b[1];
assign p[2] = a[2] ^ b[2];
assign p[3] = a[3] ^ b[3];
assign g[0] = a[0] & b[0];
assign g[1] = a[1] & b[1];
assign g[2] = a[2] & b[2];
assign g[3] = a[3] & b[3];
assign c[0] = (p[0] & ci)| g[0];
assign c[1] = (p[1] & c[0])| g[1];
assign c[2] = (p[2] & c[1])| g[2];
assign pp = p[3] & p[2] & p[1] & p[0];
assign gg = g[3] |(p[3] &(g[2] | p[2] &(g[1] | p[1] & g[0])));
assign s[0] = p[0] ^ ci;
assign s[1] = p[1] ^ c[0];
assign s[2] = p[2] ^ c[1];
assign s[3] = p[3] ^ c[2];
endmodule
```

小提示

典型的加法器可以采用串行进位加法器或者超前进位加法器，在实际设计电路的过程中，可以根据设计要求，如果是速度要求比较高的加法器，就采用超前进位加法器；如果是对芯片面积资源要求比较高的加法器，就采用串行进位加法器。

除了上述两种典型的组合逻辑加法器以外，还可以采用时序电路的控制方法来实现加法器，通常，当加法器的位数比较多、数比较大时，就会采用时序电路来实现，可以把加法拆成几级，并配合流水线技术来完成。

3.3.2 乘法器与除法器

在数字电路设计中，经常涉及的运算电路，除了加法器电路以外，还有很多常用的运算电路，包括减法器、乘法器、除法器、三角函数计算器、傅里叶变换器等。其中，又以乘法器和除法器最为典型。

每一种运算都有不同的结构特点，所以需要采用的方法不同。

对于减法器电路，通常只是对于加法运算的一个简单的变形，可以通过补码的方式来实现，不需要额外设计减法器电路结构。

1. 乘法器

下面以4×4乘法器为例介绍乘法器的工作原理，设$m[4:0] = a[3:0] \times b[3:0]$，乘法过程如图3.28所示。

如图3.28所示，首先把$a[3:0]$分别与$b[0]$、$b[1]$、$b[2]$、$b[3]$做逻辑与运算，然后分别补上相应的零，再做加法运算就可以了。

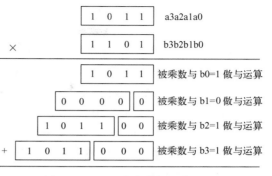

图3.28　4×4乘法器的基本过程

乘法可以用下面的表达式来表示：

$$m = a[3:0] \times b[0] + a[3:0] \times 10 \times b[1]$$
$$+ a[3:0] \times 100 \times b[2] + a[3:0] \times 1000 \times b[3]$$

从而可以得到如下核心代码：

```
assign m = a & b[0] + {a & b[1],1'b0} + {a & b[2],2'b00} + {a & b[3],3'b000};
```

由此可见，电路最基本的结构就是与门、移位器和加法器。

分析上面的电路结构，我们不难看出，实现上述电路需要三个加法器、四个与门和多个立即数。

上面介绍的加法电路用来计算比较小的数据相乘是可以的，但是如果用来计算很大的两数相乘就会在速度上显得非常吃力了，所以对于稍微大一点的数据，通常会采用booth算法来进行计算。

小知识

booth算法通常不仅仅使用组合逻辑来进行计算，还可以配合时序逻辑进行计算，可以有效地节约计算资源。

为了让读者理解booth算法的基本原理，我们举个最简单的例子来讨论booth算法，例如，进行一个四位数乘以四位数的乘法$m[4:0] = a[3:0] \times b[3:0]$。

首先将乘法分解成2个运算的相加：

$m[4:0] = a[3:0] \times b[3:0] = a[3:0] \times b[1:0] + (a[3:0] \times b[3:2]) << 2$

先进行第一个表达式$a[3:0] \times b[1:0]$的运算，对$b[1:0]$进行判断：有4种情况，分别是00、01、10、11，其中00和10都比较容易计算，如果是$b[1:0] = 00$，那么结果是0。如果$b[1:0] = 10$，结果就是把$a[3:0]$左移一位。如果是$b[1:0] = 01$，结果就是数据本身，如果是$b[1:0] = 11$，就是左移2位并且减去$a[3:0]$。

按照这种思路进行运算的优点是：节约了计算资源，采用booth算法可以减少一组加法器的运算，取而代之的是判断逻辑和移位逻辑，有效地提高了芯片的速度。更重要的是，在进行$a[3:0] \times b[1:0]$与$(a[3:0] \times b[3:2]) << 2$相加运算的时候，如果$b[1:0] = 11$，需要对$a[3:0]$左移2位，这个运算可以和$a[3:0] \times b[3:2]$合并处理。

如果 $b[1:0]$ = 11，需要对 $a[3:0]$ 左移 2 位也就是乘以 4，再累加到 $(a[3:0] \times b[3:2]) \ll 2$ 上去，这相当于 $a[3:0] \times (b[3:2]+1)$。考虑到 $b[3:2]$ 本身也有 4 种可能，如果 $b[3:2]$ = 00，则 $a[3:0] \times (b[3:2]+1) = a[3:0]$。如果 $b[3:2]$ =01，则 $a[3:0] \times (b[3:2]+1) = a[3:0] \times 01$，也就是左移一位。如果 $b[3:2]$ = 10，则 $a[3:0] \times (b[3:2]+1) = a[3:0] \times 11$，相当于左移一位再加 $a[3:0]$。如果 $b[3:2]$ = 11，则 $a[3:0] \times (b[3:2]+1) = a[3:0] \times 4$，相当于左移 2 位。

基于上述考虑，可以超前判定后面的进位而直接得到结果，有利于提高速度。

上述两种乘法器的设计方法都比较简单，在实际电路设计中，乘法器的设计往往比上述方法复杂得多，而且通常采用时序逻辑电路来完成乘法器设计。在时序电路中，经常使用流水线，有效地减少了计算代价，提高了运算速度。

2. 除法器

除法器也是一种基础运算电路，早期的除法器采用时序逻辑的状态机控制，速度比较慢，但是可以进行比较大的除法运算。

随着技术的发展，逐渐出现了一些组合逻辑除法器电路，比较典型的是阵列除法器电路，速度非常快，但是通常不能实现非常大的除法运算。一般地，32 位以内的除法器运算可以考虑使用组合逻辑阵列除法器电路。如果设计更大的除法器，就一定要使用时序逻辑来控制了。

在阵列除法器中，最典型的电路是不恢复余数阵列除法器，下面以具体例子来说明这类除法器的组成原理。

> **小知识**
>
> 在除法运算中，机器与人的运算过程不同，人会心算一看就知道够不够减。但机器却必须先做减法，若余数为正才知道够减；若余数为负才知道不够减。不够减时必须恢复原来的余数以便再继续往下运算。这种方法称为恢复余数法。要恢复原来的余数，只要当前的余数加上除数即可。
>
> 但由于要恢复余数，使除法的步数不固定，因此控制比较复杂。实际中常用不恢复余数除法又称加减交替法。其特点是运算过程中若出现不够减则不必恢复余数，根据余数符号，可以继续往下运算，因此步数固定，控制简单。
>
> 早期的计算机中，为了简化结构，硬件除法器的设计采用串行的 1 位除法方案，即多次执行"减法—移位"操作来实现，并使用计数器来控制移位次数。由于串行除法器速度太慢，目前已被淘汰。

这里首先介绍可控加法/减法（CAS）单元，图 3.29(a) 为可控加法/减法（CAS）单元的逻辑电路图，它有四个输入端和四个输出端。当输入线 P = 0 时，CAS 做加法运算；当 P = 1 时，CAS 做减法运算。

不恢复余数除法也就是加减交替法。在不恢复余数的除法阵列中，每一行所执行的操作究竟是加法还是减法，取决于前一行输出的符号与被除数的符号是否一致。当出现不够减时，部分余数相对于被除数来说要改变符号。这时应该产生一个商位"0"，除数首先沿对角线右移，然后加到下一行的部分余数上。当部分余数不改变它的符号时，即产生商位"1"，

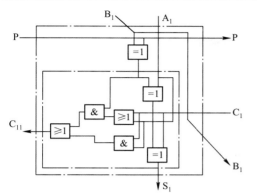

（a）可控加法／减法（CAS）单元的逻辑图

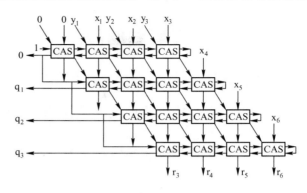

（b）4 位除 4 位阵列除法器

图 3.29　不恢复余数阵列除法器逻辑结构图

下一行的操作应该是减法。

图 3.29（b）给出了 4 位除 4 位的不恢复余数阵列除法器的逻辑原理图。其中被除数为 $x = 0. x_1 x_2 x_3 x_4 x_5 x_6$（双倍长），除数为 $y = 0. y_1 y_2 y_3$，商数为 $q = 0. q_1 q_2 q_3$，余数为 $r = 0.00 r_3 r_4 r_5 r_6$，字长 $n + 1 = 4$。

由图看出，该阵列除法器是用一个可控加法/减法（CAS）单元所组成的流水阵列来实现的。通常来讲，一个（n+1）位 ÷（n+1）位的加减交替除法阵列由（n+1）^{2} 个 CAS 单元组成，其中两个操作数（被除数与除数）都是正的。单元之间的互联是用 n = 3 的阵列来表示的。这里被除数 x 是一个 6 位的小数（双倍长数值）：$x = 0. x_1 x_2 x_3 x_4 x_5 x_6$。它是由顶部一行和最右边的对角线上的垂直输入线来提供的。

除数 y 是一个 3 位的小数：$y = 0. y_1 y_2 y_3$，它沿对角线方向进入这个阵列。这是因为，在除法中所需要的部分余数的左移，可以用下列等效的操作来代替：即让余数保持固定，而将除数沿对角线右移。

商 q 是一个 3 位的小数：$q = 0. q_1 q_2 q_3$，它在阵列的左边产生。余数 r 是一个 6 位的小数：$r = 0.00 r_3 r_4 r_5 r_6$，它在阵列的最下一行产生。

最上面一行所执行的初始操作经常是减法。因此最上面一行的控制线 P 置为"1"。减法是用 2 的补码运算来实现的，这时右端各 CAS 单元上的反馈线作为初始的进位输入，即最低位上加"1"。每一行最左边的单元的进位输出决定商的数值。将当前的商反馈到下一行，我们就能确定下一行的操作。由于进位输出信号指示出当前的部分余数的符号，因此，正如前面所述，它将决定下一行的操作要进行加法还是减法。

> **想一想**
>
> 本节我们主要讨论除加法器以外的最常用的运算电路：乘法器和除法器，其中乘法器介绍了简单的乘法器结构和基于 booth 算法的乘法器结构，使用了 booth 算法可以有效地提高乘法器的速度和计算效率。对于除法器电路，主要介绍了一种组合逻辑除法器电路——不恢复余数阵列除法器，通过学习，读者应该了解除法器电路结构的复杂性，以及组合逻辑电路除法器计算能力的局限性。

任务9 3-8 译码器的设计

任务分析

译码器是组合逻辑电路的一个重要器件，一般分为变量译码和显示译码两类。变量译码通常是一种较少输入、较多输出的器件，分为 2^n 译码和 8421BCD 码译码两类。显示译码主要解决将二进制数转换成显示码的问题，通常以对应的十或十六进制数形式显示，可分为驱动 LED 和驱动 LCD 两类。

3-8 译码器是一种 2^n 译码器，其功能是把二进制编码的 3 位数经过译码变为 8 路输出，一次只有一个输出为选通有效。我们定义 3-8 译码器的输入为 A1、A2、A3，输出为 S1、S2、S3、S4、S5、S6、S7、S8，表 3.6 为 3-8 译码器的真值表。

表 3.6 3-8 译码器真值表

输 入			输 出							
A1	A2	A3	S1	S2	S3	S4	S5	S6	S7	S8
0	0	0	1	0	0	0	0	0	0	0
0	0	1	0	1	0	0	0	0	0	0
0	1	0	0	0	1	0	0	0	0	0
0	1	1	0	0	0	1	0	0	0	0
1	0	0	0	0	0	0	1	0	0	0
1	0	1	0	0	0	0	0	1	0	0
1	1	0	0	0	0	0	0	0	1	0
1	1	1	0	0	0	0	0	0	0	1

可以看出，3 个输入信号 A1、A2、A3，取值为 8 种排列组合 000 ～ 111，针对每种输入组合，8 个输出 S1、S2、S3、S4、S5、S6、S7、S8 中只有一个输出为 1，其余 7 种均为 0。这种译码器电路通常用于地址译码电路。地址一般是经过编码的二进制数据，每个地址数据通常对应一个特定的设备，通过 3-8 译码器，就可以把地址码翻译成确定的一个设备的使能信号，保证地址所代表的设备正常工作。所以，3 位地址线可以控制 8 个外部设备，每一种地址都可以有一个设备与之对应。

根据上述分析，3-8 译码器的逻辑功能可以描述如下：该电路有 3 个输入和 8 个输出，3 个输入共有 8 种输入组合，而每一种输入情况下都有一个不同的输出端与之对应。每次输入端输入一个 3 位的数据的时候，与之对应的输出端为高电平，而其余输出为低电平。考虑到上述逻辑功能，采用如图 3.30 所示的逻辑结构。

组成 3-8 译码器的主要电路元件有两种：数据比较器和内部立即数，把输入的数据分别和 8 种立即数进行比较就可以得到输出。

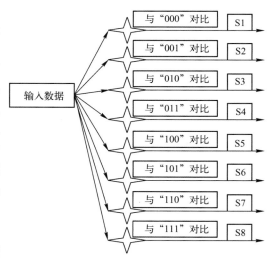

图 3.30 3-8 译码器的电路结构

> **小经验**
>
> 　　在数字电路设计开发过程中，设计师应该对所使用的电路有一个基本的了解，虽然电路设计人员使用的是 Verilog 语言，但是最终 Verilog 语言也要变成对应的电路，所以应合理地使用语言，从而达到合理控制电路的目的。
>
> 　　在实际设计电路的过程中，有很多时候可以选择使用加法器、减法器、比较器或者移位器，此时电路设计人员应该了解，加法器、减法器的电路面积通常是比较大的，所以应尽量避免使用，能用比较器、移位器解决问题的，一定要优先使用比较器、移位器。在本任务中，就避免使用了加法器和减法器而全部使用比较器电路。

任务实现

1. 新建工程

　　启动 Quartus Ⅱ 软件，在"File"下拉菜单中选择"New Project Wizard"命令，新建3-8译码器项目工程，工程名字可取为"three2eight"。然后选择顶层模块的名称，名字为"three2eight"，接下来根据具体设计要求来选择使用的器件系列和具体器件。

> **小经验**
>
> 　　一般地，除了使用 Quartus Ⅱ 文本编辑器以外，我们也可以使用 Ultra Edit 等第三方文本编辑工具，如果使用了第三方的文本编辑工具，就需要在"New Project Wizard"的过程中把已经使用第三方工具编辑好的文件加载进来，具体步骤如下。
>
> 　　第一步：在"File"下拉菜单中选择"New Project Wizard"命令。
>
> 　　第二步：在"New Project Wizard"对话框里面填写工程路径、工程名称以及顶层模块名字。
>
> 　　第三步：单击"Next"按钮，打开"add files"界面。
>
> 　　第四步：找到已经编辑好的文本，然后选中，再单击"add"按钮。
>
> 　　第五步：单击"finish"按钮。
>
> 　　如果使用了第三方的文本编辑工具，也可以在编译的过程中继续使用第三方工具来对文件进行修改，Quartus Ⅱ 工具允许文件在工具外修改。

2. 设计输入

　　（1）在"File"下拉菜单中选择"New"命令，选择设计输入类型为"Device Design Files"列表中的"Verilog HDL Files"项，单击"OK"按钮进入 Verilog 语言编辑画面。

　　（2）输入3-8译码器的 Verilog 描述代码如下：

```
//three2eight. v
//Verilog 代码段 3 -7
module three2eight(
a,
```

```
s);
input[2:0] a;                        //输入端口 3 位的 a
output[7:0] s;                       //输出端口 8 位的 s
reg[7:0] s;                          //定义 s 为寄存器类型的变量
always@（a）
    begin
        if(a==3'b000)                //如果输入 a 等于"000"
            s<=8'b00000001;          //输出就等于"00000001"
        else if(a==3'b001)
            s<=8'b00000010;
        else if(a==3'b010)
            s<=8'b00000100;
        else if(a==3'b011)
            s<=8'b00001000;
        else if(a==3'b100)
            s<=8'b00010000;
        else if(a==3'b101)
            s<=8'b00100000;
        else if(a==3'b110)
            s<=8'b01000000;
        else
            s<=8'b10000000;
    end                              //所有 a 的 8 种取值可能都讨论完毕
endmodule
```

上述代码首先定义了模块的名称，也就是三人表决器顶层模块名"three2eight"，接下来描述了输入/输出端口列表，定义输入 a，位宽是 3 位；定义输出 s，位宽是 8 位。

使用语句"reg[7:0] s;"定义 s 为寄存器类型的变量。

针对于具体的组合逻辑结构，代码中选择了 always 过程块建模的方法，基于该方法的组合逻辑建模，需要把所有的输入放到 always 的敏感列表中，然后用一组条件分支对输出赋值，我们使用"if－else"语句进行赋值。

```
if(a==3'b000)                //如果输入 a 等于"000"
    s<=8'b00000001;          //输出就等于"00000001"
```

上述代码表示如果 a 和 3'b000 相等，就把 s 赋值 8'b00000001。执行完上述代码以后，再次判断如果 a 不等于"3'b000"，再看 a 是不是等于"3'b001"，如果等于"3'b001"，那么就对 s 赋值 8'b00000010，以此类推，最后把八种可能的情况都处理出来。

上述代码可以实现一个最基本的 3－8译码器，结果就是一个采用了 8 个三位比较器的电路结构，但事实上，可以通过设计的优化而减少电路的数量。图 3.31 给出一种改进的3－8译码器的电路结构。

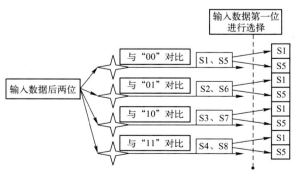

图 3.31　改进的 3－8 译码器的电路结构

根据这种结构，可以同时用4个两位比较器对输入数据最后两位进行比较，然后用输入数据的第一位对4个比较的结果再进行处理，因此还需要8个与门。这样的话，电路需要4个两位的比较器加上8个与门，比8个三位的比较器要节约资源，可以有效地降低芯片成本。下面给出基于改进的3-8译码器的电路结构设计的 Verilog 代码。

```verilog
//three2eight. v
//Verilog 代码段 3 - 8
module three2eight(
a,
s);
input[2:0] a;
output[7:0] s;
reg[3:0] t_s;                                      //用来暂存 a[1:0]的四个比较结果
//使用 always 过程块来对 a[1:0]进行比较
always@ ( a[1:0])
    begin
      if( a[1:0] == 2'b00)
          t_s <= 4'b0001;
      else if( a[1:0] == 2'b01)
          t_s <= 4'b0010;
      else if( a[1:0] == 2'b10)
          t_s <= 4'b0100;
      else
          t_s <= 4'b1000;
    end
assign s = a[2] == 1'b1 ? {4'b0000,t_s} : {t_s,4'b0000};  //最后使用 a[2]来对 t_s 进行选通
endmodule
```

上述代码中的 assign 语句代表了8个与门电路或者两个4位的多路选择器电路。

小拓展

实现一个特定逻辑功能的数字电路一般有很多种方法，不同的方法会有不同的电路结构和设计代价，通常设计代价越大的电路整体性能就越好，而一般芯片晶体管数目越多的电路，能实现的速度越快，而通常速度越快的电路，功耗也就越大。在实际的电路设计过程中也通常是这些不同的设计要求最终平衡的结果。

在这个任务当中，分析了两种实现不同的3-8译码器电路的方法。第一种设计方法复杂程度低一些，设计出来的电路单元成本也高一些，第二种方法采用了分2次对输入数据进行比较的方法，得到了一个比较复杂但却相对优化的设计结果，下面希望读者可以自己在此基础之上，设计一个分三次进行比较的门级全定制的3-8译码器，并且评价自己设计的代价。

3. 工程编译

选择菜单"Processing"下的"Start Compilation"命令，或者单击位于工具栏的编译按钮► ，完成工程的编译。

如果工程编译出现错误提示，则编译不成功，需根据 Message 窗口中所提供的错误信息修改电路设计，再重新进行编译，直到没有错误为止。

4. 设计仿真

（1）建立波形文件。执行"File"菜单下的"New"命令，在弹出的窗口中选择"Vector Waveform File"选项，新建仿真波形文件。在波形文件编辑窗口中，单击"File"菜单下的"Save as"选项，将该波形文件另存为"three zeight. vwf"。

（2）添加观察信号。在波形文件编辑窗口的左边空白处单击鼠标右键，选择"Insert"的"Insert Node or Bus"命令项，在打开的窗口中单击"Node Finder"按钮，在"Node Finder"窗口中单击"List"按钮，设计的所有引脚出现在左边的空白窗格中，选中所有引脚，单击窗口中间的 >> 按钮，所有引脚出现在右边的空白窗格中，再单击"OK"按钮回到波形编辑窗口。

（3）添加激励。通过拖曳波形，产生想要的激励输入信号。

（4）功能仿真。添加完激励信号后，保存波形文件。选择"Processing"菜单下的"Simulator Tool"命令项，在"Simulation mode"下拉列表中选择"Functional"项，再单击"Generate Functional Simulation Netlist"按钮，产生仿真需要的网表文件，然后选中"Overwrite simulation input file with simulation result"复选项，否则不能显示仿真结果，单击"Start"按钮进行仿真。

仿真完成后，单击"Open"按钮打开仿真结果，得到如图 3.32 所示的仿真波形，可以看出，3-8 译码器的输入/输出逻辑功能正确。

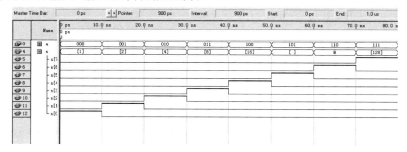

图 3.32　3-8 译码器功能仿真结果

（5）时序仿真。在仿真工具对话框中，选择"Simulation mode"下拉列表中的"Timing"项，进行时序仿真，仿真结果如图 3.33 所示。

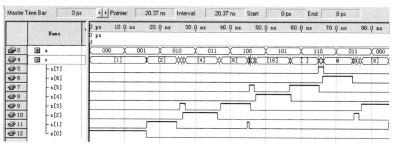

图 3.33　3-8 译码器时序仿真结果

5. 器件综合和布局布线

如果器件和引脚选定之后，可以再次选择"编译"，此时 Quartus Ⅱ 会根据选择的器件和引脚把已经设计好的 RTL 综合成为具体的逻辑门，并且针对引脚的位置完成这些逻辑门在

FPGA 芯片中的对应位置和连接关系。

首先把 a 与 3'b000 进行比较，如果相等，就给输出赋值，如果不相等，就继续再与 3'b001 进行比较，以此类推，最终得到全部可能的译码结果。3-8 译码器的最终逻辑结果，经过优化需要使用 8 个比较器电路，共使用 8 个逻辑单元，占用了 11 个 pin 脚。

图 3.34 给出了 3-8 译码器的最终时序结果，可以看到，从输入 a 到输出 s 的延迟，其中最长的延迟路径为 a [0] 到 s [4] 的，是 7.219 ns。

起点	终点	延迟大小	起点	终点	延迟大小
a[0]	s[4]	7.219 ns	a[2]	s[1]	5.347 ns
a[0]	s[3]	7.212 ns	a[2]	s[5]	5.328 ns
a[0]	s[5]	6.783 ns	a[2]	s[0]	5.257 ns
a[0]	s[2]	6.483 ns	a[1]	s[5]	5.117 ns
a[0]	s[7]	6.469 ns	a[2]	s[7]	5.030 ns
a[0]	s[1]	6.265 ns	a[2]	s[3]	5.028 ns
a[0]	s[6]	6.186 ns	a[1]	s[2]	4.816 ns
a[0]	s[0]	6.181 ns	a[1]	s[4]	4.814 ns
a[2]	s[4]	6.040 ns	a[1]	s[1]	4.790 ns
a[2]	s[3]	6.033 ns	a[1]	s[0]	4.704 ns
a[1]	s[4]	5.733 ns	a[2]	s[6]	4.575 ns
a[1]	s[3]	5.729 ns	a[1]	s[6]	4.370 ns

图 3.34　3-8 译码器的时序结果

任务小结

通过 3-8 译码器的设计训练，让读者掌握了 3-8 译码器的结构、原理以及设计方法。3-8 译码器可以采用不同的结构来设计，不同的设计会导致最终芯片的性能以及面积不同。对 3-8 译码器建模使用 always 过程块的建模方法，这也是最常用的组合逻辑建模方法之一；对于与门逻辑的建模，采用了 assign 语句进行建模的方法，这种方法也非常重要。本任务中，再次复习了 if-else 语句、拼接语句等基本 Verilog 语法。

自己做

按照任务中的实现步骤以及相关语法，基于 Verilog 硬件描述语言实现一个如图 3.35 所示结构的分组译码器。

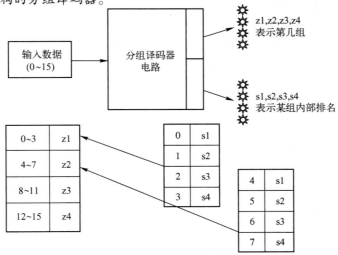

图 3.35　分组译码器的逻辑功能

该电路输入为一个四位二进制数据，代表 0 ～ 15 这 16 个数，输出有 2 组分别是 z 和 s，其中 z 和 s 都是 4 位二进制数。首先要求对这个数据进行分组，如果数据属于 0 ～

3 之间，则 z1 亮而其余的 z 都熄灭，如果数据属于 4～7 之间，则 z2 亮而其余的 z 都熄灭，如果数据属于 8～11 之间，则 z3 亮而其余的 z 都熄灭，如果数据属于 13～15 之间，则 z4 亮而其余的 z 都熄灭。判定了 z 之后，再对数据组内排名进行计算，例如，数据属于第一组，那么如果数据是 0 则排名最小，s1 亮。如果数据是 1，则排名第二，s2 亮；如果数据是 2，则排名第三，s3 亮；如果数据是 3，则组内排名是第四，s4 亮。再如，数据属于第二组，如果数据是 4 则排名最小，s1 亮；如果数据是 5，则排名第二，s2 亮；如果数据是 6，则排名第三，s3 亮；如果数据是 7，则组内排名是第四，s4 亮。以此类推第三、第四组。

3.4 Verilog 语言的过程及用法

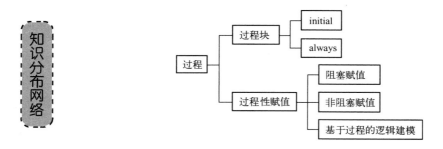

3.4.1 过程块和过程语句

1. 过程以及过程块的基本含义

通过前面的学习，我们理解了 Verilog 语言的核心作用就是建模和仿真。Verilog 语言需要对硬件进行建模，然后对这个模型进行仿真，验证该硬件模型是否正确，在满足一定条件下，建模的硬件可以通过综合转变成真实的电路。

在 Verilog 语言中存在着一个特殊的语法结构，就是"过程"。Verilog 对硬件进行建模，或者对电路进行仿真，尤其是对硬件的行为进行建模都离不开"过程"和"过程语句"。

"过程"的表现形式是过程块，一个特定的、完整的过程需要写在一个"过程块"中。在过程块中可以执行顺序语句，也可以执行并行语句，Verilog 所有行为级特有的语句都需要在过程块中执行，可以说过程语句集中了所有 Verilog 的高级语言特性。

前面章节已经介绍了 Verilog 语言并行执行的特点，也理解了 Verilog 语言最底层是并行执行的，在并行执行的各个部分中，有些部分内部是可以顺序执行的。过程块本身和其他部分之间是并行的，而过程内部可能是并行执行的，也可能是顺序执行的。

Verilog 有两种过程：always 过程和 initial 过程。使用 always 或者 initial 作为关键字，可以描述一个过程块，其语法是 always 或者 initial 后面接 begin 开头、end 结尾的一段代码，或是 always 或者 initial 后面接以 fork 开头和 join 结尾的一段代码，这样一段代码就被称为"过程块"，过程块与过程块之间是并行的。如果是 begin-end 组合，过程块的代码就是顺序执行的，如果使用 fork-join 组合，过程块内部的代码仍然是并行执行的。

2. always 过程与 initial 过程的区别

always 定义的过程块从代码一开始就执行，执行完了再回到过程块的最初来执行，周而复始，不会停止，直到代码执行完毕，而 initial 过程块从代码一开始的时候就执行，执行到过程块的最后就退出，如图 3.36 所示。

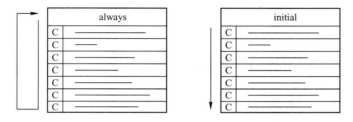

图 3.36 always 过程块和 initial 过程块的区别

下面给出了一段 initial 过程代码：

```
initial
   begin
   reset = 1'b0;
   #10reset = 1'b1;
   #100reset = 1'b0;
   end
```

上述代码就是一个 initial 过程块，表示了复位信号的产生过程，系统一开始运行的时候 reset 的数值为 0，过了 10 个时间单位以后，reset 信号变成了 1，信号持续了 100 个时间单位，又跳变为 0，从此以后，reset 信号就再也不变了，这和实际电路中的复位过程一致。

采用 always 过程块写一个类似的代码，含义却完全不同了，代码如下：

```
always
   begin
   clock = 1'b0;
   #50clock = 1'b1;
   #50clock = 1'b0;
   end
```

上述代码表示，一开始执行的时候，clock 信号数值为 0，过了 50 个时间单位后，clock 信号变成了 1，又过了 50 个时间单位后，信号变成 0，此时 always 模块一次执行完毕。

always 执行完毕后，就回头重新执行，也就是当 100 个时间单位后，clock 又变成 0，重新执行 always，也就是再过 50 个时间单位，clock 信号又变成了 1，然后再过 50 个时间单位再变成 0，周而复始，一直到整个代码执行完毕。

> **小经验**
>
> always 定义的过程块从一开始就执行，执行完了再回到过程块的最初来执行，周而复始，不会停止，直到代码执行完毕；而 initial 过程块就从代码一开始就执行，执行到过程块的最后就退出。

> 显而易见，实际的电路模块一定是从电路存在就执行，不会结束，所以 initial 过程块不可能代表一个真实的电路，只能在仿真中使用；而 always 过程块就有可能代表一个真实的电路（也可能不代表真实的电路），所以无论在描述真实的电路或者仿真操作时，都会用到 always 过程块。

3.4.2　过程中的阻塞赋值与非阻塞赋值

1. 两种赋值的基本含义

在 Verilog HDL 中，有两种过程性赋值方式，即阻塞式（blocking）和非阻塞式（non - blocking）。这两种赋值方式看似差不多，其实在某些情况下却有着根本的区别，如果使用不当，综合出来的结果和所想得到的结果会相去甚远。首先介绍一下两种赋值的操作符号：

阻塞式（blocking）的操作符为" = "；非阻塞式（non-blocking）的操作符为" <= "。

阻塞赋值和非阻塞赋值的基本区别是：阻塞赋值是顺序执行语句，而非阻塞赋值是并行执行语句。两种语句的含义不同，建模的应用也就不同。下面通过两个例子来直观地认识一下阻塞赋值和非阻塞赋值的时序。

（1）非阻塞赋值举例。代码段如下：

```
reg c,b;
always@ ( posedge clock )
  begin
  b <= a;
  c <= b;
  end
```

上述代码中，使用非阻塞赋值方法，其中的每个 <= 都可以理解为一个寄存器。在同一个时钟下面采用非阻塞赋值方法，模块内所有寄存器都同时随时钟跳变。这是硬件处理的精髓，也是时序电路中大量使用非阻塞赋值的原因。上述代码段的时序仿真如图 3.37 所示。

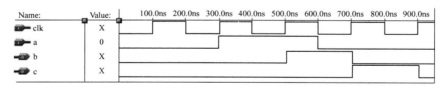

图 3.37　非阻塞赋值的仿真图

（2）阻塞赋值举例。代码段如下：

```
reg c,b;
always @ ( posedge clock )
  begin
  b = a;
  c = b;
  end
```

上述代码段的时序仿真如图 3.38 所示。

第3章 组合逻辑电路设计

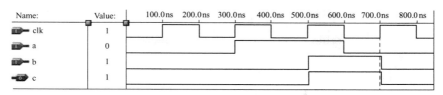

图 3.38 阻塞赋值的仿真图

2. 两种赋值的本质区别

下面对阻塞赋值和非阻塞赋值的深刻本质含义做一个全面的分析，阻塞赋值是在本语句中"右式计算"和"左式更新"完全完成后，才开始执行下一条语句，而非阻塞赋值是当前语句的执行不会阻塞下一语句的执行。

先看阻塞赋值的情况，先看下面代码：

```
always @ ( posedge clock )
  begin
  Q1 = D;
  Q2 = Q1;
  Q3 = Q2;
  end
```

always 语句块对 clock 的上升沿敏感，当发生 clock 0 ～ 1 的跳变时，执行该 always 语句。在 begin 和 end 语句块中所有语句是顺序执行的，而且最关键的是，阻塞赋值是在本语句中"右式计算"和"左式更新"完全完成后，才开始执行下一条语句的。

在本例中，D 的值赋给 Q1 以后，再执行 Q2 = Q1；同样在 Q2 的值更新以后，才执行 Q3 = Q2。这样，最终的计算结果就是 Q3 = D。所有的语句执行完以后，该 always 语句等待 clock 的上升沿，从而再一次触发 begin 和 end 语句。

接下来，我们再看看非阻塞赋值的情况，所谓非阻塞赋值，顾名思义，就是指当前语句的执行不会阻塞下一语句的执行。

```
always @ ( posedge clock )
  begin
  Q1 <= D;
  Q2 <= Q1;
  Q3 <= Q2;
  end
```

首先执行 Q1 <= D，产生一个更新事件，将 D 的当前值赋给 Q1，但是这个赋值过程并没有立刻执行，而是在事件队列中处于等待状态。

然后执行 Q2 <= Q1，同样产生一个更新事件，将 Q1 的当前值（注意上一语句中将 D 值赋给 Q1 的过程并没有完成，Q1 还是旧值）赋给 Q2，这个赋值事件也将在事件队列中处于等待状态。再执行 Q3 <= Q2，产生一个更新事件，将 Q2 的当前值赋给 Q3，这个赋值事件也将在事件队列中等待执行。这时 always 语句块执行完成，开始对下一个 clock 上升沿敏感。

那么，什么时候才执行那 3 个在事件队列中等待的事件呢？只有当前仿真时间内的所有活跃事件和非活跃事件都执行完成后，才开始执行这些非阻塞赋值的更新事件。这样就相当于将 D、Q1 和 Q2 的值同时赋给了 Q1、Q2 和 Q3。

3. 阻塞赋值与非阻塞赋值生成的电路

前面我们介绍了阻塞赋值与非阻塞赋值在执行顺序上的区别，这里再来讨论一下这些区别对描述电路的影响。

非阻塞电路实例：

```
// top. v
//Verilog 代码段 3 - 9
module top(
        clk,
        a,
        c
        );
input a,clk;
output c;
reg c,b;
    always @ ( posedge clk )
        begin
            b <= a;
            c <= b;
        end
endmodule
```

阻塞电路实例：

```
// top. v
//Verilog 代码段 3 - 10
module top(
        clk,
        a,
        c
        );
input a,clk;
output c;
reg c,b;
    always @ ( posedge clk )
        begin
            b = a;
            c = b;
        end
endmodule
```

第一个程序用的是非阻塞赋值，生成的电路模块如图 3.39 所示。

clk 信号的上升沿到来时，b 就等于 a，c 就等于 b，这里用到了两个触发器。请注意：赋值是在"always"块结束后执行的，c 应为原来 b 的值。

第二个程序用的是阻塞赋值，生成的电路模块如图 3.40 所示。

clk 信号的上升沿到来时，将发生如下的变化：b 马上取 a 的值，c 马上取 b 的值（即等于 a），生成的电路图只用了一个触发器来寄存 a 的值，又输出给 b 和 c。

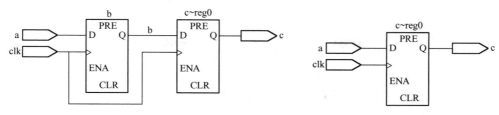

图3.39　代码段 3－9 的综合结果　　　　图3.40　代码段 3－9 的综合结果

阻塞赋值操作符用等号 = 表示，在赋值时先计算等号右边的值，这时赋值语句不允许任何别的 Verilog 语句的干扰，直到现行的赋值完成时刻，即把等号右边计算的值赋给等号左边的时刻，才允许执行别的赋值语句。一般可综合的阻塞赋值操作在等号右边不能设定有延迟，即使是零延迟也不允许。从理论上讲，它与后面的赋值语句只有概念上的先后，而无实质上的延迟。

非阻塞赋值操作符用小于或等于号 <= 表示，在赋值操作时刻开始时计算非阻塞赋值符的右边的表达式，赋值操作时刻结束时更新非阻塞赋值符的左边。在计算非阻塞赋值符的右边表达式和更新左边的表达式期间，其他的 Verilog 语句包括其他的 Verilog 非阻塞赋值语句都能同时计算其右边的表达式和更新左边的表达式。非阻塞赋值允许其他的 Verilog 语句同时进行操作。

小经验

阻塞赋值的执行可以认为只有一个步骤的操作：计算右边表达式并更新左边表达式，此时不能允许有来自任何其他 Verilog 语句的干扰。

所谓阻塞的概念是指在同一个 always 块中，其后面的赋值语句从概念上（即使不设定延迟）是在前一句赋值语句结束后才开始赋值的。

非阻塞赋值的操作可以看做两个步骤。

（1）在赋值时刻开始时，计算非阻塞赋值右边表达式。

（2）在赋值时刻结束时，更新非阻塞赋值左边表达式。

深入理解阻塞赋值和非阻塞赋值的含义非常重要，否则综合出来的电路可能会和想象中的电路有很大区别，在实际电路设计中一定要注意这一点。

3.4.3　基于过程块的组合逻辑建模标准

通过前面的章节的学习，我们接触到很多需要对组合逻辑建模的设计。所谓**建模**，就是对一个硬件的行为建立一个 Verilog 语言的模型与之对应，其基本要求是该模型的功能、逻辑以及对外界的响应，与真实的电路一致。对于组合逻辑电路，可以采用很多种方法对其进行建模，本书中讨论的建模方法要求建立的模型不仅仅能够正确地反应该真实电路的功能，还需要具备"可综合"的特点。

通常组合逻辑建模可以采用两种方法：一种是基于过程块的组合逻辑建模；另一种是过程块外的组合逻辑建模。

> ┌─ **小知识** ─────────────────────────────────────┐
>
> 综合，英文称为"synthesize"，是集成电路设计领域一个非常流行的词汇，其基本含义就是一种"合成变换"。在集成电路设计领域，基于某个层次的设计完成以后，通过 EDA 工具把它变换成更低一级逻辑层次的设计都可以称为**综合**。最常见的综合有对 Verilog 语言进行的综合，通常我们设计的 RTL 级别的 Verilog 以及非常少量的行为级的 RTL 可以转化为门级的设计，这个过程是由软件 EDA 工具完成的，我们称之为"对 Verilog RTL 到 Verilog 门级网表的综合"。一般来讲，门级的或者晶体管级的设计文件称为"**网表**"。
>
> 针对 FPGA 的设计，只需要综合到门级网表，就可以进行 mapping 的过程了，把网表对应成为 FPGA 芯片内部的资源。如果是基于标准单元的数字电路设计，综合到门级网表以后就可以调用标准单元自动完成布局布线了；如果是全定制的电路设计，综合到门级网表之后，仍然需要再一次综合到晶体管级网表，从而进行全定制设计。
>
> └──┘

如果想使组合逻辑的电路可以被综合，就必须严格遵循一定的规则进行建模，通过正确的建模方法，既能得到一个准确的模型，也可以通过 EDA 工具把模型转化为真实的电路。下面介绍基于过程块的组合逻辑建模方法。

基于过程块的组合逻辑建模基本规则：定义输出为寄存器类型变量；对一个输出必须使用一个 always 模块完成对其的建模；把所有和输出有关的输入写在 always 的敏感列表中；用且仅用一组完整条件分支对输出赋值；所有的赋值必须使用同一种赋值。

> ┌─ **小提示** ─────────────────────────────────────┐
>
> 基于过程块的组合逻辑建模的两个建议：赋值语句使用非阻塞赋值；每个 always 块中仅仅出现一组条件分支，如果不是必要，每个条件分支里只处理一个输出信号。
>
> 基于过程块的组合逻辑建模的一个常识：根据组合逻辑的定义，输出只能是关于输入的函数，不能和输出本身有关系。
>
> └──┘

下面通过一个例子来理解一下基于过程块的组合逻辑建模方法。

在图 3.41 所示的模块中，有一个输入信号 a，两个输出信号 b 和 c。但是对于电路而言，包括两个组合逻辑电路，一个电路是 a 输入，b 输出；另外一个电路是 b 输入，c 输出，需要使用两个 always 块对其进行建模。

第一个 always 块对输出 b 进行建模，只使用一组条件分支 case，这里一定要保证 case 条件分支完整，也就是必须使用 default 或者列出所有可能的条件，对 b 赋值用到了非阻塞赋值，而且 b 的取值不能和 b 本身有任何关系。第二个 always 块对输出 c 进行建模，所以把 c 的输入 b 写在 always 的敏感列表里，然后使用一组完整的 if-else 语句对 c 进行赋值。所谓完整，就是有 if 必然存在 else，可以嵌套，但是 if 的数量必须和 else 的数量相等。在一个 always 里必须只存放一组可以嵌套的条件分支语句。同样地，对 c 的赋值也要遵循和 c 无关原则，而且最好在每个条件分支下，如果不是必要，就像本例一样只处理 c 的赋值。

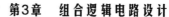

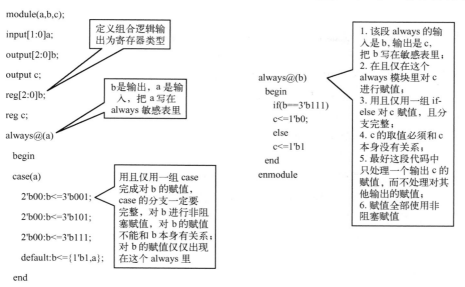

```
module(a,b,c);
input[1:0]a;
output[2:0]b;
output c;
reg[2:0]b;
reg c;
always@(a)
  begin
  case(a)
    2'b00:b<=3'b001;
    2'b00:b<=3'b101;
    2'b00:b<=3'b111;
    default:b<={1'b1,a};
  end

always@(b)
  begin
    if(b==3'b111)
      c<=1'b0;
    else
      c<=1'b1
  end
enmodule
```

定义组合逻辑输出为寄存器类型

b是输出，a是输入，把a写在always敏感表里

用且仅用一组case完成对b的赋值，case的分支一定要完整，对b进行非阻塞赋值，对b的赋值不能和b本身有关系；对b的赋值仅仅出现在这个always里

1. 该段always的输入是b，输出是c，把b写在敏感表里；
2. 在且仅在这个always模块里对c进行赋值；
3. 用且仅用一组if-else对c赋值，且分支完整；
4. c的取值必须和c本身没有关系；
5. 最好这段代码中只处理一个输出c的赋值，而不处理对其他输出的赋值；
6. 赋值全部使用非阻塞赋值

图 3.41　使用过程块对组合逻辑建模的要点

任务 10　基于三态门的双向端口设计

任务分析

我们知道，由于芯片外部资源的限制，多数芯片都设计了双向端口电路。所谓双向端口，就是既能够作为输入又能够作为输出的端口。

在本任务中，我们设计一个 4 位的双向端口，实际上就是设计一个 4 位的双向数据总线控制器。该控制器需要有一个输入控制信号用来表示输入或者输出，4 位数据总线作为输入/输出双向数据总线，另外还有从双向总线端口分离出来的单向输入/输出数据总线。

定义本设计的输入/输出端口为：四位的双向数据总线信号 co_data，总线方向控制信号 rw，双向总线分离出来的四位输入数据 in_data，输出给双向总线的四位数据信号 out_data。电路输入/输出结构如图 3.42 所示，双向端口电路真值表如表 3.7 所示。

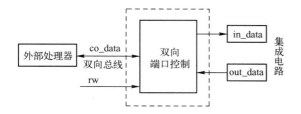

图 3.42　双向端口电路输入、输出结构图

表 3.7　双向端口电路真值表

输 入 信 号		双向信号	输出信号
rw	co_data	out_data	in_data
1	co_data	x	co_data
0	out_data	out_data	out_data

如图 3.42 所示，假定外部处理器需要控制某个集成电路，外部处理器使用的是双向总线，但是集成电路内部都需要使用独立的输入/输出总线信号。此时，在二者之间需要使用

双向端口控制器。

外部处理器与双向端口总线控制器之间采用双向信号 co_data 连接。对于外部处理器需要输入芯片的数据，信号从外部处理器的双向总线出发，写入双向端口控制器，经过分离之后，输出信号 in_data 给集成电路使用。同理，集成电路发出的信号 out_data 经过双向总线端口控制器送出到外部处理器使用。

表 3.7 给出了双向总线控制器的逻辑关系，当输入信号 rw 为高电平 1 时，表示输入有效，此时应该把 co_data 信号送到 in_data 上去，表示从外部把数据送入芯片内部。此时，无论 out_data 上面有任何信号都不会对结果造成影响。当输入信号 rw 为低电平 0 时，表示输出有效，此时外部对 co_data 不能有驱动，需要输出的数据 out_data 被送到了双向总线，而此时输入信号 in_data 是无效的，但是，为了实现电路的需要，仍然需要让 in_data 取值为 out_data。

基于布尔代数原理，普通的组合逻辑电路都是输出关于输入的函数，不存在这种输出/输入互换的结构。因此，普通的组合逻辑电路不能实现双向总线控制器电路。如果需要实现上述电路结构必须用到一种新的电路结构——三态门。图 3.43 给出了一种基本的三态门电路结构单元。

如图 3.43 所示，如果使能端 G 为低电平，取值为 0 时，三态门电路与 B 点之间连接的两个 MOS 管都关断，B 在芯片内部的连接处于高阻态，也就是为 Z，此时外部信号可以通过 B

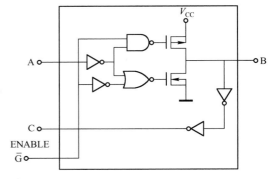

图 3.43　一种三态门的结构

送到 C，作为输入状态。当 G 为高电平，取值为 1 时，三态门电路与 B 连接的两个 MOS 管中可以有一个管子导通，B 的取值和 A 一致，而此时外部对 B 不能进行信号驱动，否则就会出现短路。

> **小资料**
>
> 　　由于 FPGA 是预先设计好的一系列电路结构供使用者选用，所以，在使用 FPGA 的时候一定要注意 FPGA 内部拥有哪些器件结构，FPGA 实现逻辑的方法是基于查找表和 D 触发器宏单元的结构，虽然 FPGA 实现电路具有速度快、周期短等优点，但是也有资源有限的缺点。
>
> 　　一般地，FPGA 芯片端口上设置有三态门，而芯片内部则不一定存在三态门。例如，Xilinx 的 4000，Spartan/XL/Ⅱ，Virtex/E/Ⅱ/Ⅱ Pro 都有内部的三态门可以供设计者使用，以减少 Slice 的资源占用，每个 CLB 对应 1～2 个内部三态门。但是要注意每一行三态门的输出都是连接到一根（4000，Spartan/XL）或两根（Virtex 架构）横线上的，所以用户最终可以使用的内部三态的组数等于 CLB 的行数或行数的 2 倍，用多了就会出错。
>
> 　　Altera 的所有 FPGA 和 Xilinx 的 Spartan-3 内部没有三态门，虽然可以使用三态的写法并能在 FPGA 中实现，但是这些电路实际上是由多路选择器 MUX 实现的。与用真正的内部三态门去实现相比较，采用 MUX 除了多占用 LC/LE 的资源以外，受控信号

（如数据总线等）会随着驱动源的增加而使延时加大。例如，如果用 4 个变化相对较慢的控制信号去对 16 路高速信号做选择，那么 MUX 就很有可能处于劣势了。所以建议读者在除了对端口电路设计外，尽量避免使用三态门。

这里还要注意的是，在实际开发中读者通常会用硬件描述语言的标准方法来描述很多器件，包括 JK 触发器、RS 触发器、FIFO、SRAM、ROM 等，但是事实上 FPGA 通常不见得拥有上述资源，FPGA 综合工具一般能够找到一些等价或者近似的方法来实现读者设计的电路。这样的结果通常会和设计者的想法有些出入，所以建议读者在设计电路时，只描述组合逻辑和 D 触发器，在端口描述时使用三态门，其他的特殊器件最好直接调用 IP，而不是利用综合工具产生。

任务实现

1. 新建工程

启动 Quartus Ⅱ 软件，在"File"下拉菜单中选择"New Project Wizard"命令项，新建双向端口控制器项目工程，工程名字可选为"inout_convertor"。然后选择顶层模块的名称为"inout_convertor"。

> **小提示**
>
> 本任务中选择的器件是 MAX Ⅱ 系列 EPM1270GT144C3 芯片。

2. 设计输入

（1）在"File"下拉菜单中选择"New"命令项，选择设计输入类型为"Device Design Files"列表中的"Verilog HDL Files"项，单击"OK"按钮进入 Verilog 语言编辑画面。

（2）输入双向端口控制器的 Verilog 描述代码如下：

```verilog
//inout_convertor. v
//Verilog 代码段 3 - 11
module inout_convertor(
rw,                              //端口方向控制输入信号
co_data,                         //双向数据总线
in_data,                         //输出信号,分离出来的输入数据
out_data                         //输入信号,要输出给双向总线的数据
);
input rw;
inout[3:0] co_data;
output[3:0] in_data;
input[3:0] out_data;
assign in_data = co_data;        //直接连接数据总线到 in_data
assign co_data = rw ? 4'bz : out_data;  //在 rw 为 1 的时候为数据写入状态,所以内部电路要对 co_data
                                 //赋值高阻态,当 rw 为 0 的时候,赋值 out_data 给 co_data
endmodule
```

上述代码首先定义了模块的名称，也就是双向端口控制器顶层模块名"inout_convertor"，接下来代码描述了输入/输出端口列表，定义输入信号 rw，位宽是 1 位；4 位双向数据总线信号，名字为 co_data；4 位经过变换后的双向总线写入数据，信号名为 in_data，是输出信号；从 4 位模块外部输入的，经过变换后要驱动双向总线的数据，信号名为 out_data，是输入信号。

在代码中，当 rw 为 1 时，只需要把 co_data 的数据送到 in_data 中；而在 rw 为 0 时，无论送入任何信号给 in_data 均正确，所以，采用最简单的电路结构，利用 assign in_data = co_data，表示用一条连线把 in_data 连接到 co_data 上。无论 co_data 的方向如何，都把相应的信号送给 in_data，而对于芯片要输出给 co_data 双向总线的数据 out_data，只能在 rw 为 0 时输出，如果 rw 为 1，数据由 co_data 输入芯片，此时芯片必须对 co_data 驱动高阻态。

语句"assign co_data = rw ? 4'bz : out_data；"恰好可以表示上述含义，assign 表示连续赋值，如果 rw 为 1，则连续赋值高阻，也就是内部对 co_data 的驱动断开；当 rw 为 0 时，把 out_data 赋值给 co_data。

3．工程编译

选择菜单"Processing"的"Start Compilation"命令项，或者单击位于工具栏的编译按钮▶，完成工程的编译。

如果工程编译出现错误提示，则编译不成功，需根据 Message 窗口中所提供的错误信息修改电路设计，再重新进行编译，直到没有错误为止。

4．设计仿真

（1）建立波形文件。选择"File"菜单下的"New"命令，在弹出的窗口中选择"Vector Waveform File"，新建仿真波形文件。在波形文件编辑窗口，单击"File"菜单下的"Save as"按钮，将该波形文件另存为"inout_convertor. vwf"。

（2）添加观察信号。在波形文件编辑窗口的左边空白处单击鼠标右键，选择"Insert"的"Insert Node or Bus"命令，在打开的窗口中单击"Node Finder"按钮，在"Node Finder"窗口中单击"List"按钮，设计的 4 个引脚出现在左边的空白窗格中，选中所有引脚，单击窗口中间的 >> 按钮，4 个引脚出现在右边的空白窗格中，再单击"OK"按钮回到波形编辑窗口。

（3）添加激励。通过拖曳波形，产生想要的激励输入信号。

（4）功能仿真。添加完激励信号后，保存波形文件。选择"Processing"菜单下的"Simulator Tool"命令项，在"Simulation mode"下拉列表中选择"Functional"项，再单击"Generate Functional Simulation Netlist"按钮，产生仿真需要的网表文件，然后选中"Overwrite simulation input file with simulation result"复选项，否则不能显示仿真结果，单击"Start"按钮进行仿真。

仿真完成后，单击"Open"按钮打开仿真结果，如图 3.44 所示，双向端口控制器的输入/输出逻辑功能正确。

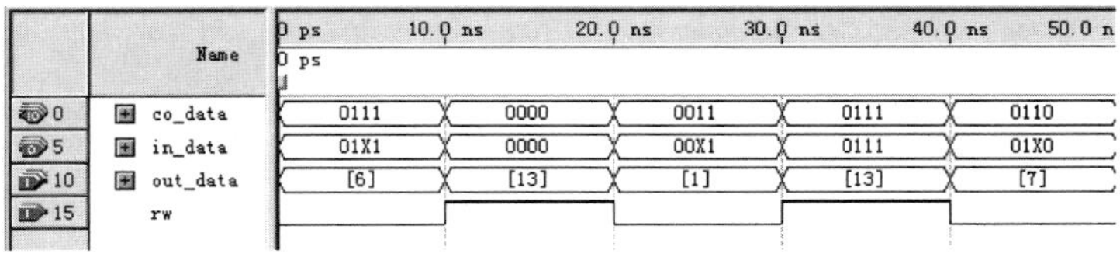

图 3.44 双向段口控制器功能仿真结果

（5）时序仿真。在仿真工具对话框中，选择"Simulation mode"下拉列表中的"Timing"项，进行时序仿真，仿真结果如图 3.45 所示。

图 3.45 双向端口控制器时序仿真结果

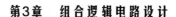

5. 器件编程与配置

（1）选择"Assignments"菜单中的"Device"命令项，打开器件设置对话框，假定在本设计中选用 MAX Ⅱ系列 EPM1270GT144C3 芯片，则需要在器件选项中选择 MAX Ⅱ系列的 EPM1270GT144C3 芯片。

（2）引脚选择。选择"Assignments"菜单中的"Pins"命令项，打开引脚设置对话框，用鼠标左键分别双击相应引脚的"Location"列，选择需要配置的引脚。对于本任务，需要用到 13 个引脚，其中 out_data 是控制器的数据输入端口，应该指定在 4 个拨码开关上，而 in_data 是外部数据输入的结果，应该指定在 LED 发光二极管上，而 rw 和 co_data 应该和外部具有双向总线驱动能力的 MCU 或者单片机连接。

（3）综合、布局布线。如果引脚和器件选定后，可以再次选择"编译"，此时 Quartus Ⅱ会根据选择的器件和引脚，把已经设计好的 RTL 综合成为具体的逻辑门，并且针对引脚的位置完成这些逻辑门在 FPGA 芯片中的对应位置和连接关系。综合器首先会分析整个 RTL 的逻辑结构，双向端口控制器的逻辑结构分析结果如图 3.46 所示，可以看到，通过 4 个三态门就可以实现一个最基本的双向端口控制器。

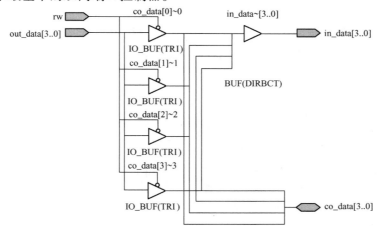

图 3.46　双向端口控制器的 RTL 结构

首先把 rw 连接到所有的三态门的控制端口，out_data 数据在 rw 有效时，可以输出给 co_data；在 rw 无效时，三态门输出高组态，而无论什么状态 co_data 都连接到 in_data 上。图 3.47 给出了最终综合的结果，调用了 4 个三态门的单元，三态门是 FPGA 预留的专用资源，比较有限，使用的时候要节约。

图 3.48 给出了双向端口控制器的最终时序结果，可以看到，从输入到输出的延迟，其中最长的延迟路径为 co_data［3］到 in_data［3］，这一段是 4.646 ns。

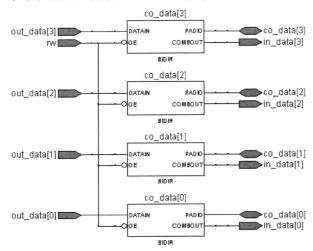

	Slack	Required P2P Time	Actual P2P Time	From	To
1	N/A	None	4.646 ns	co_data[3]	in_data[3]
2	N/A	None	4.101 ns	out_data[1]	co_data[1]
3	N/A	None	4.025 ns	co_data[0]	in_data[0]
4	N/A	None	4.011 ns	co_data[2]	in_data[2]
5	N/A	None	4.008 ns	out_data[0]	co_data[0]
6	N/A	None	3.808 ns	out_data[2]	co_data[2]
7	N/A	None	3.804 ns	co_data[1]	in_data[1]
8	N/A	None	3.742 ns	rw	co_data[0]
9	N/A	None	3.675 ns	out_data[3]	co_data[3]
10	N/A	None	3.415 ns	rw	co_data[2]
11	N/A	None	3.408 ns	rw	co_data[1]
12	N/A	None	3.063 ns	rw	co_data[3]

图 3.47　双向端口控制器的综合结果　　　图 3.48　双向端口控制器的时序结果

小知识

通过时序分析可以了解系统工作的最快速度，系统输入的时钟周期不能小于系统最大的延迟。如果系统输入的速度超过了最大的延迟，系统不能得到准确的结果。此外，延迟大小和选择的器件也有关系，一般来说，采用工艺更小的器件延迟就更小。

任务小结

三态门是一种特殊的电路结构，在现代集成电路设计中必不可少。三态门通常应用于双向端口控制器设计中。通过本任务的学习，使读者掌握三态门的基本功能和双向总线控制的设计原理。

自己做

按照任务 10 中的实现步骤，自行完成双向总线收发器模块设计。

提示：接收器和发射器的系统结构如图 3.49 所示，需要设计两个模块，并且最终把两个模块合成一个模块进行下载。

图 3.49　双向总线收发器结构

3.5 三态门的原理及其应用

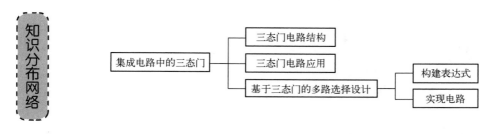

知识分布网络

3.5.1 三态门电路

三态门也是一种逻辑门，其输出除了有高、低电平两种状态外，还有第三种状态——高阻状态，相当于隔断状态，其真值表参见表3.8。

为了更好地理解高阻态，我们看一个例子：对于存储单元的读取操作，当读/写控制线处于低电位时，存储单元被打开，可以向存储单元写入数据；当读/写控制线处于高电位时，可以读取存储单元的数据；但是如果存储单元在不读不写的状态，读/写控制线需要处于高阻状态，既不是 +5 V，也不是 0 V，是没有电流的类似于绝缘的一种状态。

我们知道，高电平和低电平可以由内部电路将电位拉高和拉低。而高阻态的引脚对地电阻无穷，此时读引脚电平时可以读到真实的电平值。高阻态的重要作用就是 I/O（输入/输出）口在输入时读入外部电平。

高阻态电路可以通过 MOS 或者双极型晶体管来实现，一个典型的 CMOS 传输门就可以实现三态门电路。

图 3.50 是一个典型的 CMOS 传输门，传输门实现组合逻辑的时候，需要多个传输门线或构成电路，但是作为三态门使用的时候，可以单独使用一个 CMOS 传输门。当 en 有效时，输出 out 和输入 in 相等，可以是 1 也可以是 0；当 en 取值为 0 时，传输门关闭，out 没有任何驱动源，为高阻态，不会有电流流过。

表 3.8 三态门电路的真值表

输入端	控制端	输出端
1	0	1
0	0	0
1	1	Z
0	1	Z

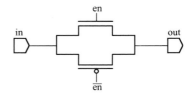

图 3.50 CMOS 传输门实现三态门

在任务 10 中，三态门作为双向端口总线控制器。此外，三态门还是一种扩展逻辑功能的输出级，也是一种控制开关，可用于总线的连接。因为总线在每个时刻只允许一个使用者，通常在数据总线上接有多个器件，每个器件通过 OE/CE 之类的信号选通。如果器件没有被选通的话，它就处于高阻态，相当于没有接在总线上，不影响其他器件的工作。

如果要把设备端口挂在一条总线上，必须通过三态缓冲器。因为在一条总线上同时只能有一个端口作为输出，这时其他端口必须处于高阻态，同时可以输入这个端口的数据。所以，我们需要有总线控制电路，即三态缓冲器，访问哪个端口，哪个端口的三态缓冲器才可以转入输出状态，这是典型的三态门应用。

利用三态门的电路结构，还可以构建逻辑电路，可以利用三态门实现"线与"、"线或"的功能。

小问答

问：什么是线或逻辑与线与逻辑？

答：线与逻辑，即两个输出端（包括两个以上）直接互连就可以实现"AND"的逻辑功能。在总线传输实际应用中，需要多个门的输出端并联连接使用，而一般 TTL 门输出端并不能直接并接使用，否则这些门的输出端之间由于低阻抗形成很大的短路电流（灌电流），而烧坏器件。在硬件上，可用 OC 门或三态门（ST 门）来实现。用 OC 门实现线与，应同时在输出端口加一个上拉电阻。

三态门主要应用于多个门输出共享数据总线，为避免多个门输出同时占用数据总线，这些门的使能信号（EN）中只允许有一个为有效电平（如高电平），由于三态门的输出是推拉式的低阻输出，且不需接上拉（负载）电阻，所以开关速度比 OC 门快，常用三态门作为输出缓冲器。

在一个结点（线）上，连接一个上拉电阻到电源 V_{CC} 或 V_{DD} 和 n 个 NPN 或 NMOS 晶体管的集电极 C 或漏极 D，这些晶体管的发射极 E 或源极 S 都接到地线上，只要有一个晶体管饱和，这个结点（线）就被拉到地线电平上。

因为这些晶体管的基极注入电流（NPN）或栅极加上高电平（NMOS），晶体管就会饱和，所以这些基极或栅极对这个结点（线）的关系是或非 NOR 逻辑。如果这个结点后面加一个反相器，就是或 OR 逻辑。

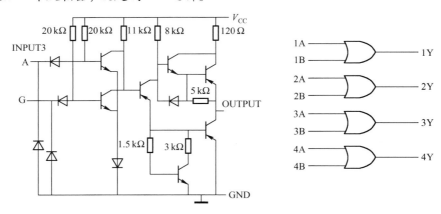

图 3.51　74LS32 内部结构(三态门)

图 3.51 是 74LS32 的内部结构，左边是电路结构，右边是逻辑结构，其中利用了三极管的三态门简单地实现了 2 输入的或逻辑。

3.5.2　三态门电路应用——多路选择器设计

三态门的特殊结构决定了三态门有很多特殊应用，其中最重要的一种应用就是采用三态门设计多路选择器。

多路选择器是数据选择器的别称，在多路数据传送过程中，能够根据需要将其中任意一路输入连接到输出端，叫做数据选择器，也称多路选择器或多路开关。

> **小知识**
>
> 多路选择器的逻辑函数是一种多输入、单输出的逻辑函数，简单地看多路选择器，也是一个标准的组合逻辑电路，通过标准的布尔代数真值表，用最大项之和的方法，进而使用前面章节介绍的标准 CMOS 组合逻辑电路来实现。采用原理图和 Verilog 代码描述的多路选择器参见任务 2 和任务 4。

针对多路选择器的特点，通常可以选择一种特殊的电路结构来实现多路选择器，这种电路被称为传输门电路。为了方便设计者采用这种有针对性的电路，一般设计者会使用特定的组合逻辑电路表达式形式，例如，4 个输入的多路选择器结构如图 3.52 所示，4 个输入端为 D0 ～ D3，两个控制端为 A0、A1，输出为 Y，表达式如下：

$$Y = A_0 A_1 D_0 + A_0 \overline{A_1} D_1 + \overline{A_0} A_1 D_2 + \overline{A_0}\ \overline{A_1} D_3$$

该表达式的特点是输出只有一个，而关于输出的函数是由 A0 和 A1 两个输入做组合逻辑的控制端和输入 D0 ～ D3 做"与"的逻辑。这里需要强调的是，A0 和 A1 两个输入的四种排列组合情况必须全部出现，而且 D0 至 D3 必须按顺序依次出现。

下面考虑如何采用三态门来实现这个电路：如果"或逻辑"的输入单元每次只有一个是有效的，其余的输入端都是高阻态，就可以采用"线或"逻辑。因此，如果把或门的输入端用三态门来控制，就可以采用"线或"的方法来实现或逻辑。

4 选 1 多路选择器的或门输入有四个，而这四个输入的特点就是：每次只有一路可能为 1，其余都一定为 0，这样的情况满足"输入单元每次只有一个是有效的"，所以把所有的一定为 0 的输入端转化为高阻态，就可以直接采用"线或"来实现电路。

三态门本身的作用可以相当于一个特殊的"与门"。如果控制端是 1，则输出正常的与门结果，如果控制端是 0，则输出高阻态，这样正好符合多路选择器本身的逻辑"4 路数据是首先和选通信号完成与的逻辑"的特点。

经过上述分析，可以得到如下结论：只需要把与门转化为三态门，把或门转化为"线或"就可以完成整个电路设计。

由于普通的与门是 4 个 MOS 管，而基于三态门的特殊"与门"只需要 2 个管子和 1 个反相器，反相器可以复用，此外还省掉了或门的电路，大大节约了电路使用的晶体管数目，降低了电路设计成本。

图 3.53 中给出了用三态门来实现"与关系"和"或门"的示意图，Y 作为输出端，可以认为是 D0、D1、D2、D3 与控制端做了"与"后的输出，再做"或"逻辑，由于多路选择器的 D0、D1、D2、D3 每次只有一个输入是有效的，其余输出都是 0，所以根据前面的分析，可以使用三态门来实现"与"逻辑，但是三态门实现的与门不选通的时候是高阻态，这样，就满足"线或"逻辑的要求，直接可以使用"线或"。

而 D0、D1、D2、D3 的控制端和普通电路并没有不同，只要做 2-4 译码器就可以实现。

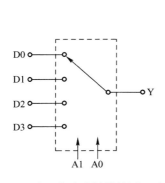

图 3.52　4 选 1 多路选择器的原理示意图

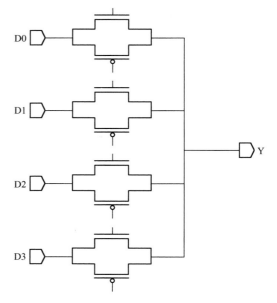

图 3.53　4 选 1 多路选择器的实现

自己做

　　按照三态门的基本原理，自行分析图 3.54 的电路工作原理，以及逻辑表达式。

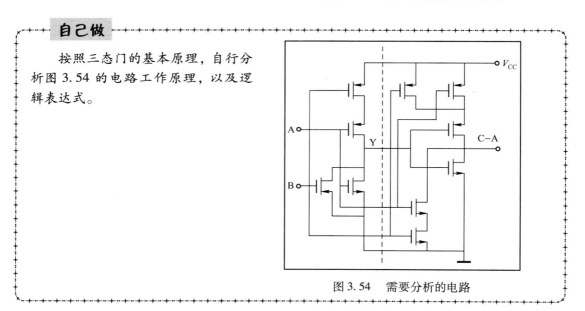

图 3.54　需要分析的电路

任务 11　七段 LED 数码管显示电路设计

任务分析

　　七段 LED 数码管是数字系统最常用的显示设备之一，如何驱动和使用数码管是数字系统设计的必备知识。单个 LED 数码管外形如图 3.55 所示，外部引脚如图 3.56 所示。LED 数码管由 8 个发光二极管（以下简称字段）构成，通过不同的发光字段组合可用来显示数字 0 ～

 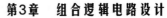

9、字符 A～F、H、L、P、R、U、Y、符号 "-" 及小数点 "." 等（习惯上，把这种带小数点的数码管也称为七段数码管）。

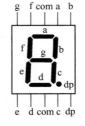

图 3.55 数字系统上的 LED 数码管　图 3.56 七段 LED 数码管的结构

LED 数码管可分为 "共阳极" 和 "共阴极" 两种结构。

共阳极数码管内部结构如图 3.57（a）所示，8 个发光二极管的阳极连接在一起，作为公共控制端（com），接高电平。阴极作为 "段" 控制端，当某段控制端为低电平时，该端对应的发光二极管导通并点亮。通过点亮不同的段，显示出不同的字符。例如，显示数字 1 时，b、c 两端接低电平，其他各端接高电平。

共阴极内部结构如图 3.57（b）所示。8 个发光二极管的阴极连接在一起，作为公共控制端（com），接低电平。阳极作为 "段" 控制端，当某段控制端为高电平时，该段对应的二极管导通并点亮。

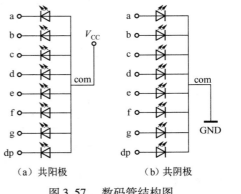

（a）共阳极　　　（b）共阴极

图 3.57 数码管结构图

本任务要求实现如下功能：将十进制数 0～9 的 BCD 码转换成七段数码管的显示码，电路输入/输出框图如图 3.58 所示。

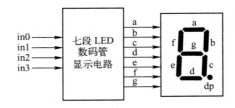

图 3.58 七段 LED 数码管显示电路的输入/输出结构

BCD（Binary Coded Decimal）码用二进制形式表示十进制数，用 4 位二进制码表示 1 位十进制数，一般的 BCD 码的 4 位二进制数的权为 8 4 2 1，所以这种 BCD 码又称为 8 4 2 1 码。十进制数码 0～9 所对应的二进制码如表 3.9 所示。对 BCD 码的详细介绍参见 3.6.1 节。

表 3.9 十进制数码与 BCD 码对应表

十进制数码	0	1	2	3	4	5	6	7	8	9
二进制码	0000	0001	0010	0011	0100	0101	0110	0111	1000	1001

如图 3.58 所示，七段 LED 数码管显示电路有四个输入端 in3、in2、in1 和 in0，用于输入 4 位二进制数 0000 ～ 1001，输出为七段 LED 数码管的七个段的控制显示码，这里假定使用的数码管为共阴极数码管，电路输入/输出之间的关系如表 3.10 所示。

表 3.10 七段数码管显示电路的输入/输出关系和显示结果

七段数码管显示电路输入 in3 in2 in1 in0	七段数码管显示电路输出 gfedcba	LED 显示字形
0 0 0 0	0111111	0
0 0 0 1	0000110	1
0 0 1 0	1011011	2
0 0 1 1	1001111	3
0 1 0 0	1100110	4
0 1 0 1	1101101	5
0 1 1 0	1111100	6
0 1 1 1	0000111	7
1 0 0 0	1111111	8
1 0 0 1	1100111	9

任务实现

1. 新建工程

启动 Quartus II 软件，在"File"下拉菜单中选择"New Project Wizard"命令，新建七段 LED 数码管显示电路项目工程，工程名字可取为"qiduan"。然后选择顶层模块的名称，名字为"qiduan"。

> **小提示**
>
> 本任务中选择的器件是 MAX II 系列 EPM1270GT144C3 芯片。

2. 设计输入

（1）在"File"下拉菜单中选择"New"命令项，选择设计输入类型为"Device Design Files"列表中的"Verilog HDL Files"项，单击"OK"按钮进入 Verilog 语言编辑画面。

（2）输入七段 LED 数码管显示电路的 Verilog 描述代码如下：

```
//qiduan. v
//Verilog 代码段 3 - 12
module qiduan(
data_in,          //七段数码管显示电路的输入,对应图 3.58 中的 in3～in0,in3 对应输入的高位
```

```
    data_out                    //七段数码管显示电路的输出,对应图3.58中的 g～a,g 对应输出的高位
);
input[3:0] data_in;             //输入/输出端口定义
output[6:0] data_out;
reg[6:0] data_out;              //使用 always 建模组合逻辑需要定义输出为寄存器
always@(data_in)                //输入为 data_in
    begin
      case(data_in)             //输入的不同情况
        4'b0000: data_out <= 7'b0111111;    // 0
        4'b0001: data_out <= 7'b0000110;    // 1
        4'b0010: data_out <= 7'b1011011;    // 2
        4'b0011: data_out <= 7'b1001111;    // 3
        4'b0100: data_out <= 7'b1100110;    // 4
        4'b0101: data_out <= 7'b1101101;    // 5
        4'b0110: data_out <= 7'b1111100;    // 6
        4'b0111: data_out <= 7'b0000111;    // 7
        4'b1000: data_out <= 7'b1111111;    // 8
        4'b1001: data_out <= 7'b1100111;    // 9
        default: data_out <= 7'b0000000;    //default,当输入为其他值时,输出有效,为全0
      endcase
    end
endmodule
```

小提示

上述代码首先定义了模块的名称,也就是七段 LED 数码管显示电路的顶层模块名"qiduan",接下来代码描述了输入／输出端口列表,定义输入 data_in,位宽是 4 位,data_in 就是七段 LED 数码管的输入数据,4 位二进制数,从 0～9 有效。然后,定义输出 data_out,data_out 是 7 位,从高到低对应连接到数码管的 g～a 七个端口上。

由于要采用 always 的方式建模,因此,代码定义 data_out 为寄存器类型。

在 always 模块中,利用 case 语句实现输入不同时、对输出进行赋值。这里需要强调一下,使用 case 语句一定要增加 default 项,因为除了上述 10 种输入,系统还可能有其他 6 种(1010、1011、1100、1101、1110、1111)输入组合,对应着大于 9 的输入数据,如果不写出 default 选项,系统就不知道输入这 6 种情况的时候该如何处理。因此,系统会出现不期望看到的结果。

3. 工程编译

选择菜单"Processing"下的"Start Compilation"命令项,或者单击位于工具栏的编译按钮 ▶,完成工程的编译。

如果工程编译出现错误提示,则编译不成功,需根据 Message 窗口中所提供的错误信息修改电路设计,再重新进行编译,直到没有错误为止。

4. 设计仿真

(1)建立波形文件。执行"File"菜单下的"New"命令,在弹出的窗口中选择"Vector

Waveform File"，新建仿真波形文件。在波形文件编辑窗口，单击"File"菜单下的"Save as"命令项，将该波形文件另存为"qiduan.vwf"。

（2）添加观察信号。在波形文件编辑窗口的左边空白处单击鼠标右键，选择"Insert"的"Insert Node or Bus"命令，在打开的窗口中单击"Node Finder"按钮，在"Node Finder"窗口中单击"List"按钮，设计的引脚出现在左边的空白窗格中，选中所有引脚，单击窗口中间的 >> 按钮，引脚出现在右边的空白窗格中，再单击"OK"按钮回到波形编辑窗口。

（3）添加激励。通过拖曳波形，产生想要的激励输入信号。在本任务中，对输入信号 data_in 分别取 0000、0001、0010、0011、0100、0101、0110、0111、1001、1010、1011、1100 等数值，对应真实电路需要显示的各种数据。

（4）功能仿真。添加完激励信号后，保存波形文件。选择"Processing"菜单下的"Simulator Tool"命令项，在"Simulation mode"下拉列表中选择"Functional"项，再单击"Generate Functional Simulation Netlist"按钮，产生仿真需要的网表文件，然后选中"Overwrite simulation input file with simulation result"复选项，否则不能显示仿真结果，单击"Start"按钮进行仿真。

仿真完成后，单击"Open"按钮打开仿真结果，如图 3.59 所示，七段 LED 数码管显示电路的输入/输出逻辑功能正确。

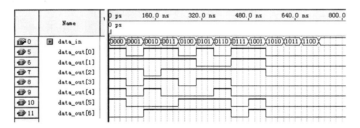

图 3.59 七段 LED 数码管显示电路功能仿真结果

（5）时序仿真。在仿真工具对话框中，选择"Simulation mode"下拉列表中的"Timing"项，进行时序仿真，仿真结果如图 3.60 所示。

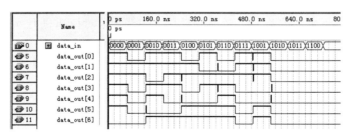

图 3.60 七段 LED 数码管显示电路时序仿真结果

┌─ **小提示** ─────────────────────────────────────┐

可以看到，在时序仿真时，输出波形出现了很多毛刺，单纯性的组合逻辑电路在实际使用的时候确实会有毛刺产生，但是一般都不会对电路设计造成影响，配合时序电路的 D 触发器结构，毛刺不会传递，也不会影响后面电路的结构。

└──┘

5. 器件编程与配置

（1）选择"Assignments"菜单中的"Device"命令项，打开器件设置对话框，假定在本设计中选用 MAX Ⅱ 系列 EPM1270GT144C3 芯片，则需要在器件选项中选择 MAX Ⅱ 系列的 EPM1270GT144C3 芯片。

（2）引脚选择。选择"Assignments"菜单中的"Pins"命令项，打开引脚设置对话框，用鼠标左键分别双击相应引脚的"Location"列，选择需要配置的引脚。对于本任务，需要用到 11 个引脚，data_in 采用 4 个拨码开关来实现，而输出 data_out 直接连接到七段数码管的 g ～ a 7 个引脚上。

（3）综合、布局布线。如果引脚和器件选定后，可以再次选择"编译"，此时 Quartus Ⅱ 会根据选择的器件和引脚把已经设计好的 RTL 综合成为具体的逻辑门，并且针对引脚的设置完成这些逻辑门在 FPGA 芯片中的对应位置和连接关系。综合器首先会分析整个 RTL 的逻辑结构，可以看到通过一个专门的七段数码管译码器就可以实现一个最基本的七段 LED 数码管显示电路。

图 3.61 给出了七段 LED 数码管显示电路的最终时序结果，可以看到，从输入到输出的延迟，其中最长的延迟路径为 data_in［1］到 data_out［3］，这一段是 7.076 ns。

	Slack	Required P2P Time	Actual P2P Time	From	To		Slack	Required P2P Time	Actual P2P Time	From	To
1	N/A	None	7.076 ns	data_in[1]	data_out[3]	14	N/A	None	5.565 ns	data_in[2]	data_out[2]
2	N/A	None	6.839 ns	data_in[2]	data_out[3]	15	N/A	None	5.422 ns	data_in[0]	data_out[1]
3	N/A	None	6.476 ns	data_in[0]	data_out[3]	16	N/A	None	5.334 ns	data_in[0]	data_out[5]
4	N/A	None	6.230 ns	data_in[3]	data_out[3]	17	N/A	None	5.321 ns	data_in[0]	data_out[6]
5	N/A	None	5.803 ns	data_in[1]	data_out[1]	18	N/A	None	5.319 ns	data_in[0]	data_out[4]
6	N/A	None	5.715 ns	data_in[1]	data_out[5]	19	N/A	None	5.310 ns	data_in[0]	data_out[2]
7	N/A	None	5.701 ns	data_in[1]	data_out[6]	20	N/A	None	4.865 ns	data_in[1]	data_out[0]
8	N/A	None	5.701 ns	data_in[1]	data_out[4]	21	N/A	None	4.749 ns	data_in[3]	data_out[1]
9	N/A	None	5.698 ns	data_in[1]	data_out[2]	22	N/A	None	4.727 ns	data_in[3]	data_out[5]
10	N/A	None	5.679 ns	data_in[2]	data_out[1]	23	N/A	None	4.661 ns	data_in[3]	data_out[5]
11	N/A	None	5.591 ns	data_in[2]	data_out[5]	24	N/A	None	4.648 ns	data_in[3]	data_out[4]
12	N/A	None	5.577 ns	data_in[2]	data_out[6]	25	N/A	None	4.647 ns	data_in[3]	data_out[6]
13	N/A	None	5.575 ns	data_in[2]	data_out[4]	26	N/A	None	4.645 ns	data_in[3]	data_out[2]
14	N/A	None	5.565 ns	data_in[2]	data_out[2]	27	N/A	None	4.472 ns	data_in[0]	data_out[0]
						28	N/A	None	3.812 ns	data_in[3]	data_out[0]

图 3.61　双向端口控制器的时序结果

任务小结

七段 LED 数码管显示电路是非常典型的译码电路，完成了内部二进制数据到端口实际硬件的驱动，具有广泛的应用。

自己做

（1）本任务中给出了一种基于 case 的描述方法，请读者采用基于 if-else 或者基于 assign 配合"？：语句"的方法来重新建模，并且验证其正确性。

（2）按照任务 11 中的实现步骤，自行完成 0 ～ 15 的七段数码管译码电路。七段数码管既可以显示 0 ～ 9 这 10 个十进制数字，也可以显示字母 A ～ F，对应十进制的 10 ～ 15。

3.6　LED 数码管显示电路及其设计方法

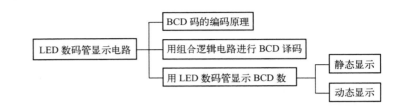

3.6.1　LED 数码管及其显示电路

在数字系统中，经常采用 LED（Light Emitting Diode）数码管来显示系统的工作状态、运算结果等各种信息，LED 数码管是数字系统人机对话的一种重要输出设备。

在任务 11 中，我们实现了把 4 位二进制数（0000 ～ 1001）通过译码产生七段 LED 数码管的显示段码显示数字 0 ～ 9。那么如何用七段 LED 数码管来显示两位、甚至更大的十进制数呢？

在数字系统中，所有数据都是以二进制数形式存在的，例如，十进制数"39"在数字系统中应该被表示为"100111"。但是，作为外部显示的需要，在七段数码管上应该显示"3"和"9"两个数字。如果我们可以把"100111"（十进制数 39）表示成"0011"（十进制数 3）和"1001（十进制数 9）"，就可以通过任务中的译码电路来实现十进制数"39"的七段 LED 数码管显示。

为了解决这个问题，首先引入 BCD 码的概念。BCD 码是英文 Binary-Coded Decimal 的缩写，也称为二—十进制代码，是一种用二进制编码表示十进制数的编码方法。BCD 码采用 4 个二进制位元来储存 1 个十进制的数码，使二进制和十进制之间的转换得以快捷进行。

由于十进制数共有 0，1，2，…，9 十个数码，因此，至少需要 4 位二进制码来表示 1 位十进制数。4 位二进制码共有 $2^4 = 16$ 种组合，在这 16 种组合中，一般选用 0000 ～ 1001 来表示 10 个十进制数码。

这种编码方式，也称之为"8421 码"。除此以外，对应不同需求，还开发了不同的编码方法。常用的 BCD 码和十进制数之间的关系如表 3.11 所示。

表 3.11　常用的 BCD 码和十进制数的关系

十进制数	8421 码	5421 码	2421 码	余 3 码	余 3 循环码
0	0	0	0	11	10
1	1	1	1	100	110
2	10	10	10	101	111
3	11	11	11	110	101
4	100	100	100	111	100
5	101	1000	1011	1000	1100
6	110	1001	1100	1001	1101
7	111	1010	1101	1010	1111
8	1000	1011	1110	1011	1110
9	1001	1100	1111	1100	1010

在表 3.11 中，8421 编码直观，好理解。5421 码和 2421 码中，大于 5 的数字都是高位为 1，5 以下的高位为 0。余 3 码是 8421 码加上 3，有上溢出和下溢出的空间。在本书中，除非特殊说明，BCD 码均采用 8421 编码方式。

> **小问答**
>
> **问**：请写出下列十进制数据的 BCD 码（注：下面给出的数据均为十进制数据）
> （1）1 ～ 9；
> （2）36、40、67、28；
> （3）167、254。
> **答**：把一个十进制数表示成 BCD 码的方法是：1 位十进制数位用 4 位二进制码表示即可。
> （1）十进制数 1 ～ 9 的 BCD 码表示为：0001 ～ 1001。
> （2）十进制数 36 的 BCD 码为 0011 0110；十进制数 40 的 BCD 码为 0100 0000；
>   十进制数 67 的 BCD 码为 0110 0111；十进制数 28 的 BCD 码为 0010 1000。
> （3）十进制数 167 的 BCD 码为 0001 0110 0111；
>   十进制数 254 的 BCD 码为 0010 0101 0100。

为了把 1 个二进制数用七段 LED 数码管显示出来，我们必须先把它转化为十进制数，再分离出每个十进制位码，即得到这个十进制数的 BCD 码表示。

这样的编码运算，采用硬件如何实现呢？下面我们以一个小于 100 的二进制数的 BCD 编码为例，来看如何使用硬件完成 BCD 编码。

如图 3.62 所示，假定输入数据为 data_0，拆分成十进制数后高位（十位）数码为 bcd_2，低位（个位）数码为 bcd_1。首先需要确定十位数码，用输入数据 data_0 分别与 90、80、70、60、50、40、30、20、10 进行比较，因此需要 9 个比较器。

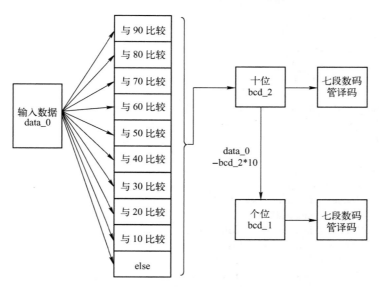

图 3.62 二进制数转换成 BCD 码

例如，如果输入数据 data_0 为 39，则十位 bcd_2 就是"3"，而个位 bcd_1 就等于 data_0 减去 3×10，即 $39 - 3 \times 10 = 9$。

Verilog 代码如下：

```
// bcd. v
//Verilog 代码段 3 - 13
module bcd(
data_0,
data_out1,
data_out2
);
input[6:0] data_0;                    //输入数据,0~99,即 0000000~1100011,需要 7 位二进制数
output[6:0] data_out1,data_out2;      //输出高位和低位的七段 LED 显示码
reg[3:0] bcd_2;                       //分离后的高位数码(十位)
wire[3:0] bcd_1;                      //分离后的低位数码(个位)
always@ (data_0)
    begin
        if( data_0 >=7'd90)          //输入数据与 90 比较,大于 90,则十位为 9,后面的比较以此类推
            bcd_2 <=4'd9;
        else if( data_0 >=7'd80)
            bcd_2 <=4'd8;
        else if( data_0 >=7'd70)
            bcd_2 <=4'd7;
        else if( data_0 >=7'd60)
            bcd_2 <=4'd6;
        else if( data_0 >=7'd50)
            bcd_2 <=4'd5;
        else if( data_0 >=7'd40)
            bcd_2 <=4'd4;
        else if( data_0 >=7'd30)
            bcd_2 <=4'd3;
        else if( data_0 >=7'd20)
            bcd_2 <=4'd2;
        else if( data_0 >=7'd10)
            bcd_2 <=4'd1;
        else
            bcd_2 <=4'd0;
    end
assign bcd_1 = data_0 - bcd_2 * 4'd10;              //计算个位数
reg[6:0] data_out1;
always@ (bcd_1)                                      //显示个位数
    begin
        case(bcd_1)
            4'b0000: data_out1 <=7'b0111111;        // 0
            4'b0001: data_out1 <=7'b0000110;        // 1
            4'b0010: data_out1 <=7'b1011011;        // 2
            4'b0011: data_out1 <=7'b1001111;        // 3
            4'b0100: data_out1 <=7'b1100110;        // 4
            4'b0101: data_out1 <=7'b1101101;        // 5
            4'b0110: data_out1 <=7'b1111100;        // 6
            4'b0111: data_out1 <=7'b0000111;        // 7
```

```
            4'b1000: data_out1 <=7'b1111111;              // 8
            4'b1001: data_out1 <=7'b1100111;              // 9
            default: data_out1 <=7'b0000000;              //default
        endcase
    end
reg[6:0] data_out2;
always@(bcd_2)                                            //显示十位数
    begin
    case(bcd_2)
            4'b0000: data_out2 <=7'b0111111;              // 0
            4'b0001: data_out2 <=7'b0000110;              // 1
            4'b0010: data_out2 <=7'b1011011;              // 2
            4'b0011: data_out2 <=7'b1001111;              // 3
            4'b0100: data_out2 <=7'b1100110;              // 4
            4'b0101: data_out2 <=7'b1101101;              // 5
            4'b0110: data_out2 <=7'b1111100;              // 6
            4'b0111: data_out2 <=7'b0000111;              // 7
            4'b1000: data_out2 <=7'b1111111;              // 8
            4'b1001: data_out2 <=7'b1100111;              // 9
            default: data_out2 <=7'b0000000;              //default
        endcase
    end
endmodule
```

自己做

请读者自行编写代码，将一个 0 ~ 999 的二进制数显示在 3 个七段 LED 数码管上。

3.6.2 动态 LED 数码管显示电路设计

在实际应用中，为了节约资源，七段 LED 数码管经常采用动态连接方法。图 3.63 给出了 4 位七段 LED 数码管的动态连接方法。将 4 位七段 LED 数码管相应的段选控制端并联在一起，定义信号名为 a、b、c、d、e、f、g，称之为"段码"。各位数码管的公共端，也称为"位码"，分别定义为 scan1、scan2、scan3、scan4。

小问答

问：4 位七段 LED 数码管采用静态连接和动态连接，各需要多少条控制线？

答：4 位七段 LED 数码管采用静态连接需要 28 条控制线，4 位七段 LED 数码管采用动态连接需要 11 条控制线，可见动态连接大大节约了硬件资源。

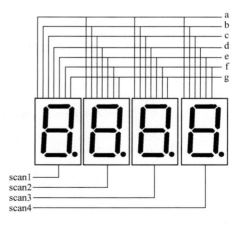

图 3.63 动态显示七段数码管基本结构

我们可以把 4 个位码看做 4 个按键开关，如果开关 scan1 打开，则第 1 个数码管的 7 个 LED 灯控制端就会连接到"段码"总线 g ～ a 上；如果 scan1 关闭，则第 1 个数码管的 7 个 LED 灯控制端就会与"段码"总线 g ～ a 断开。如果 scan1、scan2、scan3、scan4 有多个开关打开，则相应的七段数码管会同时打开，而且会同时显示总线 g ～ a 表示的内容，显示的效果也会相同。

那么如何让动态 LED 数码管的各位显示不同的内容呢？动态显示是一种按位轮流点亮各位数码管的显示方式，即在某一时段，只让其中一位数码管的"位码"开关打开，即一位"位码"有效，并送出相应的字型显示编码。此时，其他位的数码管因"位码"断开而都处于熄灭状态；下一时段按顺序选通另外一位数码管，并送出相应的字型显示编码，依此规律循环下去，即可使各位数码管分别间断地显示出相应的字符。这一过程称为动态扫描显示。

如果显示切换的速度非常快，可以达到约 0.001 s 切换一次的速度，由于人眼睛的视觉暂留效应，以及 LED 灯本身的响应速度，可以感觉四个数码管是同时点亮的，并且显示四个不同的内容。

下面我们来设计动态显示控制电路。该电路输入是 4 个静态显示的 LED 数码管的段码 a1 ～ g1、a2 ～ g2、a3 ～ g3 和 a4 ～ g4，输出是一个 7 位的段码总线 a ～ g，以及 4 个位码开关。

首先需要设计一个分频器模块，关于分频器的设计参见 4.4 节。构建一个大约 0.001s 切换的时钟，在这个时钟的控制下，轮流打开 scan1、scan2、scan3、scan4，波形如图 3.64 所示。

如图 3.64 所示，scan1、scan2、scan3、scan4 循环打开，在相应的时候只需把需要显示的数据放到数据总线上即可。例如，在 scan1 有效的时候，需要把 g1 ～ a1 放在总线 g ～ a 上，而在 scan4 有效的时候需要把 g4 ～ a4 放在总线 g ～ a

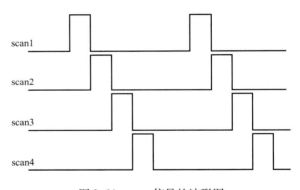

图 3.64　scan 信号的波形图

上。这样就能够实现轮流打开四个数码管，轮流显示四个数码管的内容。实现该功能的参考代码段如下：

```verilog
always@（scan1,scan2,scan3,scan4）
    begin
    if（scan1 ==1'b1）
        begin
            a <= a1;b <= b1;c <= c1;d <= d1;e <= e1;f <= f1;g <= g1;
        end
    else if（scan2 ==1'b1）
        begin
            a <= a2;b <= b2;c <= c2;d <= d2;e <= e2;f <= f2;g <= g2;
        end
    else if（scan3 ==1'b1）
        begin
```

```
            a <= a3;b <= b3;c <= c3;d <= d3;e <= e3;f <= f3; g <= g3;
        end
    else if( scan4 == 1'b1)
        begin
            a <= a4;b <= b4;c <= c4;d <= d4;e <= e4;f <= f4; g <= g4;
        end
    else
        begin
            a <= 1'bz;b <= 1'bz;c <= 1'bz;d <= 1'bz;e <= 1'bz;f <= 1'bz; g <= 1'bz;
        end
    end
```

知识梳理与总结

本章主要的内容是常见的组合电路工作原理、结构以及其建模方法。本章还讲解了针对组合逻辑建模的 Verilog 相关的语法和规则。通过熟练掌握本章的项目任务，可以有效地帮助读者掌握组合逻辑电路的设计方法，提高 Verilog 语言的运用能力。

本章重点内容如下：

（1）常用组合逻辑电路原理；

（2）常用组合逻辑电路建模方法；

（3）Verilog 语言的并行性；

（4）过程块、过程语句及其应用；

（5）七段数码管动态显示技术；

（6）BCD 译码的原理。

本章主要讨论如何对组合逻辑建模，下面对使用 Verilog 硬件描述语言进行建模的标准规范方法进行总结。

（1）组合逻辑建模有两种方法，使用 assign 建模或者使用 always 建模。

（2）使用 assign 建模是对输出进行连续赋值，需要把输出定义为线网类型变量，可以用 assign 配合 "：?" 运算符、逻辑运算符、数学运算符、拼接运算符等可以和 assign 一起使用的运算符进行建模。

（3）使用 always 建模需要把组合逻辑输出定义为寄存器类型变量，把所有的组合逻辑模块电路输入写到 always 敏感列表里，使用且仅使用一组完整的条件分支语句（如 if-else、case）对输出进行非阻塞赋值。

（4）任何一个组合逻辑电路模块的输出，仅能使用一个 always 或者一个 assign 赋值来进行建模，不能在多个地方被赋值。

习题3

一、填空题

1. 如果对组合逻辑建模可以使用_____种方法，其中使用 always 建模的时候，需要把

所有的＿＿＿＿＿＿＿＿＿＿＿＿＿写在 always 的敏感列表里，就是 always 后面的括号里。并且需要定义输出为＿＿＿＿＿＿＿＿＿＿＿＿类型的变量，使用条件语句＿＿＿＿＿＿＿＿＿＿＿＿或者条件语句＿＿＿＿＿＿＿＿＿＿＿＿对输出进行非阻塞赋值，注意条件语句的条件分支必须完整，有 if 就必须有 else，有 case，就要使用 default。

2. 过程语句有两种，分别是＿＿＿＿＿＿＿＿＿＿＿＿、＿＿＿＿＿＿＿＿＿＿＿＿。

3. Verilog 硬件描述语言底层是＿＿＿＿＿＿＿＿＿＿＿＿，而 C 语言等程序语言是＿＿＿＿＿＿＿＿＿＿＿＿的。

4. Veriog 硬件描述语言常用的变量有很多，请列举出最常用的两种变量：＿＿＿＿＿＿＿＿＿＿＿＿和＿＿＿＿＿＿＿＿＿＿＿＿。

5. 请把下列二进制数据转化为 BCD 码。

1100101 ＿＿＿＿＿＿＿＿＿＿＿＿

1101 ＿＿＿＿＿＿＿＿＿＿＿＿

1000010 ＿＿＿＿＿＿＿＿＿＿＿＿

101010 ＿＿＿＿＿＿＿＿＿＿＿＿

111000 ＿＿＿＿＿＿＿＿＿＿＿＿

1010110 ＿＿＿＿＿＿＿＿＿＿＿＿

6. 过程语句有两种，一种是 begin – end 语句，通常用来标志＿＿＿＿＿＿＿＿＿＿＿＿执行的语句；一种是 fork – join 语句，通常用来标志＿＿＿＿＿＿＿＿＿＿＿＿执行的语句。

7. 请写出组合逻辑的定义：＿＿＿＿＿＿＿＿＿＿＿＿＿＿＿＿＿＿＿＿＿＿＿＿。

8. 在 Verilog 语言中，阻塞赋值使用符号＿＿＿＿＿＿＿＿＿＿＿＿，非阻塞赋值使用符号＿＿＿＿＿＿＿＿＿＿＿＿。

9. 七段数码管根据公共端连接方式不同，可以分为＿＿＿＿＿＿＿＿＿＿＿＿和＿＿＿＿＿＿＿＿＿＿＿＿。根据显示是否需要扫描分为＿＿＿＿＿＿＿＿＿＿＿＿和＿＿＿＿＿＿＿＿＿＿＿＿。

二、判断题

1. 在 Verilog HDL 语言中，定义为 reg 变量一定被综合为寄存器。（　　）

2. Verilog HDL 语言中，在同一 always 中对时序逻辑和组合逻辑建模，可使用非阻塞赋值。（　　）

3. 通常赋值语句有两种：阻塞赋值和非阻塞赋值，他们的区别在于阻塞赋值只能在 always 块之内使用，而非阻塞赋值却可以在 always 块之外使用。（　　）

4. 组合逻辑都可以使用 assign 和 always 两种方法建模，建模最终效果没有任何区别。（　　）

5. Modelsim 是一种专用的仿真工具，可以对电路进行综合，并得到最终的 FPGA 下载文件。（　　）

6. initial 过程块只执行一次，可以用来建模真实电路，并且可以被综合出来。（　　）

7. 建模组合逻辑电路过程中，如果使用了 if 语句，就必须使用 else 语句，代码中有几个 if 就必须有几个 else。（　　）

8. 三态门电路也是一种组合逻辑电路，可以使用 FPGA 中的查找表设计出来。（　　）

9. 单纯性的组合逻辑电路在实际使用的时候确实会有毛刺产生，但是一般都不会对电

设计造成影响，配合时序电路的 D 触发器结构，毛刺不会传递，也不会影响后面电路的结果。（　　）

三、问答题

1. 阅读下面 Verilog 代码段，回答问题。

```
reg[3:0] a;
assign a = 4'b1001;
wire p,k;
reg[2:0] m;
assign k = a == 4'b0010 ? 1'b1 :1'b0;
always@ (p)
    if(k = 1'b0)
        m = 3'hA;
    else
        m = 3'b001;
```

请问：（1）按照定义 a 是多少位位宽的变量？

（2）按照定义 a 是什么类型的变量？

（3）a 的赋值语句"assign a = 5'b10010；"编译是否会错？如果错了，是哪里错了，如何改正？（提示：assign 语句和什么类型的变量搭配？）

（4）如果错误改正后，a 的真实取值是多少？

（5）k 的取值是多少？

（6）m 的取值是多少？

2. 请写出基于硬件描述语言的组合逻辑设计方法。

第4章
时序逻辑电路设计

教学导航

　　本章从数字系统设计任务入手，让读者在实践中建立同步时序电路设计思想，并进一步介绍了常用的典型时序逻辑电路 Verilog HDL 设计过程。

教	知识重点	1. 时序逻辑电路设计的基本概念； 2. 同步时序逻辑电路设计； 3. 常用的典型时序逻辑电路的 Verilog HDL 设计
	知识难点	建立同步时序逻辑电路设计思想
	推荐教学方式	从工作任务入手，进行上升沿检测电路的设计，让学生从实践中熟悉典型时序电路的Verilog HDL 设计方法，建立同步电路设计概念
	建议学时	14 学时
学	推荐学习方法	动手完成指定任务及举一反三，进一步巩固所学知识，从典型时序电路的 Verilog HDL 设计工作过程入手，逐步掌握同步时序电路设计方法
	必须掌握的 理论知识	1. 时序逻辑电路分析基础； 2. 同步时序逻辑电路设计； 3. 典型时序逻辑电路 Verilog HDL 设计方法
	必须掌握的技能	最常用同步时序逻辑电路 Verilog HDL 设计

任务 12　上升沿检测电路设计

任务分析

采用时钟检测输入信号 din 的上升沿，din 出现 0→1 的变化即为上升沿，检测电路如图4.1所示。

根据上升沿检测基本原理，要求电路产生的信号时序关系如图4.2所示。

图4.2中，din 为电路要检测的输入信号，clk 为时钟信号，din_dly，din_dly_n，din_dly2_n 为中间信号，dout 为输出信号。

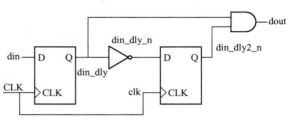

图4.1　上升沿检测电路

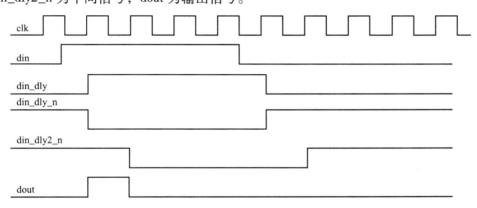

图4.2　上升沿检测电路时序

> **小提示**
>
> 在图4.1所示的电路中，当被检测信号与检测时钟同步时，可以不用第一个触发器。

任务实现

1. 新建工程

启动 Quartus Ⅱ 软件，在 "File" 下拉菜单中选择 "New Project Wizard" 命令项，新建上升沿检测项目工程，工程名字可以取 "dintest"，然后选择顶层模块的名称，名字为 "dintest"。

2. 设计输入

（1）在 "File" 下拉菜单中选择 "New" 命令项，选择设计输入类型为 "Device Design Files" 列表中的 "Verilog HDL Files" 项，单击 "OK" 按钮进入 Verilog 语言编辑画面。

（2）上升沿检测电路的 Verilog 描述代码如下：

```
//dintest. v
//Verilog 代码段 4-1
module dintest(clk,din,dout);
input    clk;
input    din;
output   dout;
reg    din_dly;                      //内部寄存器信号定义
wire   din_dly_n;                    //内部信号类型定义
reg    din_dly2_n;                   //内部寄存器信号定义
wire   dout;

always@( posedge   clk)              //时钟上升沿触发
    begin
      din_dly <= din;                //din_dly 为 din 延时一个时钟周期的信号
    end
assign   din_dly_n =~ din_dly;
always@( posedge clk)
    begin
      din_dly2_n <= din_dly_n;       //din_dly2_n 为 din_dly_n 延时一个时钟周期的信号
    end
assign   dout = din_dly & din_dly2_n;
endmodule
```

> **小知识**
>
> 　　由于代码中使用 always 过程赋值描述方法，所以触发器的输出 din_dly 和 din_dly2_n 都定义为 reg 类型，在这里被综合为触发器。但是 reg 变量并不一定都综合为触发器，如果 always 用来描述组合逻辑电路，其中定义的 reg 变量就不是被综合为触发器。
>
> 　　另外，值得注意的是，在 assign 连续赋值语句中的左侧变量类型定义为 wire。

　　（3）选择"File"菜单下的"Save"命令项，保存 Verilog 设计文件，文件名为"dintest. v"。

3. 工程编译

　　选择菜单"Processing"下的"Start Compilation"命令项，或者单击位于工具栏的编译按钮▶，完成工程的编译。

　　如果工程编译出现错误提示，则编译不成功，需根据 Message 窗口中所提供的错误信息修改电路设计，再重新进行编译，直到没有错误为止。

4. 设计仿真

　　（1）建立波形文件。选择"File"菜单下的"New"命令，在弹出的窗口中选择"Vector Waveform File"选项，新建仿真波形文件。在波形文件编辑窗口，单击"File"菜单下的"Save as"命令，将该波形文件另存为"dintest. vwf"。

　　（2）添加观察信号。在波形文件编辑窗口的左边空白处单击鼠标右键，选择"Insert"的"Insert Node or Bus"命令，在打开的窗口中单击"Node Finder"按钮，在"Node Finder"窗口

中单击"List"按钮，设计电路的引脚出现在左边的空白窗格中，选中所有引脚，单击窗口中间的≫按钮，引脚出现在右边的空白窗格中，再单击"OK"按钮回到波形编辑窗口。

（3）添加激励。通过拖曳波形，产生想要的激励输入信号。

（4）功能仿真。添加完激励信号后，保存波形文件。选择"Processing"菜单下的"Simulator Tool"命令项，在"Simulation mode"下拉列表中选择"Functional"项，再单击"Generate Functional Simulation Netlist"按钮，产生仿真需要的网表文件，然后选中"Overwrite simulation input file with simulation result"复选项，否则不能显示仿真结果，单击"Start"按钮进行仿真。

仿真完成后，单击"Open"按钮打开仿真结果，得到如图4.3所示的仿真波形，可以看出，上升沿检测电路仿真波形与设计电路所要求的时序一致，逻辑功能正确。

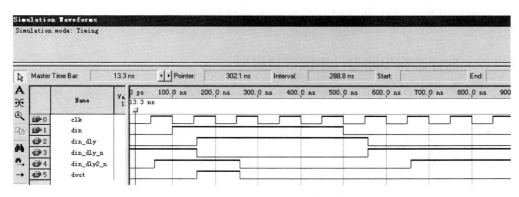

图4.3　上升沿检测电路功能仿真结果

任务小结

通过上升沿检测电路的设计，使读者更加熟悉 Quartus Ⅱ软件进行数字系统设计的步骤，并掌握该电路的逻辑功能和设计原理，初步了解时序逻辑电路的设计方法，逐步理解功能仿真波形和时序仿真波形。

自己做

按照任务12中的实现步骤，自行完成如图4.4所示对输入信号 din 下降沿检测电路时序设计、Verilog HDL 描述、功能仿真。

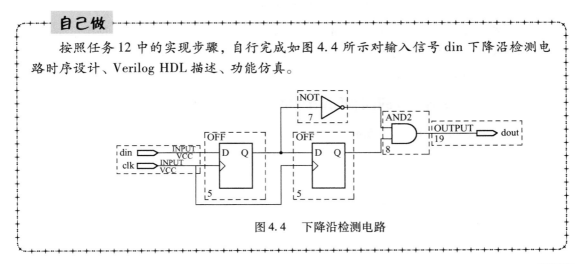

图4.4　下降沿检测电路

4.1 时序逻辑电路基本概念

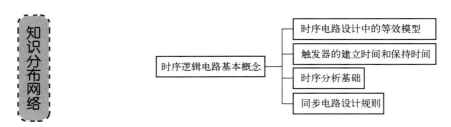

时序逻辑电路设计的难点在于时序设计，而时序设计的实质就是要满足每一个触发器的建立/保持时间要求。在设计中，要尽可能采用同步电路设计，以保证电路工作的可靠性。

4.1.1 时序逻辑电路设计中的等效模型

数字电路按照结构特点不同分为两大类：组合逻辑电路（简称组合电路）和时序逻辑电路（简称时序电路）。

组合电路是指由各种门电路组合而成的逻辑电路，输出只取决于当前输入信号的变化，与以前各时刻的输入或输出无关；组合电路没有记忆功能。例如，编/译码器、加法器等常用数字电路都属于组合电路。

时序电路是具有记忆功能的逻辑电路，记忆元件一般采用触发器。因此，时序逻辑电路由组合电路和触发器组成，其等效模型如图 4.5 所示。

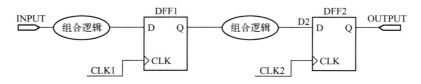

图 4.5　逻辑电路设计中的等效模型

时序电路按其状态的改变方式不同，可分为同步时序逻辑电路和异步时序逻辑电路两种，在图 4.5 中，当 CLK1 与 CLK2 为相同时钟信号时，该电路为同步电路；当 CLK1 与 CLK2 为不同时钟信号时，该电路为异步电路。

4.1.2 触发器的建立时间和保持时间

触发器的建立时间和保持时间如图 4.6 所示。

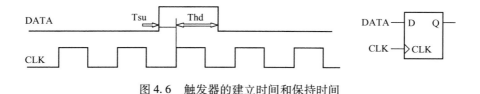

图 4.6　触发器的建立时间和保持时间

如图 4.6 所示，触发器的建立时间（Tsu）是指时钟有效沿（这里指上升沿）到来之前数据应保持稳定的时间。

触发器的保持时间（Thd）是指时钟有效沿（这里指上升沿）到来之后数据应保持稳定的时间。

小提示

在时序电路中存在时钟偏差的问题，时钟偏差是指时钟信号到达器件内部触发器与时钟端时间不一致的现象。时钟偏差的存在可能会导致触发器间存在建立 — 保持时间的问题，从而影响系统的可靠性。

4.1.3　时序分析基础

时序电路设计的难点在于对时序的设计，而时序设计的实质就是满足每个触发器的建立—保持时间的要求。

逻辑电路时序分析等效模型如图 4.7 所示。

如图 4.8 所示，假设触发器的建立时间要求为 T_setup；保持时间要求为 T_hold；路径（1）的延时为 T_1；路径（2）的延时为 T_2；路径（3）的延时为 T_3；时钟周期为 T_cycle。

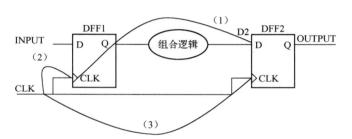

图 4.7　逻辑电路时序分析等效模型

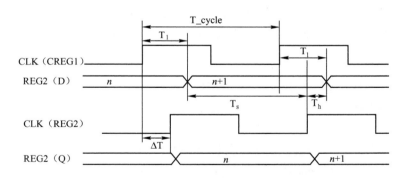

图 4.8　逻辑电路等效模型时序分析

在图 4.8 中，信号 CLK(CREG1)是指触发器 1(DFF1)的时钟端，REG2(D)是指触发器 2(DFF2)的输入端，CLK(REG2)是指触发器 2(DFF2)的时钟端，REG2(Q)是指触发器 2(DFF2)的输出端。ΔT 是指两个时钟信号 CLK(CREG1)和 CLK(REG2)相邻上升沿之间的时间差。

从图 4.8 可以看出，$T_s = (T\_cycle + \Delta T) - T_1$，$T_h = T_1 - \Delta T$，令 $\Delta T = T_3 - T_2$，则需满足以下两个条件。

条件 1：如果 $T\_setup < T_s$，这说明信号比时钟有效沿超过触发器的建立时间（T_setup）到达 REG2 的 D 端，满足建立时间要求，反之则不满足。

条件 2：如果 T_hold < T$_h$，这说明在时钟有效沿到达后，信号能维持足够长的时间，满足保持时间要求，反之则不满足。

从条件 1 和 2 可以看出，当 ΔT > 0 时，保持时间（T_hold）受影响；当 ΔT < 0 时，建立时间（T_setup）受影响。

小经验

（1）如果我们采用的是严格的同步电路设计，即设计只有一个时钟 CLK，并且来自时钟 PAD 或时钟 BUFF（全局时钟），则 ΔT 对电路的影响很小，几乎为 0；因此我们应尽可能采用同步电路进行时序设计。

（2）如果采用的是异步电路，设计中无法保证每个时钟都来自强大的驱动 BUFF（非全局时钟），则 ΔT 影响较大，有时甚至超过我们的想象。因此，要尽可能避免使用异步电路进行设计。

4.1.4 同步电路设计规则

（1）在用 Verilog HDL 进行数字逻辑设计时，只使用一个主时钟，同时只使用同一个时钟沿（上升沿或下降沿）。

（2）在 FPGA 设计中，推荐所有输入/输出信号均应通过寄存器寄存，寄存器接口当做异步接口考虑。

（3）当全部电路不能用同步电路思想设计时，即需要多个时钟来实现，则可以将全部电路分成若干局部电路（尽量以同一时钟为一个模块），局部电路之间接口当做异步接口考虑。

（4）电路中所有的寄存器、状态机在上电复位时必须有一个确定的初始态。

（5）电路的实际最高频率不应大于理论最高频率，应留有设计余地。

小经验

对于数字系统设计，时钟是关键。设计不良的时钟在极限的温度、电压或制造工艺的偏差下将导致错误的行为，而设计良好的时钟应用，则是整个数字系统长期稳定工作的基础。

对于一个设计项目来说，全局时钟（或同步时钟）是最简单和最可预测的时钟，在同步设计下，由输入引脚驱动的单个主时钟去控制设计中的每个触发器。所有的可编程逻辑器件中都有专用的全局信号引脚，它的特殊布线方式可以直接连到器件中的每个寄存器。

任务 13 带异步复位/同步置位端的 D 触发器设计

任务分析

D 触发器是最基本的时序逻辑器件。D 触发器是边沿触发存储器件，可存储两种不同的状态"0"或"1";借助输入状态的改变,可改变存储的状态。但由于系统需要同步变化,因此,通常在时钟脉冲的上升沿或下降沿才允许存储数据改变,其他时刻触发器是被"锁住"的。基本 D 触发器的输入/输出如图4.9所示。

如图4.9所示,D 触发器的 clk 为时钟输入端,rst 为异步复位端,高电平有效,set 为同步置位端,低电平有效。

基本 D 触发器的特征方程为:$Q^{n+1} = D$,其真值表如表4.1所示。

表4.1 异步复位/同步置位端 D 触发器真值表

输　　入				输　出
clk	rst	set	data	q
×	1	1	×	0
↑	0	0	×	1
↑	0	1	×	Q^n
↑	0	1	0	0
↑	0	1	1	1

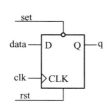

图4.9 带异步复位/同步置位端的 D 触发器

> **小提示**
>
> 由于实际硬件情况的复杂性,系统刚开始工作时并不能确保处于所需要的初始状态。这一问题在使用了异步复位信号后得到解决。当异步复位信号有效时,输出端立刻为"0",而不管时钟信号的状态;而同步置位则只有同步置位信号和时钟沿有效时,输出端才为"1"。

任务实现

1. 新建工程

启动 Quartus Ⅱ软件,在"File"下拉菜单中选择"New Project Wizard"命令项,新建项目工程,工程名字可以取"dffb",然后选择顶层模块的名称,名字为"dffb"。

2. 设计输入

(1)在"File"下拉菜单中选择"New"命令项,选择设计输入类型为"Device Design Files"列表中的"Verilog HDL Files"项,单击"OK"按钮进入 Verilog 语言编辑画面。

(2)异步复位/同步置位的 Verilog 描述代码如下:

```
//dffb. v
//Verilog 代码段 4-2
module dffb (               //模块名为 dffb
data,
clk,
rst,
set,
q
```

```
);                                          //输入/输出列表
input      clk,rst,set,data;                //输入信号
output     q;                               //输出信号
reg        q;                               //定义变量类型
always@ ( posedge clk   or   posedge  rst)  //异步复位信号必须写在信号敏感表中
  begin
    if( rst == 1'b1)
      q <= 1'b0;
    else if( set == 1'b0)                   //同步置位信号有效
      q <= 1'b1;
    else
      q <= data;
  end
endmodule
```

小经验

只有寄存器类型的信号才可以在 always 和 initial 语句中进行赋值，并通过关键字 reg 来定义。

always 语句由敏感表（always 语句括号内的变量）中的变量触发，一直重复执行。

always 语句从 0 时刻开始。

在 begin 和 end 之间的语句是顺序语句，属于串行语句。

if…else 是一个有优先级结构的语句，在这里复位信号（rst）比置位信号（set）的优先级高。

异步复位/置位 D 触发器在复位信号有效时，无论时钟信号状态如何，立即进行复位；当置位信号有效时，无论时钟状态如何，立刻进行置位，输出为高电平，而不管时钟信号的状态。

小知识

在 initial 或 always 块中的赋值语句，称为过程赋值语句，包括阻塞（Blocking）赋值，非阻塞（Non-blocking）赋值。关于阻塞和非阻塞赋值的基本含义请参考 3.4.2 节。

综合器不支持对同一个信号既使用 Non-blocking 赋值，又使用 Blocking 赋值。

（3）选择"File"菜单下的"Save"命令项，保存 Verilog 设计文件，文件名为"dffb. v"。

3. 工程编译

选择菜单"Processing"下的"Start Compilation"命令，或者单击位于工具栏的编译按钮 ▶，完成工程的编译。

如果工程编译出现错误提示，则编译不成功，需根据 Message 窗口中所提供的错误信息修改电路设计，再重新进行编译，直到没有错误为止。

4. 设计仿真

（1）建立波形文件。执行"File"菜单下的"New"命令，在弹出的窗口中选择"Vector Waveform File"命令，新建仿真波形文件。在波形文件编辑窗口，单击"File"菜单下的"Save as"命令项，将该波形文件另存为"dffb. vwf"。

（2）添加观察信号。在波形文件编辑窗口的左边空白处单击鼠标右键，选择"Insert"的"Insert Node or Bus"命令项，在打开的窗口中单击"Node Finder"按钮，在"Node Finder"窗口中单击"List"按钮，设计的 5 个引脚出现在左边的空白窗格中，选中所有引脚，单击窗口中间的 >> 按钮，5 个引脚出现在右边的空白窗格中，再单击"OK"按钮回到波形编辑窗口。

（3）添加激励。通过拖曳波形，产生想要的激励输入信号。

（4）功能仿真。添加完激励信号后，保存波形文件。选择"Processing"菜单下的"Simulator Tool"命令项，在"Simulation mode"下拉列表中选择"Functional"项，再单击"Generate Functional Simulation Netlist"按钮，产生仿真需要的网表文件，然后选中"Overwrite simulation input file with simulation result"复选项，否则不能显示仿真结果，单击"Start"按钮进行仿真。

仿真完成后，单击"Open"按钮打开仿真结果，得到如图 4.10 所示的仿真波形，可以看出，带异步复位/同步置位 D 触发器的逻辑功能正确。

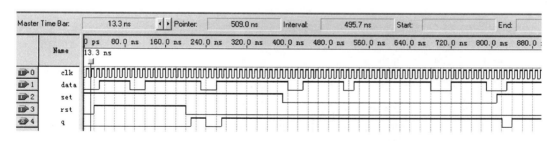

图 4.10　异步复位/同步置位 D 触发器功能仿真结果

任务小结

通过异步复位、同步置位 D 触发器的设计，使读者了解触发器的功能，以及同步与异步的区别，更加熟悉 Quartus Ⅱ软件进行数字系统设计的步骤，并掌握触发器的逻辑功能和设计原理，逐步理解功能仿真波形和时序仿真波形。

自己做

按照任务 13 中的实现步骤，自行完成同步复位／异步置位的 D 触发器电路的 Verilog HDL 设计、功能仿真和下载编程。

4.2 D 触发器及其设计方法

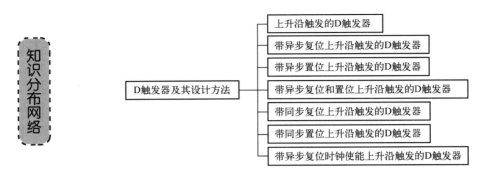

D 触发器是最基本的时序逻辑器件，可存储两种不同的状态"0"或"1"；借助输入状态的改变，可改变存储的状态。但由于系统需要同步变化，因此通常在时钟脉冲的上升沿或下降沿才允许存储数据改变，其他时刻触发器是被"锁住"的。

D 触发器在 Verilog HDL 描述中体现为对上升沿或下降沿触发，Verilog HDL 描述中，posedge 表示上升沿，negedge 表示下降沿。

1. 上升沿触发的 D 触发器

上升沿触发的基本 D 触发器输入/输出如图 4.11 所示，Verilog HDL 描述代码如下：

```
//dff. v
//Verilog 代码段4-3
module dff( data,clk,q );
input      data,clk;
output     q;
reg        q;
always@ ( posedge clk )        //时钟上升沿触发
    begin
            q <= data;
    end
endmodule
```

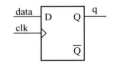

图 4.11　基本 D 触发器

小经验

学习触发器建模一定要注意触发器和锁存器的区别，触发器是时钟沿敏感的器件，而锁存器是电平敏感的器件，在任务设计中，锁存器会带来诸多问题，如额外延时、DFT 问题等，因此，在实际设计中必须尽量避免锁存器的出现。

锁存器的 Verilog HDL 描述如下：

```
//d_latch. v
//Verilog 代码段4-4
```

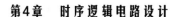
```
module d_latch(en,data,y);
input    en;           //en为使能端,高电平有效
input    data;
output   y;
reg      y;
always@(en or data)    //电平触发
  begin
    if(en==1'b1)
        y<=data;
  end
endmodule
```

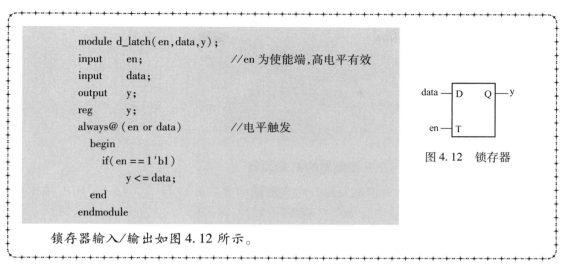

图4.12　锁存器

锁存器输入/输出如图4.12所示。

2. 带异步复位、上升沿触发的 D 触发器

带异步复位、上升沿触发的 D 触发器结构如图 4.13 所示，Verilog HDL 描述代码如下：

```
//dff_asynrst.v
//Verilog代码段4-5
module dff_asynrst(data,rst,clk,q);
input    data,rst,clk;
output   q;
reg      q;
always@(posedge clk or negedge rst)    //异步复位信号必须写在
                                        //敏感表中,rst低电平有效
  begin
    if(rst==1'b0)
        q<=1'b0;
    else
        q<=data;
  end
endmodule
```

图4.13　带异步复位
D 触发器

3. 带异步置位、上升沿触发的 D 触发器

带异步置位、上升沿触发的 D 触发器结构如图 4.14 所示，Verilog HDL 描述代码如下：

```
//dff_asynpre.v
//Verilog代码段4-6
module dff_synpre(data,set,clk,q);
input    data,set,clk;
output   q;
reg      q;
```

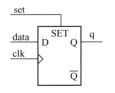

图4.14　带异步置位 D 触发器

```
always@( posedge clk or posedge set )        //异步置位信号必须写在敏感表中,set 高电平有效
    begin
            if( set == 1 'b1 )
                    q <= 1 'b1;
            else
                    q <= data;
    end
endmodule
```

4. 带异步复位和置位、上升沿触发的 D 触发器

带异步复位和置位、上升沿触发的 D 触发器结构如图 4.15 所示，Verilog HDL 描述代码如下：

```
//dff_async. v
//Verilog 代码段 4-7
module dff_async( data,rst,set,clk,q );
input        data,rst,set,clk;
output      q;
reg         q;
always@( posedge clk or negedge rst or posedge set )
    begin
            if( rst == 1 'b0 )
                    q <= 1 'b0;
            else if( set == 1 'b1 )
                    q <= 1 'b1;
            else    q <= data;
    end
endmodule
```

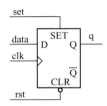

图 4.15　带异步复位、置位 D 触发器

5. 带同步复位、上升沿触发的 D 触发器

带同步复位、上升沿触发的 D 触发器结构如图 4.16 所示，Verilog HDL 描述代码如下：

```
//dff_asynrst. v
//Verilog 代码段 4-8
module dff_synrst( data,rst,clk,q );
input        data,rst,clk;
output      q;
reg         q;
always@( posedge clk )        //同步复位的复位信号不能写在
                              //信号敏感表中
    begin
            if( rst == 1 'b0 )
                    q <= 1 'b0;
            else
                    q <= data;
    end
endmodule
```

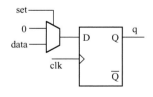

图 4.16　带同步复位 D 触发器

6. 带同步置位、上升沿触发的 D 触发器

带同步置位、上升沿触发的 D 触发器结构如图 4.17 所示，Verilog HDL 描述代码如下：

```
//dff_synpre. v
//Verilog 代码段 4-9
module dff_synpre(data,set,clk,q);
input       data,rst,clk;
output      q;
reg         q;
always@(posedge clk)
    begin
            if(set == 1'b1)
                    q <= 1'b1;
            else
                    q <= data;
    end
endmodule
```

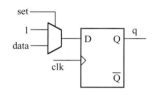

图 4.17 带同步置位 D 触发器

7. 带异步复位和时钟使能、上升沿触发的 D 触发器

带异步复位和时钟使能、上升沿触发的 D 触发器结构如图 4.18 所示，Verilog HDL 描述代码如下：

```
//dff_synpre. v
//Verilog 代码段 4-10
module dff_synpre(data,rst,en,clk,q);
input       data,rst,en,clk;
output      q;
reg         q;
always@(posedge clk or negedge rst)
    begin
            if(rst == 1'b0)
                    q <= 1'b0;
            else if(en == 1'b1)
                    q <= data;
            else;
    end
endmodule
```

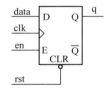

图 4.18 带异步复位、使能端
的 D 触发器

> **小提示**
>
> D 触发器是最常用的触发器，其他的时序电路都可以由 D 触发器外加部分组合逻辑电路转换而来，它除了通常用来实现最基本的逻辑延时，还被用来构建计数器、寄存器电路。

任务 14　计数器设计

任务分析

计数器是数字系统设计中最基本的功能模块之一，是对时钟脉冲的个数进行计数的时序逻辑器件，用来实现数字测量、状态控制和数据运算等。

本任务要求设计一个基本的十进制计数器，计数时钟可以用 1 Hz 的时钟信号，设计电路有两个端口，一个是时钟输入端 clk，另一个是计数输出端 cnt，该十进制计数器如图 4.19 所示。

基本十进制计数器真值表如表 4.2 所示。

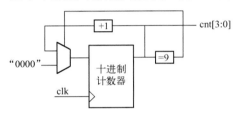

图 4.19　基本十进制计数器结构

表 4.2　基本十进制计数器真值表

输入信号 clk	输出信号 cnt
↑	cnt = cnt + 1
↑	0（cnt = 9，时钟上升沿有效时）

任务实现

1. 新建工程

启动 Quartus II 软件，在"File"下拉菜单中选择"New Project Wizard"命令项，新建基本十进制计数器项目工程，工程名可以取"cnt10"，然后选择顶层模块的名称，名字为"cnt10"。

2. 设计输入

（1）在"File"下拉菜单中选择"New"命令项，选择设计输入类型为"Device Design Files"列表中的"Verilog HDL Files"项，单击"OK"按钮进入 Verilog 语言编辑画面。

（2）基本十进制计数器的 Verilog 描述代码如下：

```verilog
//cnt10. v
//Verilog 代码段 4-11
module cnt10 (              //模块名为 cnt10
clk,
cnt
);                         //输入/输出列表
input     clk;             //输入信号
output   [3:0]   cnt;      //输出信号
reg      [3:0]   cnt;      //定义变量类型
always@ ( posedge   clk)   //功能描述
  begin
    if( cnt == 4'd9)
        cnt <= 4'b0000;
    else
        cnt <= cnt + 1'b1;
  end
endmodule
```

> **小提示**
>
> 对计数器的译码，可能由于竞争冒险产生毛刺。如果后级采用了同步电路，我们完全可以对此不予理会。如果对毛刺要求较高，推荐采用格雷码(Gray)或独热码(One-hot)编码的计数器，一般不采用二进制编码。具体实现时，我们可以用状态机来描述。

（3）选择"File"菜单下的"Save"命令项，保存 Verilog 设计文件，文件名为"cnt10. v"。

3. 工程编译

选择菜单"Processing"下的"Start Compilation"命令，或者单击位于工具栏的编译按钮 ▶，完成工程的编译。

如果工程编译出现错误提示，则编译不成功，需根据 Message 窗口中所提供的错误信息修改电路设计，再重新进行编译，直到没有错误为止。

4. 设计仿真

（1）建立波形文件。执行"File"菜单下的"New"命令，在弹出的窗口中选择"Vector Waveform File"命令，新建仿真波形文件。在波形文件编辑窗口，单击"File"菜单下的"Save as"命令项，将该波形文件另存为"cnt10. vwf"。

（2）添加观察信号。在波形文件编辑窗口的左边空白处单击鼠标右键，选择"Insert"的"Insert Node or Bus"命令项，在打开的窗口中单击"Node Finder"按钮，在"Node Finder"窗口中单击"List"按钮，设计电路的 2 个引脚出现在左边的空白窗格中，选中所有引脚，单击窗口中间的 ≫ 按钮，2 个引脚出现在右边的空白窗格中，再单击"OK"按钮回到波形编辑窗口。

（3）添加激励。通过拖曳波形，产生想要的激励输入信号。

（4）功能仿真。添加完激励信号后，保存波形文件。选择"Processing"菜单下的"Simulator Tool"命令项，在"Simulation mode"下拉列表中选择"Functional"项，再单击"Generate Functional Simulation Netlist"按钮，产生仿真需要的网表文件，然后选中"Overwrite simulation input file with simulation result"复选项，否则不能显示仿真结果，单击"Start"按钮进行仿真。

仿真完成后，单击"Open"按钮打开仿真结果，得到如图 4.20 所示的仿真波形，可以看出，基本十进制计数器的逻辑功能正确。

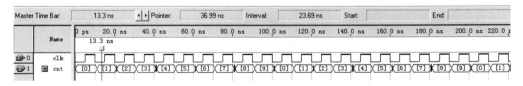

图 4.20　基本十进制计数器功能仿真结果

任务小结

通过十进制计数器的设计，使读者更加熟悉 Quartus Ⅱ软件进行数字系统设计的步骤，并掌握计数器电路的逻辑功能和设计原理，逐步理解功能仿真波形和时序仿真波形。

自己做

（1）设计一个带同步复位和计数使能的十进制计数器。

（2）74LS160 是 1 个十进制计数器，它具有计数使能、复位和预置数据功能，其真值表如表 4.3 所示。

表 4.3　74LS160 真值表

功能	输　　　　入						输　　　出	
操作	MR	CP	CEP	CET	PE	D_n	Q_n	Tc
复位	L	X	X	X	X	X	L	L
预置	H	C	X	X	L	L	L	L
预置	H	C	X	X	L	H	H	d
计数	H	C	H	H	H	X	H	d
保持	H	X	L	X	H	X	Q_n	d
保持	H	X	X	L	H	X	Q_n	L

设计要求：完成 74LS160 计数器的 Verilog HDL 设计编码以及功能仿真。

4.3　计数器及其设计方法

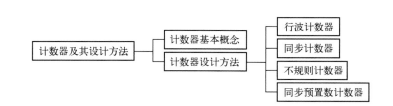

4.3.1　计数器基本概念

数字系统中经常需要对脉冲个数进行计数，以实现计数、分频、数字测量、状态控制和数据运算等。

计数器按工作原理和使用情况分为很多种类，如行波计数器、同步计数器、各种进制的计数器（如二进制计数器、十进制计数器等）。

4.3.2　计数器设计方法

1. 行波计数器

如图 4.21 所示，由 3 个触发器级联构成了一个典型的行波计数器，其功能可实现一个异步的模8（000～111）计数器。行波计数器虽然原理简单，设计方便，但级联时钟（行波时钟）是异步时钟，容易造成时钟偏差，级数多了，很可能会影响其控制触发器的建立/保持时间，使设计难度加大。

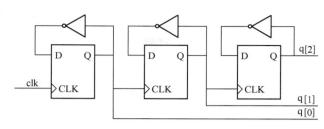

图4.21 行波计数器

行波计数器的 Verilog HDL 描述代码如下：

```
//hcnt.v
//Verilog 代码段 4-12
module hcnt(clk,q);
input      clk;
output    [2:0]q;
reg       [2:0]q;
always@( posedge clk)          //第一个触发器描述
  begin
     q[0] <=~q[0];
  end
always@( posedge q[0])          //第二个触发器描述
  begin
     q[1] <=~q[1];
  end
always@( posedge q[1])          //第三个触发器描述
  begin
     q[2] <=~q[2];
  end
endmodule
```

以上代码的功能仿真波形如图4.22所示。

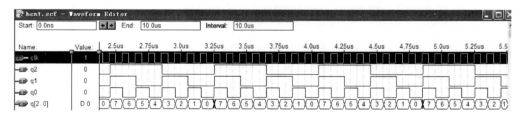

图4.22 行波计数器功能仿真波形

> **小提示**
>
> 行波计数器属于异步计数器，如果触发器级联较多，级联时钟容易造成时钟偏差，很可能影响触发器的建立/保持时间，使计数器工作不稳定，因此不推荐使用行波计数器。

2. 同步计数器

同步计数器的原理图描述比较困难，但是用 Verilog HDL 语言可以很简单地描述一个 4

位同步计数器，代码如下：

```
//cnt4.v
//Verilog 代码段 4-13
module cnt4(clk,rst,cnt);
input      clk;
input      rst;
output     [3:0]cnt;
reg        [3:0]cnt;
always@ (posedge clk)
    begin
      if(rst==1'b1)
            cnt<=4'b0000;
      else cnt<=cnt+1'b1;
    end
endmodule
```

3. 不规则计数器

不规则计数器是指进制数不是 2 的幂数的计数器。

如图 4.23 所示，该电路是 1 个 54 进制计数器，需要 54 个编码，因此采用 6 位二进制计数器。

电路采用计数到 53 后产生异步复位的方法实现清 0，因此必然产生毛刺。最严重的是，当计数器的所有位和相关位同时翻转时，电路有可能出错，例如：计数器从

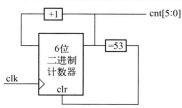

图 4.23　不规则计数器

"110011" → "110100"，由于电路延时的原因，中间会出现 "110101" 的状态，导致计数器误清 0。

上述不规则计数器的 Verilog HDL 描述代码如下：

```
//cnt53.v
//Verilog 代码段 4-14
module cnt53(clk,q,clr);
input      clr,clk;
output     [5:0]q;
reg        [5:0]q;
always@ (posedge   clk or posedge clr)
    begin
      if(clr==1'b1)
                  q<=6'b000000;
      else if(q==6'd53)
                  q<=6'b000000;
      else        q<=q+1'b1;
    end
endmodule
```

上述代码段功能仿真波形如图 4.24 所示。

如果采用同步清零规则计数器设计方法，不仅可以有效地消除毛刺，而且能避免计数器

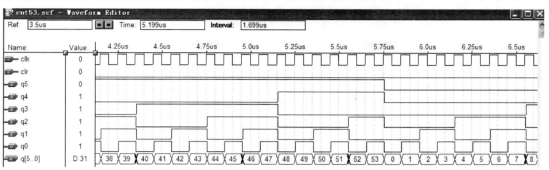

图 4.24　不规则计数器仿真波形

误清零,电路如图 4.25 所示。

请读者参考任务 14 的设计,自行完成同步清零规则计数器的设计。

4. 同步预置数计数器设计

计数器在应用时,有时不需要从 0 开始累计计数,而希望从某个数开始往前或往后计数。这时就需要有控制信号在计数开始时,控制计数器从期望的初始值开始计数,这就是可预加载初始计数值的计数器。这里设计了一个对时钟同步的可预置数 4 位计数器,该电路引脚信号列表如表 4.4 所示。

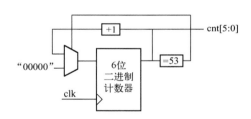

图 4.25　同步清零的规则计数器结构

表 4.4　同步可预置计数器引脚信号列表

信号名	I/O	含　义
clk	I	输入时钟信号
rst	I	复位信号
en	I	同步使能信号
load	I	加载控制信号
din	I	加载输入数据
cnt	O	计数输出

同步可预置数计数器的 Verilog HDL 描述代码如下:

```
//cnt.v
//Verilog 代码段 4-15
module cnt(clk,rst,en,load,din,cnt);
input    clk;
input    rst;
input    en;
input    load;
input    [3:0]din;
output   [3:0]cnt;
reg      [3:0]cnt;
always@ (posedge clk)
   begin
     if(rst == 1'b0)              //复位信号有效
         cnt <= 4'b0000;
     else if( en == 1'b1)begin    //计数使能信号有效
```

```
        if( load == 1'b1 )              //预置数信号有效
            cnt <= din;                 //为计数器预置计数初值
        else cnt <= cnt + 1'b1;
        end
    else;
    end
endmodule
```

以上代码功能仿真波形如图 4.26 所示。

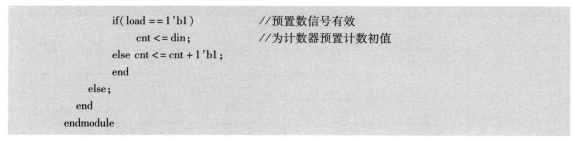

图 4.26 同步预置数计数器仿真波形

任务 15   分频器设计

任务分析

在数字电路中，经常需要对较高频率的时钟进行分频操作，得到较低频率的时钟信号。本任务设计一个 19.44 MHz 时钟分频到 8 kHz 的分频电路。首先计算出分频系数为 2 430，我们使用同步计数器最高位的方法，计数器的位数为 11 bits，设计电路如图 4.27 所示。

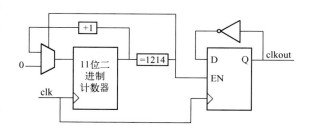

图 4.27 分频数为 2430 的电路

小经验

分频器电路的本质还是计数器，在进行分频电路设计时，首先要计算出分频系数，从而确定二进制计数器的大小（bit 数）。假设原始的时钟周期为 T，分频后的时钟周期为 t，则分频倍数的计算公式如下：

$$n = \frac{t}{T}$$

本任务中，分频系数为 2430，则最大计数到分频系数的一半（计数器从零开始计数，即 1214 = 10010111110B），因此二进制计数器的位数为 11。

任务实现

1. 新建工程

启动 Quartus Ⅱ 软件，在"File"下拉菜单中选择"New Project Wizard"命令项，新建项目工程，工程名可以取"div2430"，然后选择顶层模块的名称为"div2430"。

2. 设计输入

（1）在"File"下拉菜单中选择"New"命令项，选择设计输入类型为"Device Design Files"列表中的"Verilog HDL Files"项，单击"OK"按钮进入 Verilog 语言编辑画面。

（2）分频器的 Verilog 描述代码如下：

```verilog
//div2430. v
//Verilog 代码段 4-16
module div2430( clk,clkout) ;
input    clk;
output   clkout;
reg   clkout;
reg   [10:0]   cnt;
always@ ( posedge clk)
   begin
     if( cnt == 11'd1234)
         cnt <= 1'b0;
     else     cnt <= cnt + 1'b0;
   end
always@ ( posedge clk)
   begin
     if( cnt == 11'd1214)
         clkout <= ~ clkout;
     else;
   end
endmodule
```

> **小提示**
>
> 分频器用了两个 always 块进行描述，一个 always 块描述最大计数到 1215 的 11 位二进制计数器，另一个 always 块描述的是一个带使能端的二分频电路。其他偶数分频电路都可以用这样的思路设计。

（3）选择"File"菜单下的"Save"命令项，保存 Verilog 设计文件，文件名为"div2430. v"。

3. 工程编译

选择菜单"Processing"下的"Start Compilation"命令，或者单击位于工具栏的编译按钮 ▶，完成工程的编译。

如果工程编译出现错误提示，则编译不成功，需根据 Message 窗口中所提供的错误信息修改电路设计，再重新进行编译，直到没有错误为止。

4. 设计仿真

（1）建立波形文件。选择"File"菜单下的"New"命令项，在弹出的窗口中选择"Vector Waveform File"命令项，新建仿真波形文件。在波形文件编辑窗口，单击"File"菜单下的"Save as"命令项，将该波形文件另存为"div2430. vwf"。

（2）添加观察信号。在波形文件编辑窗口的左边空白处单击鼠标右键，选择"Insert"的"Insert Node or Bus"命令，在打开的窗口中单击"Node Finder"按钮，在"Node Finder"窗口中单击"List"按钮，设计电路的引脚出现在左边的空白窗格中，选中所有引脚，单击窗口中间的 ≫ 按钮，引脚出现在右边的空白窗格中，再单击"OK"按钮回到波形编辑窗口。

（3）添加激励。通过拖曳波形，产生想要的激励输入信号。

（4）功能仿真。添加完激励信号后，保存波形文件。选择"Processing"菜单下的"Simulator Tool"命令项，在"Simulation mode"下拉列表中选择"Functional"项，再单击"Generate Functional Simulation Netlist"按钮，产生仿真需要的网表文件，然后选中"Overwrite simulation input file with simulation result"复选项，否则不能显示仿真结果，单击"Start"按钮进行仿真。

仿真完成后，单击"Open"按钮打开仿真结果，得到如图 4.28 所示的仿真波形，可以看出，电路的逻辑功能正确。

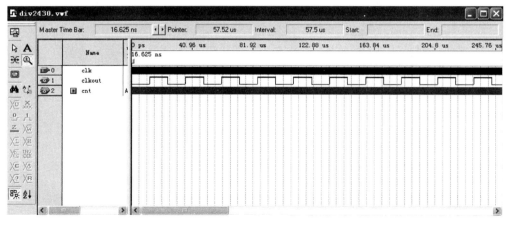

图 4.28　分频器功能仿真结果

任务小结

通过分频器的设计，使读者了解分频器的概念和应用，更加熟悉 Quartus Ⅱ软件进行数字系统设计的步骤，并掌握分频器电路的逻辑功能和设计原理，逐步理解功能仿真波形和时序仿真波形。关于分频器的具体介绍参见 4.4 节。

自己做

如果输入时钟为 25 MHz，输出时钟为 1 Hz，请设计一个分频器电路。

（1）画出分频器电路设计框图；

（2）完成 Verilog HDL 设计和电路功能仿真。

4.4 分频器及其设计方法

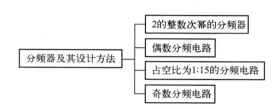

在硬件电路设计中时钟信号是最重要的信号之一，经常需要对较高频率的时钟进行分频操作，得到较低频率的时钟信号。

4.4.1 2 的整数次幂的分频器设计

2 的整数次幂的分频器是指对时钟信号 CLK 的 2 分频、4 分频、8 分频、16 分频等。这也是最简单的分频电路，只需要一个计数器即可，采用 Verilog HDL 代码描述如下：

```
//div1.v
//Verilog 代码段 4-17
module div1(clk,rst,clk2,clk4,clk8,clk16);
input rst,clk;
output        clk2,clk4,clk8,clk16;
wire          clk2,clk4,clk8,clk16;
reg   [3:0]   cnt;
always@(posedge clk or posedge rst)
    begin
      if(rst==1'b1)
              cnt<=4'b0000;
      else  cnt<=cnt+1'b1;
    end
assign        clk2=cnt[0];
assign        clk4=cnt[1];
assign        clk8=cnt[2];
assign        clk16=cnt[3];
endmodule
```

该电路的功能仿真波形如图 4.29 所示。

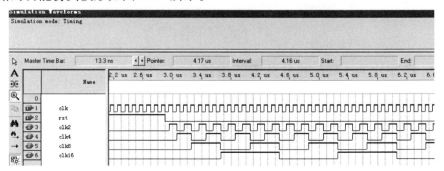

图 4.29 2、4、8、16 分频仿真波形

4.4.2 偶数分频电路设计

对于分频倍数不是 2 的整数次幂的情况，我们只需要对源代码中的计数器进行计数控制就可以了，下面用 Verilog HDL 设计一个对时钟信号进行 6 分频的分频器，代码如下：

```verilog
//div6. v
//Verilog 代码段 4-18
module div6(clk,rst,clk6);
input rst,clk;
output   clk6;
reg    clk6;
reg  [1:0]       cnt;
always@( posedge clk or posedge rst)
  begin
    if(rst == 1'b1)begin
                    cnt <= 2'b00;
                    clk6 <= 1'b0;
                    end
    else if(cnt == 2)begin
                    cnt <= 2'b00;
                    clk6 <= ~clk6;
                    end
    else
    cnt <= cnt + 1'b1;
  end
endmodule
```

该电路的功能仿真波形如图 4.30 所示。

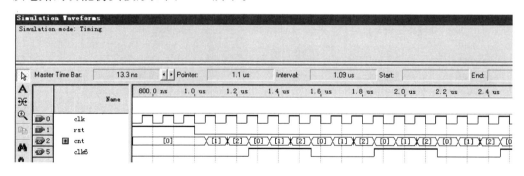

图 4.30 6 分频电路仿真波形

4.4.3 占空比为 1：16 的分频电路设计

在进行硬件电路设计时，往往要求得到一个占空比不是 1：1 的分频信号，这时，仍采用计数器控制的方法来实现。下面的源代码描述的就是这样一个分频器：将输入的时钟信号进行 16 分频，分频信号的占空比为 1：16，也就是说，高电平占整个时钟周期比。代码如下：

```
//div1_15.v
//Verilog 代码段 4-19
module div1_15(clk,rst,clk16);
input rst,clk;
output   clk16;
reg   clk16;
reg   [3:0]   cnt;
always@(posedge clk or posedge rst)
    begin
        if(rst==1'b1)
            cnt<=4'b0000;
        else cnt<=cnt+1'b1;
    end
always@(posedge clk or posedge rst)
begin
    if(rst==1'b1)
        clk16<=1'b0;
    else if(cnt==15)
        clk16<=1'b1;
    else clk16<=1'b0;
end
endmodule
```

该电路的功能仿真波形如图 4.31 所示。

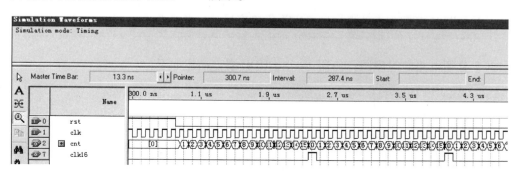

图 4.31　占空比 1:15 的分频器仿真波形

4.4.4　奇数分频电路设计

奇数分频电路处理比较特殊，以 5 分频器设计为例，其要求产生的时序关系如图 4.32
所示。

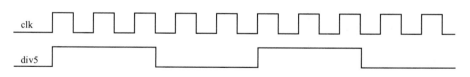

图 4.32　分频电路输入输出时序关系

很显然，该电路要用 clk 的上升沿和下降沿进行采样，对上述时序进行分解，得到如图 4.33 所示的波形。

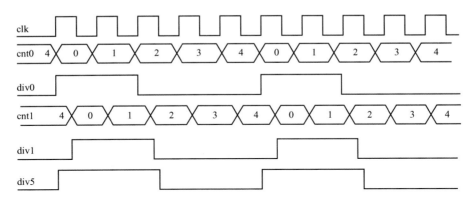

图 4.33　分频信号时序分解

图中，cnt0 计数器采用时钟 clk 上升沿计数，cnt1 采用时钟 clk 下降沿计数，div0 和 div1 分别是上升沿触发器和下降沿触发器的输出，div5 是 div0 和 div1 的或门输出。

┌─── **小经验** ────────────────────────────────┐

　在使用该电路时需要注意：

　（1）div0 和 div1 到 div5 的约束要严，越快越好。不然，无法保证 1∶1 的占空比。

　（2）clk 的频率要求较高，尽量不要出现窄脉冲，尤其是在高频电路里。

└──┘

根据 5 分频电路的时序图，使用 Verilog HDL 语言描述如下：

```
//div5.v
//Verilog 代码段 4-20
module div5(clk,div5);
input    clk;
output  div5;
wire    div5;
reg div0;
reg div1;
reg [2:0]  cnt0;
reg [2:0]  cnt1;
always@( posedge clk)
    begin
      if(cnt0 = = 3'd4)
          cnt0 <= 3'b0;
      else    cnt0 <= cnt0 + 1'b1;
    end
always@( posedge clk)
    begin
      if(cnt0 = = 3'b0 || cnt0 = = 3'd4)
```

```
                div0 <= 1'b1;
            else    div0 <= 1'b0;
        end
    always@ ( negedge clk )
        begin
            if( cnt1 == 3'd4)
                cnt1 <= 3'b0;
            else    cnt1 <= cnt1 + 1'b1;
        end
    always@ ( negedge clk )
        begin
            if( cnt1 == 4'd4 || cnt1 == 4'd0 )
                div1 <= 1'b1;
            else    div1 <= 1'b0;
        end
    assign div5 = div0 | div1;
    endmodule
```

该电路的功能仿真波形如图 4.34 所示。

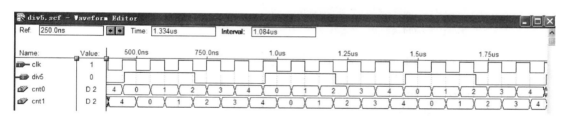

图 4.34　5 分频器仿真波形

任务 16　流水灯设计

任务分析

设计一个包含 8 个发光二极管的流水灯控制电路，要求发光二极管交替亮灭的时间间隔为 1 s。电路框图如图 4.35 所示，包含两个功能模块，一个是计数器模块，另一个是 8 位循环移位寄存器模块。系统时钟为 25 MHz，要求系统用同步电路设计，异步复位，高电平有效。

我们首先计算出计数器模块所需用到的二进制计数器的大小，由于系统时钟为 25 MHz，发光二极管交替亮灭的频率为

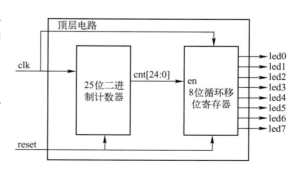

图 4.35　流水灯电路设计框图

1 Hz，因此计数器最大计数到 $25 \times 1\,024 \times 1\,024 - 1 = 26\,214\,399$（由于计数器从 0 开始计数，

因此需要减去 1），需要 25 位的二进制计数器。

计数器的输出作为 8 位循环移位寄存器的使能信号，计数模块和移位寄存器模块用得都是 25 MHz 的系统时钟，这样可实现整个系统的同步设计。

任务实现

1. 新建工程

启动 Quartus Ⅱ软件，在"File"下拉菜单中选择"New Project Wizard"命令，新建流水灯项目工程，工程名字可以取"ledstar"，然后选择顶层模块的名称为"ledstar"。

2. 设计输入

在"File"下拉菜单中选择"New"命令项，选择设计输入类型为"Device Design Files"列表中的"Verilog HDL Files"项，单击"OK"按钮进入 Verilog 语言编辑画面。

（1）计数器模块 Verilog HDL 代码描述如下：

```
//cnt25. v
//Verilog 代码段 4-21
module cnt25(clk,reset,cnt);
input    clk;
input    reset;
output  [24:0] cnt;
reg      [24:0] cnt;

always@(posedge clk or posedge reset)
  begin
    if(reset == 1'b1)
        cnt <= 25'd0;
    else if(cnt == 25'd26214399)
        cnt <= 25'd0;
    else    cnt <= cnt + 1'b1;
  end
```

（2）循环移位寄存器模块 Verilog HDL 代码描述如下：

```
//shift8. v
//Verilog 代码段 4-22
module shift8(clk,reset,cnt,led);
input    clk;
input    reset;
input    [24:0] cnt;
output  [7:0]  led;
reg      [7:0]  led;

always@(posedge clk or posedge reset)
  begin
    if(reset == 1'b1)
        led <= 8'b00000001;
    else if(cnt == 25'd26214399)begin
```

```
        led[7:1] <= led[6:0];
        led[0] <= led[7];
      end
    end
endmodule
```

（3）顶层电路 Verilog HDL 代码设计。顶层电路是计数器模块与循环移位寄存器模块的连接，顶层电路的 Verilog HDL 描述代码如下：

```
//ledstar. v
//Verilog 代码段 4-23
module ledstar( clk,reset,led) ;
input      clk;
input      reset;
output    [7:0]    led;
wire      [7:0]    led;
wire      [24:0]   cnt;

cnt25     u_cnt25(. clk(clk),
                   . reset(reset),
                   . cnt(cnt)) ;
shift8    u_shift8(. clk(clk),
                   . reset(reset),
                   . cnt(cnt),
                   . led(led)) ;

endmodule
```

小提示

在顶层电路连接时，需要对底层模块进行调用（例化）。在例化时，采用基于名字的例化（如 . led(led)）方法，而不采用基于顺序的例化方法，这样不容易出错。关于 Verilog 的模块调用参见 2.7 节。

（4）选择 "File" 菜单下的 "Save" 命令项，分别保存底层模块和顶层设计 Verilog HDL 文件。

3. 工程编译

选择菜单 "Processing" 下的 "Start Compilation"，或者单击位于工具栏的编译按钮▶，完成工程的编译。

如果工程编译出现错误提示，则编译不成功，需根据 Message 窗口中所提供的错误信息修改电路设计，再重新进行编译，直到没有错误为止。

4. 设计仿真

（1）建立波形文件。选择 "File" 菜单下的 "New" 命令，在弹出的窗口中选择 "Vector Waveform File" 命令项，新建仿真波形文件。在波形文件编辑窗口，单击 "File" 菜单下的 "Save as" 命令项，将该波形文件另存为 "shift8. vwf"。

（2）添加观察信号。在波形文件编辑窗口的左边空白处单击鼠标右键，选择 "Insert" 的

"Insert Node or Bus"命令，在打开的窗口中单击"Node Finder"按钮，在"Node Finder"窗口中单击"List"按钮，设计的引脚出现在左边的空白窗格中，选中所有引脚，单击窗口中间的≫按钮，引脚出现在右边的空白窗格中，再单击"OK"按钮回到波形编辑窗口。

（3）添加激励。通过拖曳波形，产生想要的激励输入信号。

（4）功能仿真。添加完激励信号后，保存波形文件。选择"Processing"菜单下的"Simulator Tool"命令项，在"Simulation mode"下拉列表中选择"Functional"项，再单击"Generate Functional Simulation Netlist"按钮，产生仿真需要的网表文件，然后选中"Overwrite simulation input file with simulation result"复选项，否则不能显示仿真结果，单击"Start"按钮进行仿真。

仿真完成后，单击"Open"按钮打开仿真结果，得到如图 4.36 所示的仿真波形，可以看出，流水灯控制器的逻辑功能正确。

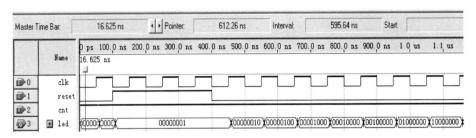

图 4.36　流水灯电路功能仿真波形

小提示

Quartus Ⅱ 对大计数器（cnt 为 25 bits 计数器）仿真非常慢，这里只对流水灯电路的移位寄存器模块进行仿真，以验证流水灯电路的正确性，由于 cnt 作为移位寄存器的使能信号，这里假定 cnt = 1。

任务小结

通过流水灯控制器的设计，使读者了解基本 8 位数据寄存器的设计，并掌握分频器设计和层次化设计方法。

自己做

将任务中的流水灯电路用异步电路进行设计，电路框图如图 4.37 所示。

设计要求：完成流水灯电路的 Verilog HDL 设计和功能仿真，在 FPGA 实验系统上进行硬件仿真，验证设计的正确性。

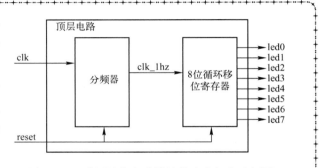

图 4.37　采用异步电路设计的流水灯电路框图

4.5 数据寄存器及其设计方法

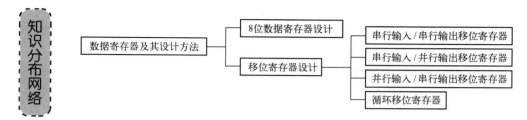

4.5.1 数据寄存器设计

在数字系统设计中，数据寄存器通常用来存放二进制数据。从硬件上看，数据寄存器就是一组可存储二进制数的触发器，每个触发器可储存1位二进制数，如8位数据寄存器用8个触发器组合即可实现。基本8位数据寄存器的输入/输出结构如图4.38所示。

基本8位数据寄存器的 Verilog HDL 描述如下：

```
//datreg. v
//Verilog 代码段 4-24
module datreg (              //模块名为 datreg
clk,
rst,
data,
q
);                           //输入/输出列表
input    clk;                //输入信号
input    rst;                //输入信号
input    [7:0]    data;
output   [7:0]    q;         //输出信号
reg      [7:0]    q;         //定义变量类型
always@ ( posedge clk)       //功能描述
    begin
    if( rst == 1'b1 )
        q <= 8'b00000000;
    else
        q <= data;
    end
endmodule
```

```
data[7:0] ─── D[7:0] Q[7:0] ─── q[7:0]

clk ──▷ CLK

rst
```

图 4.38 基本8位数据寄存器

该电路的功能仿真波形如图4.39所示。

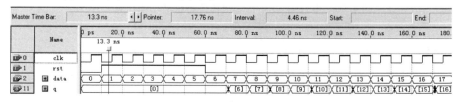

图 4.39 基本 8 位数据寄存器功能仿真波形

191

4.5.2 移位数据寄存器设计

基本数据寄存器只有寄存数据或代码的功能。有时为了处理数据，需要将寄存器中的各位数据在移位控制信号作用下，依次向高位或向低位移动 1 位。具有移位功能的寄存器称为移位寄存器。移位寄存器按数码移动方向分类，有左移、右移、可控制双向（可逆）移位寄存器；按数据输入端、输出方式分类，有串行和并行之分。

1. 串行输入/串行输出移位寄存器设计

串行输入/串行输出移位寄存器是指在移位脉冲的控制下，串行数据经过几个脉冲后，从串行输出端输出。下面给出了串行输入/串行输出移位寄存器的 Verilog HDL 代码。

```
//shift_1.v
//Verilog 代码段 4-25
module shift_1(din,clk,dout);
input din,clk;
output dout;
reg dout;
reg tmp1,tmp2,tmp3,tmp4,tmp5,tmp6,tmp7;
always@(posedge clk)
begin
  tmp1 <= din;
  tmp2 <= tmp1;
  tmp3 <= tmp2;
  tmp4 <= tmp3;
  tmp5 <= tmp4;
  tmp6 <= tmp5;
  tmp7 <= tmp6;
  dout  <= tmp7;
end
endmodule
```

该电路的功能仿真波形如图 4.40 所示。

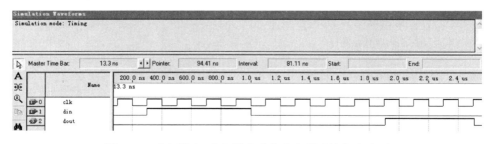

图 4.40　串行输入/串行输出移位寄存器功能仿真波形

小问答

问：上面电路的输入端串行信号经过几个时钟脉冲可以到达输出端输出？

答：8 个。

2. 串行输入/并行输出移位寄存器设计

串行输入/并行输出移位寄存器是指在移位脉冲的控制下，串行数据经过几个脉冲后，从并行输出端输出。下面给出了串行输入/并行输出移位寄存器的 Verilog HDL 代码。

```verilog
//shift_2.v
//Verilog 代码段 4-26
module shift_2(din,clk,clr,q);
input din,clk,clr;
output [3:0] q;
reg [3:0] q;
always@(posedge clk or negedge clr)
    begin
        if(clr==1'b0)
            q<=4'b0000;
        else begin
            q<={q[2:0],din};
            end
    end
endmodule
```

该电路的功能仿真波形如图4.41所示。

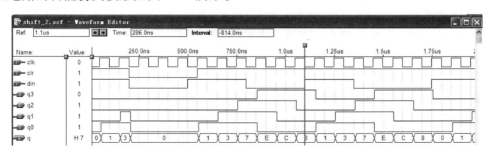

图4.41　串行输入/并行输出移位寄存器仿真波形

3. 并行输入/串行输出移位寄存器设计

并行输入/串行输出移位寄存器是指在移位脉冲的控制下，并行数据经过几个脉冲后，从串行输出端输出。下面给出了并行输入/串行输出移位寄存器的 Verilog HDL 代码。

```verilog
//shift_3.v
//Verilog 代码段 4-27
module     shift_3(din,clk,load,clr,dout);
input      clk,clr,load;
input      [3:0]   din;
output     dout;
reg        [3:0]   tmp_reg;
wire       dout;
always@(posedge clk or negedge clr)
begin
  if(clr==1'b0)
      tmp_reg<=4'b0000;
```

```
        else if( load == 1 'b1 )
            tmp_reg <= din;
        else begin
            tmp_reg <= temp_reg << 1;
            end
    end
    assign dout = tmp_reg[ 3 ];
    endmodule
```

该电路的功能仿真波形如图 4.42 所示。

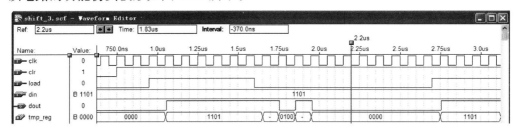

图 4.42 并行输入/串行输出移位寄存器功能仿真波形

小提示

移位寄存器是一种最常用的数据寄存器，可以使寄存器中的各位数据从低位向高位（或相反方向）依次移动。移位寄存器可以实现串并变换或并串变换。

---

4. 循环移位寄存器设计

循环移位寄存器是指在移位过程中，移出的一位数据从构成循环移位寄存器的一端输出，同时又从另一端输入该移位寄存器。下面给出了循环移位寄存器的 Verilog HDL 代码。

```
//shift_4. v
//Verilog 代码段 4-28
module shift_4( clk, rst, din, dout );
input clk, rst;
input   [3:0]   din;
output  [3:0]   dout;
reg     [3:0]   dout;

always @ ( posedge clk or posedge rst)
    begin
        if( rst == 1 'b1 )
            dout <= din;
        else begin
            dout[3:1] <= dout[2:0];
            dout[0] <= dout[3];
            end
    end
endmodule
```

该电路的功能仿真波形如图 4.43 所示。

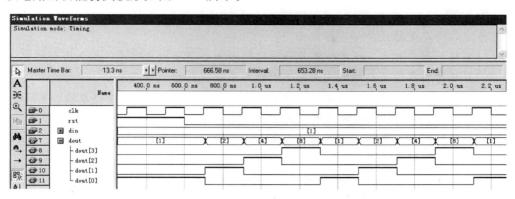

图 4.43　循环移位寄存器功能仿真波形

任务 17　采用状态机实现序列检测器设计

任务分析

序列检测器有固定的检测码，接收一位 din 串行随机信号，在时钟 clk 控制下，识别接收的数据与检测码是否相同，相同时输出 dout = 1，不同时输出 dout = 0。序列检测器的电路框图如图 4.44 所示。

这里我们设计一个 "11" 序列检测器，检测码是 "11"，即在输入的串行数据流中检测 "11" 序列，如果在连续的两个时钟周期内输入为 "1"，就在下一个时钟周期输出 "1"，输入/输出波形如图 4.45 所示 0。

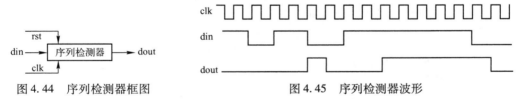

图 4.44　序列检测器框图　　　　图 4.45　序列检测器波形

假定电路中有两个稳定状态 S0 和 S1，状态 S0 表示前一个时钟周期的数据为 "0"，状态 S1 表示前一个时钟周期的数据为 "1"，状态转换图如图 4.46 所示。状态转换表如表 4.5 所示。

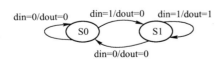

图 4.46　"11" 序列检测器状态转换图

表 4.5　"11" 序列检测器状态转换表

输入 din	现态	次态	输出 dout
0	S0	S0	0
0	S1	S0	0
1	S0	S1	0
1	S1	S1	1

> **小资料**
>
> 传统的时序电路设计一般步骤如下：
>
> （1）分析题目要求，确定所要设计线路的输入变量及输出信号，并画出电路框图。
>
> （2）确定所要设计线路的内部状态，建立原始状态图或状态表。
>
> （3）对所确定的状态进行二进制编码，称为状态编码。不同的编码方法，得到的电路图就不相同，优化的编码方法可以简化设计电路，提高设计效率。
>
> （4）将编码代入原始状态图或状态表，确定输出函数和控制函数。
>
> （5）画出逻辑电路图。
>
> 这里，第（4）步和第（5）步采用 Verilog HDL 现代数字系统系统设计方法实现。在 Verilog HDL 设计中，寄存器传输级（RTL）描述是以时序逻辑抽象所得到的有限状态机为依据的，所以，把一个时序逻辑抽象成一个同步有限状态机是设计可综合风格的 Verilog HDL 模块的关键。

任务实现

1. 新建工程

启动 Quartus II 软件，选择菜单命令 "File" → "New Project Wizard"，新建工程 "seridec1"。

2. 设计输入

（1）选择 "File" 菜单的 "New" 命令，选择设计输入类型为 "Verilog HDL"，进入文本编辑界面，完成 Verilog HDL 设计输入。"11" 序列检测器的 Verilog HDL 描述代码如下：

```verilog
//seridec1. v
//Verilog 代码段 4-29
module    seridec1（clk,rst,din,dout）;
input     clk,rst;
input     din;
output    dout;
reg       dout;
reg c_state,n_state;                //状态机现态和次态定义
parameter S0 = 1'b0,                //状态机状态参数定义,S0 与 S1 态
          S1 = 1'b1;
//状态机当前状态时序逻辑描述
always@（posedge clk or posedge rst）
    begin
      if(rst == 1'b1)
          c_state <= S0;
      else
          c_state <= n_state;
    end
//状态机状态转换组合逻辑描述
always@（c_state or din）
    begin
      case（c_state）
      S0:begin
```

```
                if ( din == 1'b1 )
                    n_state = S1 ;
                else
                    n_state = S0 ;
            end
        S1 : begin
            if( din == 1'b0 )
                    n_state = S0 ;
            else
                    n_state = S1 ;
            end
        endcase
    end
//状态机寄存器输出逻辑描述
always@ ( posedge clk or posedge rst )
    begin
    if( rst == 1'b1 )
            dout <= 1'b0 ;
    else if( c_state == S1&&din == 1'b1 )
            dout <= 1'b1 ;
    else dout <= 1'b0 ;
    end
endmodule
```

小知识

上面给出的 Verilog HDL 描述代码是采用有限状态机实现的"11"序列检测器。

对于状态机设计，由于可能存在一些状态对于系统而言是"非法的"（或称"无关"的），所以除了在状态机设计时要充分考虑各种可能出现的状态以及一旦进入"非法"状态后，可以强迫状态机在下一个时钟周期内进入"合法"状态外，一定要保证系统初始化时，状态机就处于"合法"的初始状态，最好的方法就是在设计状态机时保证有一全局复位信号，在系统开始工作前,强迫状态机进入确定的"合法"状态。

（2）选择"File"菜单下的"Save"命令项，保存 Verilog HDL 文件，文件名为"seridec. v"，选中"Add file to current project"复选项，该 Verilog HDL 文件自动添加到当前工程中。

3. 工程编译

选择菜单"Processing"下的"Start Compilation"命令项，或者单击位于工具栏的编译按钮▶，完成工程的编译。

如果工程编译出现错误提示，则编译不成功，需根据 Message 窗口中所提供的错误信息修改电路设计，再重新进行编译，直到没有错误为止。

4. 设计仿真

（1）建立波形文件。执行"File"菜单下的"New"命令，在弹出的窗口中选择"Vector Waveform File"命令项，新建仿真波形文件。在波形文件编辑窗口，单击"File"菜单下的"Save as"按钮，将该波形文件另存为"seridec. vwf"。

（2）添加观察信号。在波形文件编辑窗口的左边空白处单击鼠标右键，选择"Insert"的"Insert Node or Bus"命令，在打开的窗口中单击"Node Finder"按钮，在"Node Finder"窗口中单击"List"按钮，设计的引脚出现在左边的空白窗格中，选中所有引脚，单击窗口中间的 >> 按钮，引脚出现在右边的空白窗格中，再单击"OK"按钮回到波形编辑窗口。

（3）添加激励。通过拖曳波形，产生想要的激励输入信号。

（4）功能仿真。添加完激励信号后，保存波形文件。选择"Processing"菜单下的"Simulator Tool"命令项，在"Simulation mode"下拉列表中选择"Functional"项，再单击"Generate Functional Simulation Netlist"按钮，产生仿真需要的网表文件，然后选中"Overwrite simulation input file with simulation result"复选项，否则不能显示仿真结果，单击"Start"按钮进行仿真。

仿真完成后，单击"Open"按钮打开仿真结果，如图 4.47 所示，"11"序列检测器的输入/输出逻辑功能正确。

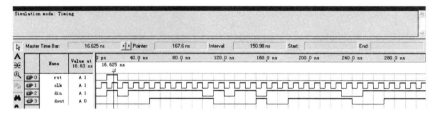

图 4.47　"11"序列检测器功能仿真波形

小问答

问：该仿真波形输出信号为什么不带毛刺？

答：因为采用状态机设计，用时钟同步输出信号。

任务小结

采用 Mealy 状态机实现了"11"序列检测器电路设计。Mealy 状态机的特点是其输出不仅取决于当前状态，还取决于输入。而有些时序逻辑电路的输出只取决于当前状态，与输入无关，称为 Moore 状态机。具体介绍参见 4.5 节。

小扩展

如图 4.48 所示，给出了"11"序列检测器的另外一种状态转换图，请参照上面代码，按照图 4.48 写出 Verilog HDL 代码，并进行仿真、下载和验证。

如图 4.48 所示，电路需要三个状态，设为 S0、S1 和 S2 状态。状态 S0 表示已经检测到零个"1"，状态 S1 表示已经检测到 1 个"1"，状态 S2 表示已经检测到 2 个以上的"1"。参考代码如下：

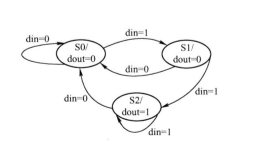

图 4.48　序列检测器 Moore 状态机转换图

```
//seridec2. v
//Verilog 代码段 4-30
module seridec2 (clk,rst,din,dout);
input     clk,rst;
input     din;
output    dout;
reg       dout;
reg       [1:0]    c_state,n_state;      //状态机现态和次态定义
parameter S0 = 2'b00,                    //状态参数定义
          S1 = 2'b01,
          S2 = 2'b10;
//状态机当前状态时序逻辑描述
always@ (posedge clk or posedge rst)
    begin
      if(rst == 1'b1)
        c_state <= S0;
      else
        c_state <= n_state;
    end
//状态机状态转换组合逻辑描述
always@ (c_state or din)
    begin
        case (c_state)
        S0:begin
            if (din == 1'b1)
                n_state = S1;
            else
                n_state = S0;
            end
        S1:begin
            if(din == 1'b0)
                n_state = S0;
            else
                n_state = S2;
            end
        S2:begin
            if(din == 1'b1)
                n_state = S2;
            else
                n_state = S0;
            end
        default: n_state = S0;
        endcase
    end
//状态机寄存器输出逻辑描述
always@ (posedge clk or posedge rst)
```

```
        begin
          if( rst == 1'b1 )
              dout <= 1'b0;
          else if( c_state == S2 )
              dout <= 1'b1;
          else dout <= 1'b0;
        end
    endmodule
```

该电路的功能仿真波形如图 4.49 所示。

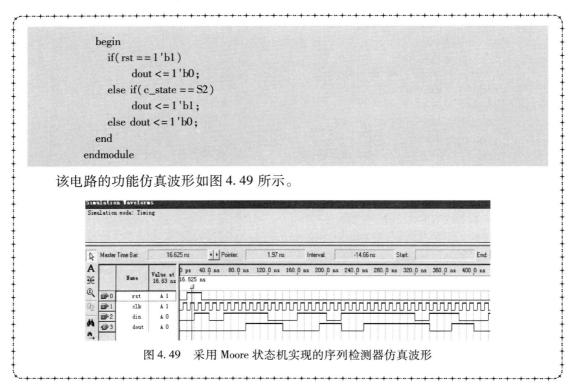

图 4.49　采用 Moore 状态机实现的序列检测器仿真波形

4.6　状态机及其设计方法

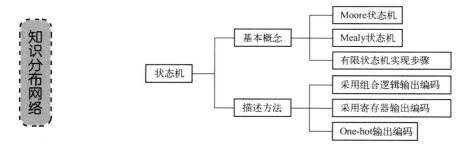

4.6.1　状态机的基本概念

有限状态机（Finite State Machine，FSM）是一种常见的电路，由时序电路和组合电路组成，状态机基本结构如图 4.50 所示。

如图 4.50 所示，状态转换（也称为次态）组合逻辑和组合逻辑输出都是组合电路；当前状态（也称为现态）寄存器逻辑是时序逻辑，由一组触发器

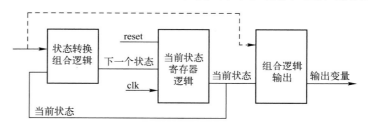

图 4.50　状态机基本结构

组成，用来记忆状态机当前所处的状态。

如果状态寄存器由 n 个触发器组成，这个状态机最多记忆 2^n 个状态。所有触发器的时钟端都连接在一个共同的时钟信号 clk 上，所以状态的改变只可能发生在时钟 clk 的跳变沿时刻。除了时钟信号 clk 外，状态寄存器的状态是否改变、怎样改变还将取决于产生下一状态的状态转换组合逻辑的输出，该输出是当前状态和输入信号的函数。

状态机的输出由输出组合逻辑提供，输出组合逻辑的输入有两种情况：一是图 4.50 中虚线不起作用，只由当前状态寄存器逻辑输出控制，此时的状态机称为 Moore 状态机；二是图 4.50 中虚线起作用，输出逻辑是当前状态寄存器逻辑输出和输入信号的函数，此时的状态机称为 Mealy 状态机。

1. Moore 状态机

Moore 状态机的输出只和当前状态有关。在时钟脉冲的有限个门延时后，输出达到稳定。输出会在一个完整的时钟周期内保持稳定值，即使在该时钟内输入信号已发生变化，输出信号也不会发生变化。输入对输出的影响要到下一个时钟周期才能反映出来。把输入和输出分开是 Moore 状态机的重要特征。

2. Mealy 状态机

Mealy 状态机的输出不仅和当前状态有关，而且跟各输入信号有关。由于输出直接受输入影响，而输入可以在时钟周期的任一时刻变化，这就使得输出状态比 Moore 状态机的输出状态提前一个周期到达。输入信号的噪声可能会出现在输出信号上。

3. 用 Verilog HDL 实现有限状态机的一般步骤

1）选择 Mealy 状态机或 Moore 状态机

对同一电路，使用 Moore 状态机设计可能会比使用 Mealy 状态机多出一些状态。根据电路的特征和具体情况，确定使用哪一种。在前面的任务中，我们使用 Mealy 状态机完成了电路设计，在"小扩展"环节给出了使用 Moore 状态机的电路设计任务。

2）构造状态转换图

确定好使用哪一种状态机，接下来就要根据设计任务构造状态转换图。目前还没有一个成熟的系统化状态图构造算法，所以，对于同一个电路设计任务，可以构造出不同的状态转换图。在前面的任务中，图 4.46 和图 4.48 都是"11"序列检测器电路的状态转换图。

> **小提示**
>
> 在构造电路的状态转换图时，使用互补原则可以帮助我们检查设计过程中是否出现了错误。互补原则是指离开状态图节点的所有支路的条件必须是互补的。同一节点的任何 2 个或多个支路的条件不能同时为真，同时为真是设计所不允许的。

3）把状态转换图用 Verilog HDL 建模

在检查无冗余状态和错误条件后，就可以开始用 Verilog HDL 来设计有限状态机电路。在 Verilog HDL 中可以用许多种方法来描述有限状态机，下一小节中将给出状态机的几种描述方法。

> **小经验**
>
> Mealy 状态机和 Moore 状态机的不同之处：首先，Mealy 状态机的输出直接受到输入的影响，所以输入变化可能出现在时钟周期内的任何时刻；Moore 状态机的输出只决定于当前状态，所以输出除了可能在时钟的上升沿后的几个门延迟时间内输出不稳定外，在一个时钟周期内是稳定的。当然如果 Mealy 状态机的输出采用了寄存器锁存输出，则其输出在一个周期内也是稳定的。其次，实现相同的功能，Moore 状态机比 Mealy 状态机需要更多的状态个数。
>
> 通常，给定一个电路设计要求，可能适合 Moore 状态机描述，或者适合 Mealy 状态机描述，也可能两个状态机均很适合。电路设计者要自行决定采用哪种状态机。

4.6.2　状态机的几种描述方法

1. 组合逻辑输出编码的状态机设计

一个典型的有限状态机的状态转换图如图 4.51 所示。该状态机可定义为 4 个状态：IDLE 状态、READ 状态、DLY 状态、DONE 状态。

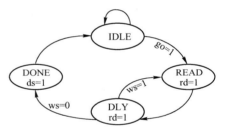

图 4.51　状态转换图

具体实现方法是：现态与输入信号经组合逻辑得到次态，在时钟的上升沿到来时，状态寄存器将次态锁存得到现态，现态经过组合逻辑译码得到输出信号。由于输出必须由现态的状态位经过译码得到，这就需要在现态与输出之间增加一级组合译码逻辑，从而增大了从状态位到器件输出引脚的传输延时。该状态机主要的 Verilog HDL 代码如下：

```
//fsm1. v
//Verilog 代码段 4-31
module fsm1（clk,reset,go,ws,ds,rd）;
input    clk,reset;
input    go,ws;
output   rd,ds;
wire     rd,ds;
reg    [1:0]   c_state;            //状态机现态定义
reg    [1:0]   n_state;            //状态机次态定义
parameter   [1:0]   IDLE = 2'b00,  //状态参数定义
            READ = 2'b01,
            DLY = 2'b10,
            DONE = 2'b11;
//组合逻辑输出
assign   rd = (c_state == READ || c_state == DLY);
assign   ds = (c_state == DONE);
```

```
//状态机当前状态时序逻辑描述
always @ ( posedge clk )
    begin
        if( reset == 1'b1 )
              c_state <= IDLE;
        else
              c_state <= n_state;
    end
//状态机状态转换组合逻辑描述
always @ ( c_state or go or ws )
    begin
        n_state = IDLE;
        case ( c_state )
            IDLE : begin
                if( go == 1'b1 )
                      n_state = READ;
                else
                      n_state = IDLE;
                end
            READ : begin
                n_state = DLY;
                end
            DLY : begin
                if( ws == 1'b1 )
                      n_state = READ;
                else
                      n_state = DONE;
                end
            DONE : begin
                n_state = IDLE;
                end
        endcase
    end
endmodule
```

这是一个两段式有限状态机 FSM 描述,第一个 always 块用于产生连续的状态机寄存器,第二个 always 块用于产生组合的下一状态逻辑,assign 赋值语句用于产生组合逻辑输出。状态机输出 rd 和 ds 均由 state 经组合译码得到。

小提示

上述设计有两个缺点:一是组合输出会在两个状态之间形成毛刺,对状态的变化形成干扰;二是由于组合逻辑输出的时延,本来被状态机输出驱动的逻辑块的时钟将会更晚一步到达。

2. 寄存器输出编码的状态机设计

针对上述状态机设计存在的问题,这里采用一种三个 always 块状态机的设计,它的实现

方法是在所有输出模块均插入寄存器，可以在锁存状态位之前，先进行输出的组合逻辑译码并锁存到专用寄存器中，时钟上升沿到来时，专用寄存器直接输出 ds 和 rd 而没有组合逻辑引入的延时。

这种设计方法有两个特点：产生和寄存"下一个输出"对状态变量进行编码，以便使得每一个输出都是寄存器状态变量的一种编码。

这种设计方法综合出来的电路总体上由两个时序逻辑块和一个组合逻辑块构成，电路结构如图 4.52 所示。

这里还是以图 4.51 所描述的状态机为例，其主要的 Verilog HDL 代码如下：

```
//fsm2.v
//Verilog 代码段 4-32
module fsm2（clk,reset,go,ws,ds,rd）;
        ⋮
//状态机当前状态时序逻辑描述
always @（posedge clk）
    begin
      if（reset == 1'b1）
            c_state <= IDLE;
      else
            c_state <= n_state;
    end
//状态机状态转换组合逻辑描述,同 fsm1,这里不再
//重复描述
always @（c_state or go or ws）
    begin
            ⋮
    end
//时序逻辑输出
always @（posedge clk）
if（reset == 1'b1）
      begin
        ds <= 1'b0;
        rd <= 1'b0;
      end
else begin
      ds <= 1'b0;
      rd <= 1'b0;
      case（c_state）
              IDLE:if（go == 1'b1）rd <= 1'b1;
              READ:rd <= 1'b1;
              DLY:if（ws == 1'b1）rd <= 1'b1;
                    else ds <= 1'b1;
      endcase
      end
endmodule
```

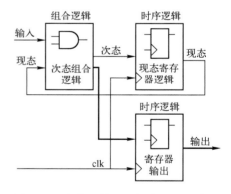

图 4.52　寄存器输出的状态机电路结构

　　与第一种设计方法相比，在此程序中用到了三个 always 块，将第一种设计方法中的 assign 连续赋值语句使用第三个 always 块来代替，这个描述时序电路的 always 块起到了"寄存下一个输出"的作用，因而消除了输出信号的毛刺。并且这种设计方法对于电路综合非常有利，它有效地遏制了由于组合逻辑的恶劣延时而给电路带来的时延问题。

　　采用这种设计方法多用了两个寄存器，使综合电路面积增大，同时要求在做逻辑分析时要格外小心，因为这种设计的"下一个输出"由当前状态和输入信号共同决定。

3. One-hot 输出编码的状态机设计

　　寄存器输出的编码方式对改善电路时序，减小约束工作烦杂度都有很好的效果。但是在高速电路设计中，要保证状态机尽快地产生输出，就要对状态进行编码，这样就可以把状态变量本身用做输出。我们可以通过 One-hot 编码输出成为状态机状态编码的一部分，来优化状态机的设计。One-hot 编码状态机电路结构如图 4.53 所示。

　　（1）状态机的输入并不影响状态机的编码，它仅由状态数和输出信号数目决定。明确状态机

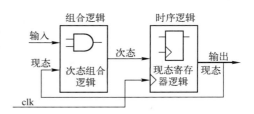

图 4.53　One-hot 编码状态机电路结构

的状态 states(y)和输出信号数量（x），并作一个 y + 1 行、x + 1 列的 z 状态表，之后如果发现表格中有多个输出向量是相同的，如果没有重复的向量就用表格中所有的向量作为状态的编码，如果编码是唯一的，那么每个状态位不仅代表了状态码，而且还表明了所写的状态机的输出。

　　（2）假如有两个输出向量相同，那么就添加一个状态位来产生唯一的状态编码，如果有 3、4 个输出向量相同，则需要添加两个状态位来生成唯一状态编码，如图 4.54 所示。

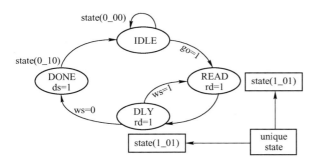

state	x0	ds	rd
IDLE	0	0	0
READ	0	0	1
DLY	1	0	1
DONE	0	1	0

图 4.54　One-hot 编码状态转换图

　　因为有两个输出是相同的，所以另外添加一列来作为额外需要的状态位"x0"，如果需要添加两个或三个，则分别表示"x1"、"x2"等。多增加的列除了循环冗余的行均添"0"，如图 4.54 所示。既然输出已经和状态的编码合在一起，assign 赋值语句可以用于对输出的赋值，其主要 Verilog HDL 设计代码如下：

```
//fsm3. v
//Verilog 代码段 4-33
module fsm3 ( clk, reset, go, ws, ds, rd);
reg    [2:0]    c_state;              //状态机现态定义
```

```
reg     [2:0]     n_state;              //状态机次态定义
parameter  [2:0]  S0 = 3'b0_00,         //状态机状态参数定义
                  S1 = 3'b0_01,
                  S2 = 3'b1_01,
                  S3 = 3'b0_10;
//状态机当前状态时序逻辑描述
always @ ( posedge clk )
  begin
    if( reset == 1'b1 )
        c_state <= IDLE;
    else
        c_state <= n_state;
  end
//状态机状态转换组合逻辑描述,同 fsm1,这里不再重复描述
always @ ( c_state or go or ws )
  begin
     ⋮
  end
//状态机输出为当前状态直接组合输出
assign {ds,rd} = c_state[1:0];
endmodule
```

与第二种设计方法综合出的电路相比较，将输出逻辑通过 One-hot 编码的方式和当前状态寄存器融合在一起。输出信号未经过额外的逻辑对现态进行译码，而是直接来自状态寄存器，因而输出信号不会产生毛刺，同时减少了直接输出的逻辑，使电路综合面积更小。

> **小提示**
>
> 组合逻辑输出的状态机设计方法时延最长，速度最慢，同时输出信号容易产生毛刺，因而只能应用在速度不高的场合。后两种设计方法都消除了由于组合逻辑输出带来的毛刺，在相同的条件下具有相同的时延，但 One-hot 编码输出的状态机状态位直接驱动寄存器输出，电路综合面积更小，是一种更高效的状态机设计方法。

知识梳理与总结

本章从数字系统设计任务入手，列举了常用的典型时序电路的 Verilog HDL 设计，在实践中建立同步电路的设计思想。

本章重点内容如下：

（1）同步电路设计的思想；

（2）D 触发器及其设计方法；

（3）计数器及其设计方法；

（4）分频器及其设计方法；

（5）数据寄存器及其设计方法；

（6）状态机设计方法。

习题4

一、填空题

1. 时序逻辑电路可分为_____和_____。
2. 在使用 Verilog HDL 对触发器建模时，应使用_____。
3. 对于一个设计项目来说，_____是最简单和最可预测的时钟。
4. 有限状态机根据输出变量是否与输入变量有关，可分为_____和_____两种基本类型。
5. 数字系统中的控制单元通常用传统的_____或时钟模式时序电路来建模。
6. _____型状态机输出是当前状态和所有输入信号的函数，_____型状态机输出仅仅是当前状态的函数。
7. 在状态机设计时，要改变当前的状态，必须改变状态变量的值，状态变量值的改变要与_____同步。
8. FSM 缩写的中文意思是_____，英文全称是_____。

二、简答题

1. 简要说明同步电路的设计规则。
2. 简要说明同步复位和异步复位的区别。
3. 简要说明触发器和锁存器的异同。
4. 简要说明可编程逻辑器件为什么选用 D 触发器来实现，而不选用 RS 触发器。
5. 请说明 Mealy 型和 Moore 型状态机的不同之处。
6. Mealy 型或 Moore 型状态机的输出是否能确保没有"毛刺"？如何确保状态机的输出没有"毛刺"？
7. 简述用 Verilog HDL 实现状态机设计的一般步骤。
8. 简述有限状态机设计的几种方法，至少说出两种设计方法，并比较其优劣。

三、应用题

1. 上升沿和下降沿检测电路设计。设计一个对输入信号 din 的上升沿（0→1）与下降沿（1→0）检测电路。
   （1）画出电路原理图；
   （2）完成 Verilog HDL 设计；
   （3）完成电路功能仿真。
2. 同步清零的可逆4位二进制计数器设计。用 Verilog HDL 设计一个同步清零的可逆计数器，可通过方向控制端控制计数器递增计数或递减计数，并进行功能仿真。
3. 用一个六进制计数器和一个十进制计数器构建一个六十进制计数器，要求用同步电路实现。
   （1）画出原理图；
   （2）用 Verilog HDL 进行描述；
   （3）完成电路功能仿真。

4. 请用 Verilog HDL 完成如图 4.55 所示电路的设计，并进行功能仿真。

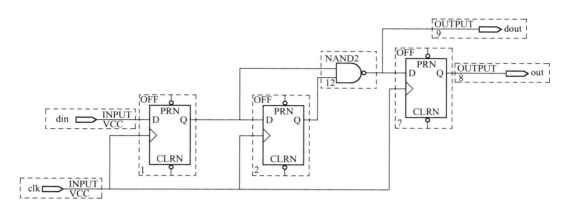

图 4.55　电路图

5. 分频电路设计，输入/输出信号如表 4.6 所示。假设输入时钟是 50 MHz，要得到一个 8 kHz 的时钟，应对 50 MHz 输入时钟进行多少次分频，要求系统异步复位，请用 Verilog HDL 设计该电路，并进行功能仿真。

表 4.6　分频电路输入/输出信号表

信号名称	信号类型	说　明
clk50m	I	50 MHz 输入时钟
reset	I	系统复位信号，高电平有效
clk8k	O	8 kHz 输出时钟

6. 已知图 4.56 所示的状态图和状态机框图如图 4.57 所示，将其实现为 Mealy 型状态机，并要求状态机输出信号没有"毛刺"，当复位信号 rst 为高电平时，状态机应回到初始状态 S0，请用 Verilog HDL 完成 Mealy 状态机设计编码。

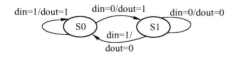

图 4.56　Mealy 状态机状态转换图

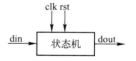

图 4.57　状态机框图

7. 将图 4.58 所示的状态机实现为 Moore 状态机，并要求状态机输出信号没有"毛刺"，当复位信号 rst 为高电平时，状态机应回到初始状态 S0，请用 Verilog HDL 完成 Moore 状态机设计编码。

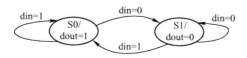

图 4.58　Moore 状态机状态转换图

第5章

数字系统的验证

教学导航

　　基于语言建立的数字系统电路模型必须经过验证,以确保其功能符合设计规范的要求。常用的数字系统验证方法有两种:逻辑仿真和形式验证。逻辑仿真是通过把激励波形加到电路上,然后监视其仿真特性,以确定电路的逻辑功能是否正确。本章将讨论数字系统的逻辑仿真验证方法。

教	知识重点	1. 数字系统验证的基本概念; 2. 数字系统模型的逻辑仿真; 3. Modelsim 仿真工具的使用; 4. Testbench 设计
	知识难点	Testbench 设计
	推荐教学方式	从工作任务入手,通过数字跑表模块的设计与验证,让学生在实践中掌握数字系统设计和验证的流程
	建议学时	6 学时
学	推荐学习方法	动手完成指定任务并举一反三,进一步巩固所学知识,熟练掌握 Modelsim 仿真工具的使用。学生可以在熟悉 Testbench 结构的基础上,掌握 Testbench 测试代码设计,掌握常用测试激励的 Verilog HDL 设计方法,对于难以理解的 Testbench 语言结构,不用死记硬背
	必须掌握的 理论知识	1. 数字系统验证的基本概念; 2. 电路功能仿真; 3. Testbench 结构及设计方法
	必须掌握的技能	Modelsim 仿真工具的使用

任务 18　跑表的设计及验证

任务分析

设计一个具有"百分秒、秒、分"计时功能的数字跑表，可以实现一个小时以内精确百分之一秒的计时，具有复位、暂停功能，其设计方案框图如图 5.1 所示。要求复位信号（reset）高电平有效，对系统异步清零，暂停信号（pause）高电平有效，即高电平停止计数，低电平继续计数，百分秒、秒、分钟计数均采用 BCD 码计数方式。

数字跑表模块的接口信号定义如表 5.1 所示。

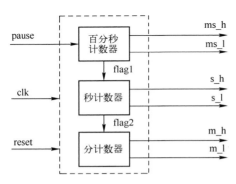

图 5.1　数字跑表模块框图

表 5.1　数字跑表模块接口信号定义

信号名	I/O	含　　义
clk	I	100 Hz 时钟输入
reset	I	复位信号，高电平有效
pause	I	暂停信号，低电平计数，高电平暂停
ms_h	O	百分秒高位
ms_l	O	百分秒低位
s_h	O	秒信号高位
s_l	O	秒信号低位
m_h	O	分钟信号高位
m_l	O	分钟信号低位

> **小提示**
>
> 数字跑表的显示可以通过编写数码管显示模块代码来实现，本任务只给出数字跑表模块的实现过程。读者还可以通过增加小时的计时功能，其实现完整的跑表功能。

逻辑设计

下面给出数字跑表模块的源代码，读者可以将这些源代码嵌入到自己的工程设计中，来实现数字跑表功能，其代码如下：

```
timescale 1ns/1ns
module paobiao(
        clk,
        reset,
        pause,
        ms_h,        //百分秒高位计数
        ms_l,        //百分秒低位计数
        s_h,         //秒高位计数
        s_l,         //秒低位计数
        m_h,         //分高位计数
        m_l          //分低位计数
```

```
                    );
input               clk,reset,pause;
output[3:0]         ms_h,ms_l,s_h,s_l,m_h,m_l;

reg[3:0]            ms_h,ms_l,s_h,s_l,m_h,m_l;
reg                 flag1,flag2;
//百分秒计数模块
always @ ( posedge clk or posedge reset)
    begin
        if( reset == 1'b1)
            {ms_h,ms_l} <= 8'h00;
        else begin
            if( pause == 1'b0) begin
                if( ms_l == 4'd9) begin
                    ms_l <= 4'd0;
                    if( ms_h == 4'd9)
                        ms_h <= 4'd0;
                    else
                        ms_h <= ms_h + 1'd1;
                    end
                else
                    ms_l <= ms_l + 1'd1;
                end
        end
    end
//百分秒每计满100产生一个进位标识 flag1
always @ ( posedge clk or posedge reset)
    begin
        if( reset == 1'b1) begin
            flag1 <= 1'b0;
            end
        else begin
            if( ms_h == 4'd9 && ms_l == 4'd9)
                flag1 <= 1'b1;
            else
                flag1 <= 1'b0;
            end
    end
//秒计数模块,每计满60产生一个进位标识 flag2
always @ ( posedge clk or posedge reset)
    begin
        if( reset == 1'b1) begin
            {s_h,s_l} <= 8'h00;
            end
        else begin
            if( flag1 == 1'b1) begin
                if( s_l == 4'd9) begin
                    s_l <= 4'd0;
```

```verilog
                            if( s_h == 4'd5 ) begin
                                s_h <= 4'd0;
                                end
                            else
                                s_h <= s_h + 1'd1;
                            end
                        else begin
                            s_l <= s_l + 1'd1;
                            end
                        end
                end
            end
    //秒计数每计满 60 产生一个进位标识 flag2
    always @ ( posedge clk or posedge reset)
        begin
            if( reset == 1'b1 ) begin
                flag2 <= 1'b0;
                end
            else begin
                if( ms_h == 4'd9 && ms_l == 4'd9 ) begin
                    if( s_h == 4'd5 && s_l == 4'd9 ) begin
                        flag2 <= 1'b1;
                        end
                    end
                else
                    flag2 <= 1'b0;
                end
            end
    //分钟计数模块,每计满 60 自动清 0
    always @ ( posedge clk or posedge reset)
        begin
            if( reset == 1'b1 ) begin
                {m_h,m_l} <= 8'h00;
                end
            else begin
                if( flag2 == 1'b1 ) begin
                    if( m_l == 4'd9 ) begin
                        m_l <= 4'd0;
                        if( m_h == 4'd5 ) begin
                            m_h <= 4'd0;
                            end
                        else
                            m_h <= m_h + 1'd1;
                        end
                    else begin
                        m_l <= m_l + 1'd1;
                        end
                    end
```

```
        end
      end
    endmodule
```

> **小经验**
>
> 　　数字跑表的百分秒计数器、秒计数器、分计数器使用了同一个计数时钟（clk）、同一时钟沿（clk 的上升沿），采用的是同步电路设计。在实际设计中，为了使计数器更加简单，计数器使用高低位 BCD 码两个计数器实现。100 进制计数器分别是高位十进制计数器、低位十进制计数器；六十进制计数器分别是高位六进制计数器、低位十进制计数器。这样整个数字跑表模块使用 6 个计数器实现。由于十进制计数器重复使用了 4 次，可以使用独立的模块来实现十进制计数器，这样可以通过模块复用节省系统硬件资源。

Testbench 设计

　　在数字系统设计完成后，就要对设计电路进行功能仿真，以验证设计的正确性，这是本任务的核心步骤。编写 Testbench 的主要目的是为了对使用硬件描述语言（HDL）设计的电路进行仿真验证，测试设计电路的功能、部分性能是否与预期的目标相符。下面给出了数字跑表模块的 Testbench 测试代码。

```
module tb_paobiao;
reg      clk,reset,pause;
wire [3:0]      ms_h,ms_l,s_h,s_l,m_h,m_l;
paobiao u_paobiao(clk,reset,pause,ms_h,ms_l,s_h,s_l,m_h,m_l);
//时钟产生模块
initial begin
    clk = 1'b0;
    end
always
    #5 clk =～clk;
//复位信号产生
initial begin
    reset = 1'b0;
    #100 reset = 1'b1;
    #10 reset = 1'b0;
    end
//暂停信号产生
initial begin
    pause = 1'b1;
    #300 pause = 1'b0;
    #119905 pause = 1'b1;
    #30 pause = 1'b0;
    end
endmodule
```

Modelsim 仿真

1. 新建 project

（1）选择菜单命令"File→New→Project"，弹出 Create Project 对话框，如图 5.2 所示。

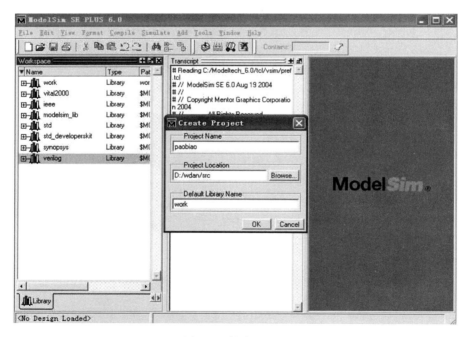

图 5.2　创建 Project

（2）添加文件到 Project 中。在弹出的 Create Project 对话框中单击"OK"按钮，弹出"Add items to the Project"对话框，选择"Add Existing File"选项，弹出"Add file to Project"对话框，如图 5.3 所示。

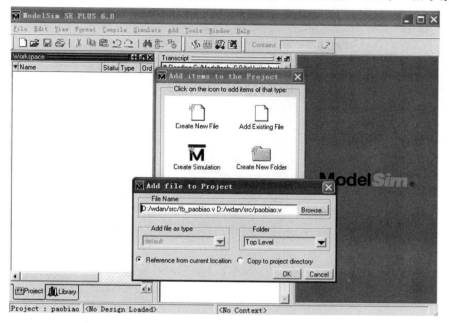

图 5.3 添加文件到 Project

（3）在"Add file as type"选项栏中选择 Verilog 默认值，单击"File Name"选项栏中的"Browse"按钮，添加文件后的对话框，如图 5.4 所示。

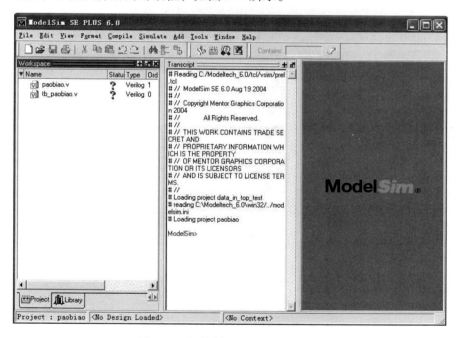

图 5.4 成功添加 Verilog HDL 文件

2. 编译源代码

选择菜单命令"Compile"→"Compile all"，编译后的文件状态如图 5.5 所示。

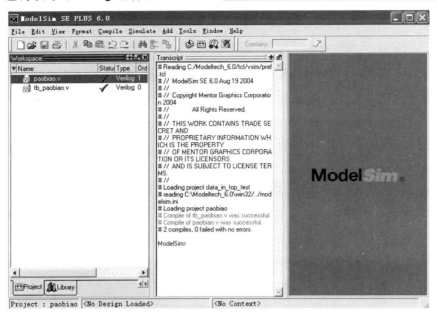

图 5.5　编译源代码

3. 启动仿真器

单击"Start Simulation"按钮，启动仿真器，如图 5.6 所示。

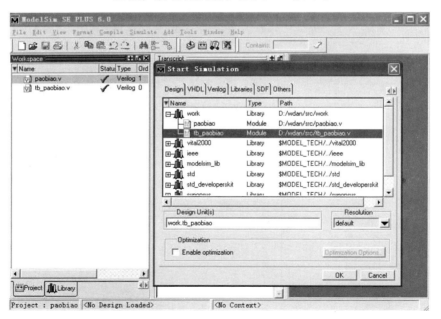

图 5.6　仿真启动后的界面

在 work 工作库下找到 Testbench 文件，并选中，然后单击"OK"按钮，弹出如图 5.7 所示界面。

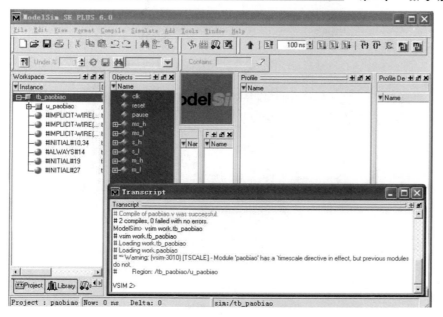

图 5.7　载入仿真文件并启动仿真

4. 执行仿真

用鼠标选中仿真信号，选择菜单命令 "Add"→"Wave"→"Selected Signals"，将仿真信号添加到仿真波形窗口，效果如图 5.8 所示。

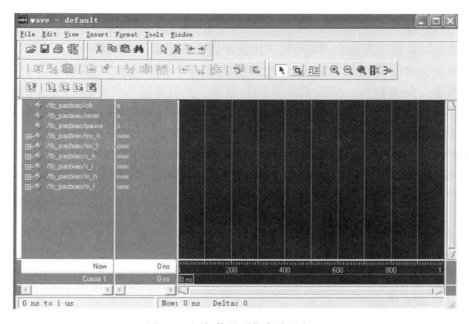

图 5.8　添加信号到仿真波形窗口

选择菜单命令 "Simulation"→"Run"→"Run All"，执行仿真命令后的波形如图 5.9 所示。

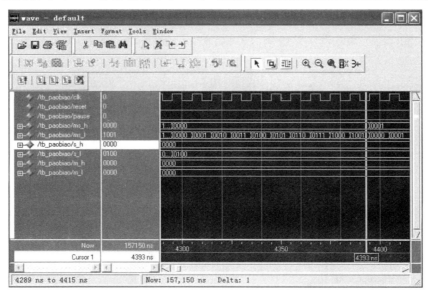

图 5.9　数字跑表模块仿真波形

5.1　Modelsim 仿真工具

Modelsim 是 Mentor 公司开发的 HDL 硬件描述语言仿真软件，该软件可以用来实现对用户设计的 VHDL、Verilog 或者两种语言混合的程序进行仿真，同时也支持 IEEE 常见的各种硬件描述语言标准。

无论从友好的使用界面和调试环境、还是从仿真速度和仿真效果来看，Modelsim 都可以算得上业界最优秀的 HDL 语言仿真软件之一。它是唯一的单内核支持 VHDL 和 Verilog 混合仿真的仿真器，是做 FPGA/ASIC 设计的 RTL 级和门级电路仿真的首选之一；采用直接优化的编译技术、Tcl/Tk 技术和单一内核仿真技术，具有仿真速度快，编译代码和仿真平台无关，便于 IP 核保护和加快程序错误定位等优点。

Modelsim 最大的特点是其强大的调试功能，主要有以下几种：

（1）先进的数据流窗口，可以迅速追踪到产生错误或者不定状态的原因。

（2）性能分析工具帮助分析性能瓶颈，加速仿真。

（3）代码覆盖率检测确保测试的完备。

（4）多种模式的波形比较功能。

（5）先进的 Signal Spy 功能，可以方便地访问 VHDL、Verilog 或者两者混合设计中的底层信号。

（6）支持加密 IP。

（7）可以实现与 MATLAB 的 Simulink 的联合仿真。

目前常见的 Modelsim 分为几个不同的版本：ModelSim SE、ModelSim PE、ModelSim LE 和 ModelSim OEM。

Modelsim 仿真工具的主要窗口介绍如下。

1. Modelsim 用户界面

Modelsim 用户界面如图 5.10 所示，和一般的 Windows 窗口相似，由上到下依次为：标题栏、菜单栏、工具栏、工作栏和状态栏。

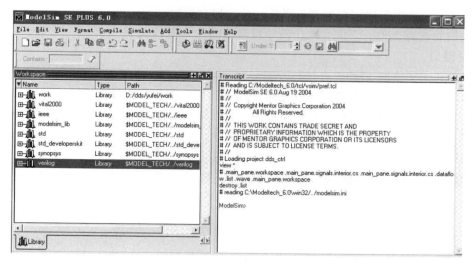

图 5.10 Modelsim 用户界面

为了使读者对 Modelsim 仿真工具有一个整体上的认识，下面介绍 Modelsim 仿真工具用户界面的组织结构。

Modelsim 6.0 仿真软件在默认条件下提供了主窗口、结构窗口、原程序窗口、信号窗口、进程窗口、变量窗口、数据流窗口、波形窗口、存储器窗口、列表窗口和断言窗口 11 种不同的用户窗口，如图 5.11 所示。

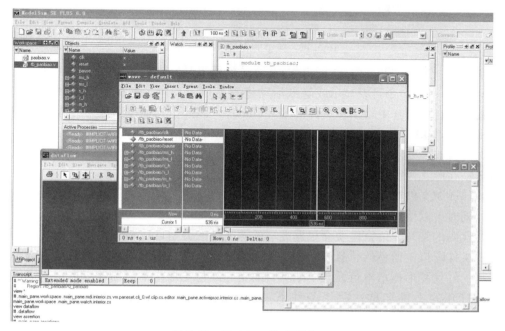

图 5.11 Modelsim 仿真器窗口

Modelsim 的用户窗口是用 Tcl/Tk 语言编写的，用户可以使用 Tcl/Tk 语言自行扩展，也可以通过软件自带的一些工具来定制仿真环境。这种扩展性大大提高了仿真的效率。这也是 Modelsim 工具的一大特点。在仿真过程中，除了主窗口之外的其他类型窗口都可以打开多个不同的副本，并且窗口中的对象都可以从一个窗口直接拖动到另外的窗口，使用起来和 Windows 的资源管理器类似，下面介绍仿真中最常用的几个窗口。

2. 主窗口

主窗口在 Modelsim 启动时直接打开，是所有其他窗口运行的基础。通常情况下主窗口分为左侧的工作区和中部的脚本区（也叫命令控制台）两部分，通过工作区可以很方便地对当前工程的工作库以及所有打开的数据集合等进行控制，通过命令控制台可以在 Modelsim 的提示符下输入所有 Modelsim 命令，并且可将命令执行结果反馈回来，便于实时掌握运行情况。主窗口的典型形式如图 5.12 所示。

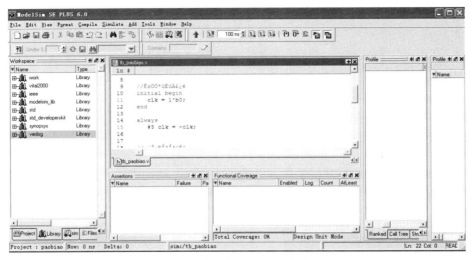

图 5.12　典型的 Modelsim 主窗口

在主窗口中选择"View"→"Workspace"命令可以显示或者隐藏工作区。通过"View"→"Active Process"命令可以显示或隐藏活动进程窗口。工作区的视图数量会根据仿真流程的不同而发生变化，其中除了库文件视图（Library）以外，其他视图都为可选项。

3. 源文件窗口

源文件窗口主要用来显示和编辑 HDL 源文件代码。当第一次加载一个设计时，设计的源代码自动在源文件窗口中打开。

Modelsim 源文件窗口是一个优秀的硬件描述语言编辑工具，在这个窗口中可以显示文件的行号，同时可以使用"View"→"Source"→"Show Language Templates"命令打开语言模板来方便源代码的编写，语言模块会根据编写的源文件的类型自动调整，如图 5.13 所示。

在源文件窗口中蓝色的行号表示此行可以用来设置断点用于调试，蓝色箭头指示当前选中的进程，红色菱形指示本行设置了断点，而空心红色菱形指示当前断点取消。文件标签表示了当前打开的文件名称，默认条件下，打开的文件为只读文件，可以使用菜单命令"Edit"→"read only"取消或者恢复只读属性。

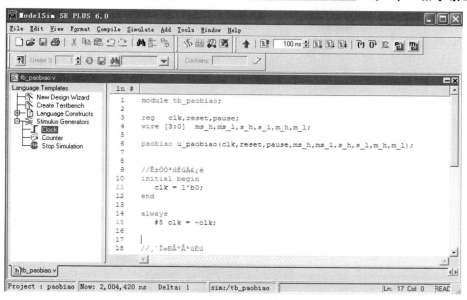

图 5.13 源文件窗口

4. 波形窗口

波形窗口可以比较直观地显示仿真波形，所以波形窗口是最常用的仿真窗口之一。波形窗口一般分为 3 个不同的区域，分别用来显示信号名称以及路径，光标所在位置信号的当前值、波形等，如图 5.14 所示。

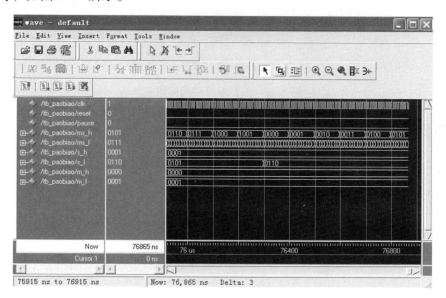

图 5.14 波形窗口

波形窗口可以使用菜单命令"Insert"→"Divider"分为多个部分，同时可以使用"Insert"→"Window Pane"命令分为多个窗口，所以信号可以在多个窗口和区域之间进行复制、移动等。可以通过以下方式向波形窗口中添加项目：

（1）从其他窗口中选中项目拖动到波形窗口。

（2）在其他窗口选中相关的项目区域，在命令行使用"add wave *"命令。

（3）可以使用菜单命令"File"→"Open"→"Format"加载原有的波形窗口数据。

在波形窗口中可以使用光标对信号的时间区间进行测量，也可以锁定某些特殊光标，锁定的方法是，使用鼠标选中要锁定的光标，选择菜单命令"Edit"→"Edit Cursor"打开光标编译对话框，选中其中的"Lock crusor to specified time"复选框即可。锁定后的光标为红色，如图 5.15 所示。

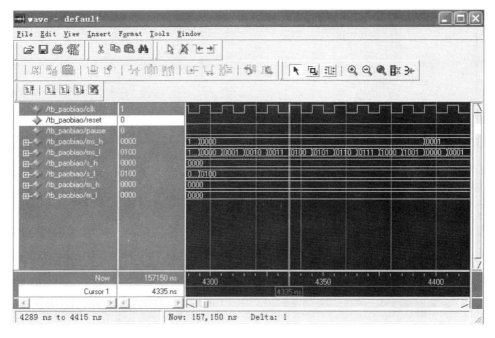

图 5.15　波形窗口中光标锁定

5.2　使用 Modelsim 进行功能仿真

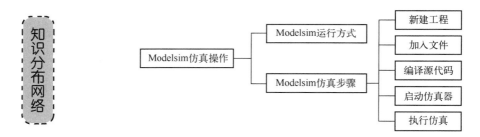

5.2.1　Modelsim 的运行方式

Modelsim 的运行方式有以下 4 种。

（1）用户图形界面（GUI）模式：Modelsim 的用户界面非常友好，是该软件的主要操作模式之一，而且 GUI 模式在主窗口直接输入操作命令，并执行。

（2）交互式命令行（Cmd）模式：没有图形化的用户界面，仅仅通过命令控制台输入的命令完成所有工作。

（3）Tcl 和宏（Macro）模式：可执行扩展名为 DO 的宏文件，或 Tcl 语法文件，完成与在 GUI 主窗口逐条输入命令等同的功能。

（4）批处理文件（Batch）模式：在 DOS、UNIX 或 LINUX 操作系统下运行批处理文件，完成软件功能。

> **小提示**
>
> 掌握 Modelsim 的帮助命令的使用方法对学习命令交互模式十分有益。在主窗口的命令控制台输入"help"并按 Enter 键，可以显示交互式命令模式常用的所有命令。输入某个命令，然后附加"–help"参数，可以显示该命令的详细语法，如"vsim"→"help"。

5.2.2　Modelsim 仿真步骤

Modelsim 仿真的基本步骤包括：新建工程；加入文件；编译源代码，包括所有的 HDL 代码和 Testbench；启动仿真器并加载顶层设计；执行仿真，查看波形。下面分别对每一步的具体操作加以说明。

1. 新建工程

（1）在 Modelsim 软件中选择"File"菜单下的"New"命令，再选择"Project"项，打开如图 5.16 所示的新建工程对话框。

（2）在该对话框中填写工程名称、路径和库名称，单击"OK"按钮，弹出如图 5.17 所示的添加工程项目对话框。

图 5.16　新建工程对话框

图 5.17　添加工程项目对话框

（3）选择向工程添加的项目类型，然后单击"Close"按钮完成工程的建立。这里选择"Add Existing File"项目。

2. 加入文件

在新建工程时，也可以不选择添加的项目种类，而是在 Project 栏里面单击鼠标右键，在弹出的菜单中选择"Add to Project"→"Existing File"命令，如图 5.18 所示。

在弹出的添加文件对话框中，选择要添加的文件，如图 5.19 所示。

3. 编译源代码

Verilog 源文件的 GUI 模式的编译方法是：直接执行主窗口中"Compile"菜单下的各种不同的编译命令，如图 5.20 所示。

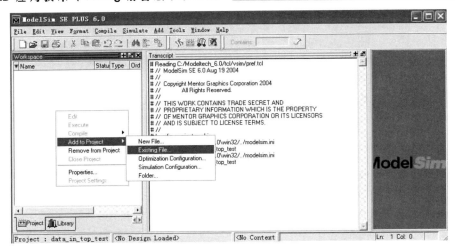

图 5.18 添加存在的工程项目

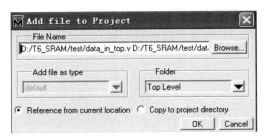

图 5.19 添加文件对话框

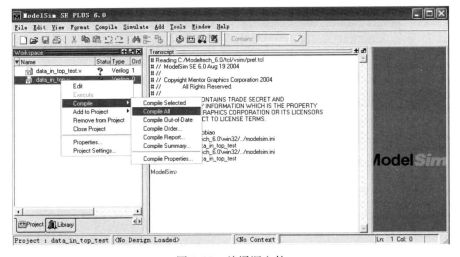

图 5.20 编译源文件

命令行模式的命令格式如下：

> Vlog － work < library_name > < file1 > . v < file2 > . v

当工作区文件窗口中"Status"栏的"？"图标变成一个"√"图标时，说明文件编译成功，如图 5.21 所示。

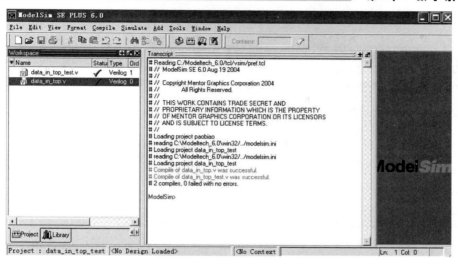

图 5.21 文件编译成功

> **小知识**
>
> （1）Verilog 源文件编译顺序由文件出现顺序决定，但文件编译顺序并不重要；
>
> （2）默认编译 work 库中；
>
> （3）支持增量化编译（Incremental Compliation）。
>
> 所谓增量编译，是指当文件内容改变时才对文件进行重新编译。Modelsim 在编译 Verilog 源代码时支持手动或自动指定增量模式。

编译时发生的错误信息会在主窗口的消息显示窗口上报给用户，如图 5.22 所示，双击编译错误，Modelsim 会自动打开相关的源文件并定位错误。这个特性极大地方便了代码测试，如图 5.23 所示。

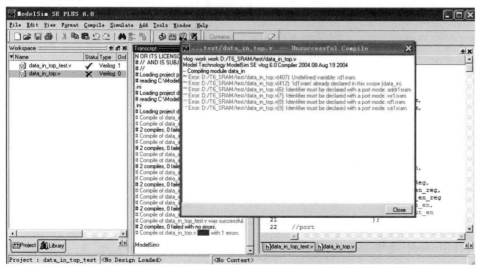

图 5.22 文件编译错误消息对话框

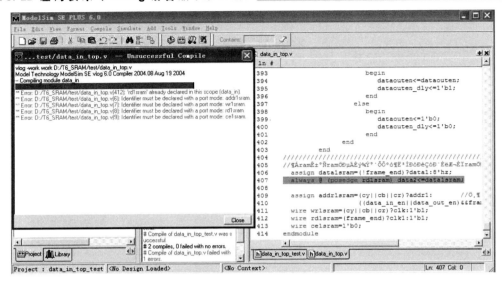

图 5.23　双击信息显示窗口的编译错误，自动打开源文件定位错误

4. 启动仿真器并加载顶层设计

这一步骤的 GUI 操作方法：执行主菜单中的"Start"→"Simulate"命令，打开开始仿真对话框，如图 5.24 所示，选择顶层模块，如图 5.25 所示。

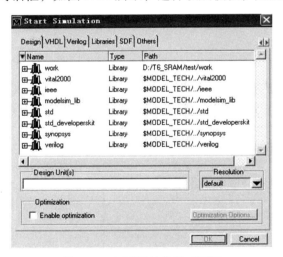

图 5.24　打开开始仿真对话框

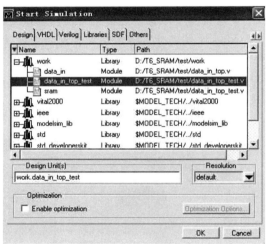

图 5.25　选择顶层模块文件

命令模式对应的命令格式如下：

vsim［options］［［< library >.］< top_level_design_unit > <（< secondary >）］

小提示

在【library】选项卡中展开 work 库，双击设计的顶层设计单元，则自动加载顶层，并启动仿真。

5. 执行仿真，查看波形

执行仿真前一般应该先打开相应的观察窗口。GUI 模式操作方法是在主菜单中选择"View"菜单下的相应窗口命令。常用的窗口有结构窗口、源程序窗口、信号窗口、变量窗口和波形窗口等。也可以运行"View"菜单下的"All Windows"命令，一次性打开所有窗口。这里应注意的是，每个窗口在运行期间需要占用一定的内存和 CPU 资源。

GUI 模式下执行仿真可以在主菜单下选择"Simulate"→"Run"命令。也可以在 Wave、Source 等窗口中使用快捷按钮。命令行模式对应的命令格式如下：

> run $[$ < timesteps > $[$ < time_units > $]]$ | $[$ − all$]$ | $[$ − continue$]$ | $[$ − finish$]$ | $[$ − next$]$ | $[$ − step$]$ | $[$ − over$]$

此时，设计者可以根据各个窗口的反馈信息判断结果是否与设计意图一致，并进行调试。

编译成功后，用鼠标右键单击 test，选择"Add"中的"Add to Wave"命令项，为波形窗口添加信号，如图 5.26 所示。

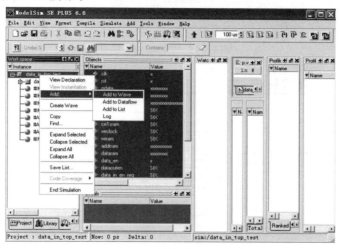

图 5.26　为波形窗口添加信号

此时即可在新弹出的窗口中看到已添加的信号，如图 5.27 所示。

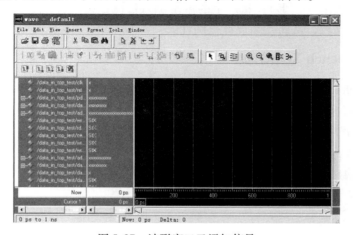

图 5.27　波形窗口已添加信号

执行仿真命令，在波形窗口即可看到仿真结果如图 5.28 所示。

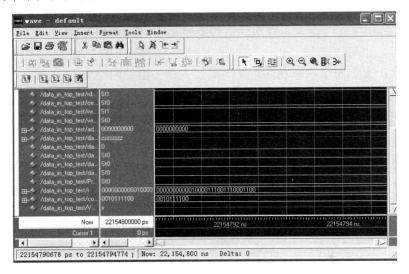

图 5.28　仿真波形窗口

5.3　Testbench 设计方法

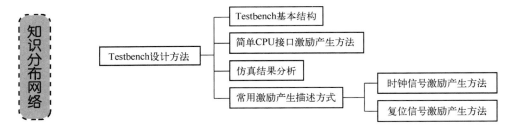

编写 Testbench 的主要目的是为了对使用硬件描述语言（HDL）设计的电路进行仿真验证，测试设计电路的功能、部分性能是否与预期的目标相符。编写 Testbench 进行测试的过程如下：产生模拟激励（波形）；将产生的激励加入被测试模块并观察其输出响应；将输出响应与期望值进行比较，从而判断设计正确性。

5.3.1　Testbench 基本结构

下面是用 Verilog HDL 编写的 Testbench 结构，通常 Testbench 没有输入与输出端口，应包括信号或变量定义，产生激励波形语句，例化设计模块，监控和比较响应输出语句。Testbench 的基本结构如下：

```
module test_bench;
信号或变量定义声明；
使用 initial 或 always 语句来产生激励波形；
例化设计模块；
监控和比较输出响应；
endmodule
```

简单 Testbench 的结构通常需要建立一个顶层文件，顶层文件没有输入/输出端口。在顶层文件里，把被测模块和激励产生模块实例化进来，并且把被测试模块的端口与激励模块的端口进行对应连接，使得激励可以输入到被测试模块。

5.3.2 简单 CPU 接口激励产生方式

HDL 用于描述硬件电路，同样也可以用于描述仿真激励的产生。HDL 描述可以产生所需要的控制信号，以及一些简单的数据。例如，模拟 CPU 产生的读/写信号、数据/地址总线信号等。下面是一个简单的 CPU 读/写操作的例子，代码如下：

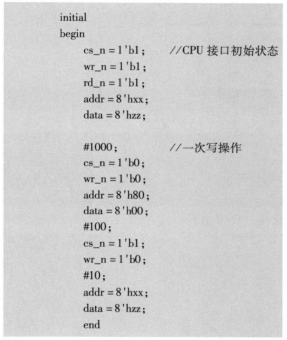

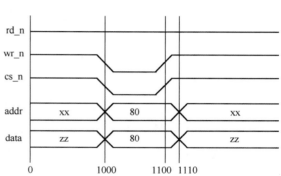

图 5.29　测试代码产生的波形

以上测试代码产生的波形如图 5.29 所示。

5.3.3 仿真结果分析

运行仿真后，可以通过查看波形，显示信息和日志记录文件的形式来分析仿真结果。

（1）查看波形是最基本和直接的方式，但过程比较烦琐和低效，因为从大量的信号中分析某些信号是否正确无异于大海捞针。查看波形的分析方式通常在小规模的仿真分析或精确定位设计问题时采用。

（2）显示信息和日志记录文件的方式是指添加一些自检测的程序，在遇到错误时将错误显示到屏幕或打印到日志记录文件中，以便于分析仿真结果。

5.3.4 常用产生激励描述方式

1. 产生时钟的几种方式

（1）使用 initial 方式产生占空比为 50% 的时钟，代码如下：

```
initial
begin
    clk = 1 'b0;
    #delay;
    forever
        #(period/2) clk =~clk;
end
```

注意　一定要给时钟赋初始值，因为信号的默认值为 z，如果不赋初始值，则反向后还是 z，时钟就一直处于高阻 z 状态，产生的时钟信号如图 5.30 所示。

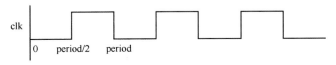

图 5.30　产生的时钟信号

（2）使用 always 方式，代码如下：

```
initial
    clk = 1 'b0;
always
    #(period/2) clk =~clk;
```

（3）使用 repeat 方式产生确定数目的时钟脉冲，代码如下：

```
initial
begin
    clk = 1 'b0;
    repeat(6)
    #(period/2) clk =~clk;
end
```

该示例用 repeat 产生 3 个时钟脉冲，产生的波形如图 5.31 所示。

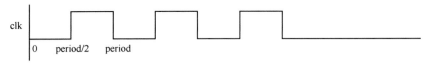

图 5.31　使用 repeat 产生的波形

（4）产生占空比非 50% 的时钟，代码如下：

```
initial
    clk = 1 'b0;
always
begin
    # 3 clk =~clk;
    # 2 clk =~clk;
end
```

产生的时钟信号如图 5.32 所示。

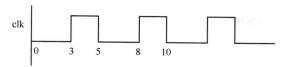

图 5.32 占空比非 50% 的波形图

2. 产生复位信号的几种方式

（1）异步复位，代码如下：

```
initial
begin
    rst = 1'b1;
    #100;
    rst = 1'b0;
    #500;
    rst = 1'b1;
    end
```

产生的异步复位信号波形如图 5.33 所示。

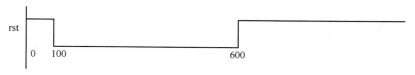

图 5.33 异步复位信号波形

（2）同步复位 1，代码如下：

```
initial
begin
    rst = 1'b1;
    @(negedge clk);            //等待时钟下降沿
    rst = 1'b0;
    #30;
    @(negedge clk);            //等待时钟下降沿
    rst = 1'b1;
        end
```

产生的同步复位信号波形如图 5.34 所示。

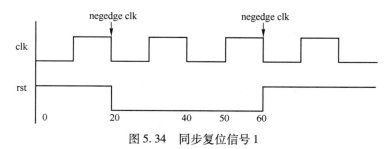

图 5.34 同步复位信号 1

（3）同步复位 2，代码如下：

```
initial
begin
    rst = 1'b1 ;
    @ ( negedge clk ) ;                    //等待时钟下降沿
    repeat(3) @ ( negedge clk ) ;          //经过 3 个时钟下降沿
    rst = 1'b1 ;
    end
```

产生的同步复位信号波形如图 5.35 所示。

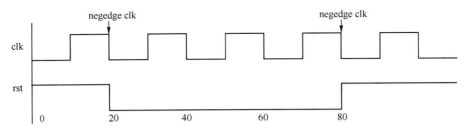

图 5.35　同步复位信号 2

5.4　常用的 Verilog 测试语句

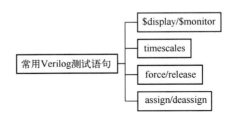

1．$display/ $monitor

测试文件通过关键词 $display 和 $monitor 来实现结果的输出。下面是使用 Verilog HDL 语言在终端上显示结果的例子。

```
//在终端上打印信号的 ASCII 值
initial begin
    $timeformat ( -9,1, "ns",12 ) ;                        //设置输出时钟格式
    $display(" stime clk rst pause ms_h ms_l s_h s_l m_h m_l" ) ;  //显示输入的字符串
    $monitor("%t %b %b %b %b %b %b %b %b %b",               //设置输出信号格式
    $realtime,clock,reset,pause,ms_h,ms_l,s_h,s_l,m_h,m_l) ; //指定输出的信号
    end
```

$display 是将函数内部双引号中的字符串输出在终端上。而 $monitor 则不同，它的输出是事件驱动的。在例子中，$monitor 信号列表中的 $realtime 信号变化会触发终端显示事件的发生，该信号被设计者对应到仿真时间中，每次 $monitor 的触发将会把信号列表中的信号值显示在终端中。

$monitor 语句中的"%"用于定义信号列表中信号的输出格式。例如,%t 将信号按照时间格式输出,%b 将信号按照二进制格式输出。另外 Verilog HDL 语言还提供了其他输出格式,例如,%h 为十六进制输出,%d 为十进制输出,%o 为八进制输出等。

2. timescales

timescales 语句用于定义测试文件的单位时间,同时也对仿真的精度有影响。它的语法定义如下:

```
'timescale reference_time/precision
```

其中 reference_ time 是单位时间的度量,precision 决定了仿真的推进延迟精度,同时也设置了仿真的推进步进单位。下面是 timescale 语句的使用范例:

```
'timescale 1ns/1ps          //度量参考为 1 ns,精度为 1 ps
module testbench;
    …
    initial begin
        #10 rst = 1'b1;      //10 个仿真时间延时,相当于 10×1 ns = 10 ns 的仿真时间
    …
    end
    initial begin
        //display 语句将在每一个仿真推进步进中执行,也就是 1 ps 执行一次
        $ display ("%d, rst = %b"m $ time, rst);
    end
endmodule
```

> **小提示**
>
> 应该注意的是,如果仿真中使用了时间延迟值,那么仿真的精度应大于最小的延迟值。如果仿真中使用了 9 ps 的仿真时间延迟,那么仿真的推进步进精度必须为 1 ps 来保证 9 ps 的延迟。

3. force/release

force 和 release 语句可以用来强制对执行过程中的寄存器或网络型信号量赋值。这两条语句共同完成一个强制赋值的过程。当一个被 force 的信号又被 release 以后,这个信号将会保持当时的状态直到下一个赋值语句产生为止。下面举个例子来说明这两条语句的使用。

```
module testbench;
    …
    initial begin
        rst = 1'b1;             //在仿真时间零点将 rst 赋值 1
        force data = 3'b101;    //在仿真时间零点强制使 data 为 101,并保持
        #30 rst = 1'b1;         //在仿真绝对时间 30 将 rst 赋值 0
        #50 release data;       //在仿真绝对时间 80 释放
        …                       //data 值将保持直到下一个对它的赋值语句
    end
endmodule
```

4. assign/deassign

assign/deassign 语句与 force/release 语句相类似，不过 assign/deassign 语句只能对设计中的寄存器类型信号赋值。它们常常用来设置输入值，下面举个例子来说明这两条语句的使用。

```
module testbench;
    ...
    initial begin
        rst = 1'b1;                      //在仿真时间零点将 rst 赋值 1
        force data = 3'b101;
        #30 rst = 1'b0                   //在仿真绝对时间 30 将 rst 赋值 0
        #30 release data;
        ...
    end
    initial begin
        #20 assign rst = 1'b1;           //此条语句覆盖之前的赋值语句（即绝对时间零点的赋值）
        #30 rst = 1'b0;                  //绝对时间 50 对 rst 赋值 0
        #50 release rst;                 //绝对时间 100 释放 rst 信号
endmodule
```

知识梳理与总结

本章从数字跑表设计与验证任务入手，在实践中对数字系统的逻辑仿真、Modelsim 仿真工具的使用和 Testbench 设计，有了更深入的认识。

本章重点内容如下：

（1）数字系统验证的基本概念；

（2）数字系统电路原型的逻辑仿真；

（3）Modelsim 仿真工具的使用；

（4）Testbench 设计方法与技巧。

习题 5

一、填空题

1. _____是指仅对逻辑功能进行测试模拟，以了解所实现的功能是否满足原设计的要求。仿真过程没有加入时序信息，不涉及具体器件的硬件特性，如延时特性等。因此也叫前仿真。

2. _____则是在 HDL 可以满足设计者功能要求的基础上，在布局布线后，提取有关的器件延迟、连线延时等时序参数，并在此基础上进行的仿真，也称为后仿真，它是接近真实器件运行的仿真。

3. 在设计输入阶段，Modelsim 支持_____和_____，所以在选用多种设计输入工具时，可以使用文本编辑器完成 HDL 语言的输入。

4. _____是 Mentor 公司的 HDL 硬件描述语言仿真软件。

5. Testbench 是使用 VHDL 或 Verilog HDL 语言编写的，因此_____的验证流程是跨平台的。

6. Modelsim 仿真主要包括以下 5 个步骤_____、_____、_____、_____和

_____。

二、简答题

1. 用 Verilog HDL 描述测试时钟的方法。

2. 简述 Modelsim 功能仿真流程。

三、应用题

1. 完善跑表模块，增加小时的计时功能，完成 Verilog HDL 设计。

2. 增加数字跑表的数码管显示功能，百分秒计数器可用 2 个数码管显示，秒计数器用 2 个数码管显示，分计数器用 2 个数码管显示，小时计数器用 1 个数码管显示。

3. 跑表模块完善后，完成整个数字跑表的 Testbench 设计和 Modelsim 功能仿真。

第6章

数字系统设计实践

本章给出了7个数字系统设计综合任务，设计难度逐渐增加，但每个任务都不是孤立的，任务之间具有一定的联系，让读者对数字系统设计方法有一个完整的认识和实践平台，从而提高设计能力。

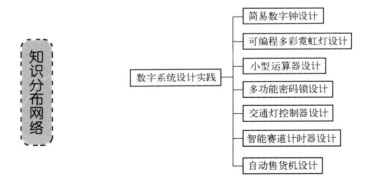

任务 19　简易数字钟设计

任务导航

任务要求	设计一个简易数字钟，实现"小时"、"分钟"和"秒"的计时及显示。"秒"和"分"能实现从"00"到"59"的循环计数；"小时"能实现从"00"到"23"的循环计数。时间显示采用开发板上提供的 LED 数码显示器。时钟信号来源于开发板提供的时钟信号
软件环境	Quartus Ⅱ 开发环境，Modelsim 仿真软件
硬件环境	开发板资源：6 个 7 段 LED，时钟信号
模块划分	分频模块，计数器模块，显示控制模块
设计建议	本任务的核心是设计一个简易数字钟，可以将设计分解成 3 个核心模块：分频模块、计数器模块和显示控制模块

任务分析

本任务是设计一个数字钟，利用开发板上的 7 段 LED 数码管进行"小时"、"分"和"秒"显示。数字钟的系统框图如图 6.1 所示。

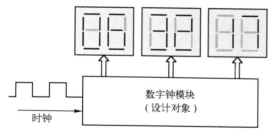

图 6.1　数字钟的系统框图

根据常识，"秒"、"分"和"小时"之间存在各自独立又互相联系的计数和进位关系，"秒"和"分"的计数模式相同，每计数满 60 个时钟清零并重新开始计数，相当于一个六十进制的计数器。"小时"的计数模式是每计数满 24 个小时就进行清零并重新开始计数，相当于一个二十四进制的计数器。所以，六十进制和二十四进制的计数器模块设计是本任务的核心模块。

计数信号来自于开发板提供的时钟信号，这里采用的晶振频率为 50 MHz，而秒的计数周期是 1 s，所以需要对该时钟信号进行分频，因此，分频器模块是本任务中另一个重要模块。

"秒"、"分"和"小时"的计时过程都需要通过 LED 数码管进行显示，所以还需要设计显示控制模块。

根据以上分析，本任务需要设计的模块如下：

（1）分、秒和小时的计数器模块；

（2）分频器模块；

（3）显示控制模块。

系统设计

1. 系统结构框图

数字钟的系统结构框图如图 6.2 所示，数字钟共包括 3 个模块，即分频器模块、计数模块（包括小时计数、分钟计数和秒钟计数）和显示控制模块。

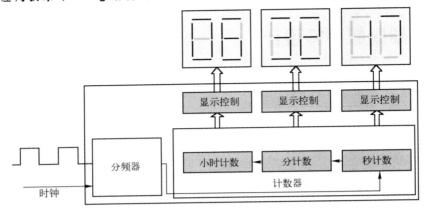

图 6.2　数字钟系统结构框图

分频器用于对系统时钟进行分频。由于秒钟计数部分需要每 1 s 进行一次计数，所以需要由系统高频时钟分频得到一个周期为 1 s 的时钟用于秒钟计数器模块。

计数器模块是本设计的核心模块。秒钟计数器模块的时钟信号来源于对系统时钟的分频，秒钟计数器模块的计数总数达到 60 时就产生一个进位，这个进位输出到分计数器模块，作为分计数模块的计数时钟；分计数器模块的计数总数达到 60 时也产生一个进位，这个进位作为小时计数的周期信号输出到小时计数器模块。

显示控制模块的主要作用是从计数器中读出计数值，并把这个数值进行译码，并由数码显示器显示出来。

2. 系统接口信号描述

数字钟的系统接口信号定义如表 6.1 所示。

表 6.1　数字钟接口信号定义

信号名	I/O	位宽	含　义
clk	I	1 bit	系统时钟输入，50 MHz
horh	O	2 bits	小时的高位显示驱动信号，0～2
horl	O	4 bits	小时的低位显示驱动信号，0～9
minh	O	3 bits	分钟的高位显示驱动信号，0～5
minl	O	4 bits	分钟的低位显示驱动信号，0～9
sech	O	3 bits	秒钟的高位显示驱动信号，0～5
secl	O	4 bits	秒钟的低位显示驱动信号，0～9

模块设计

1. 分频器模块设计

（1）模块原理分析。在本次设计中开发板提供的时钟频率为 50 MHz，而秒计数器需要的时钟频率为 1 Hz，所以需要降低开发板提供的时钟频率，以满足设计需要，我们将这种频率的变换关系称为**分频**。假设原始的时钟周期为 T，分频后的时钟周期为 t，则分频倍数的计算公式如下：

$$n = \frac{t}{T}$$

在进行分频之前首先要计算 n，分频的基本原理是对原始时钟的周期进行计数，每计数满 $n/2$ 个时钟周期，目标时钟就进行一次翻转。原始时钟 clk 和目标时钟 clk_1 的关系如图 6.3 所示。

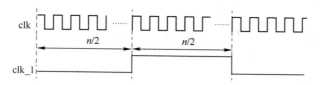

图 6.3 分频原理

本设计中，原始的未分频时钟是 50 MHz，周期是 $T = 2 \times 10^{-8}$ 秒，分频后的时钟周期 $t =$ 1 秒，代入公式得到 $n/2 = 25\,000\,000$，也就是每次计数达到 25 000 000 个时钟周期以后就把输出的分频时钟信号翻转一次。关于分频器的设计参见 4.4 节。

> **小知识**
>
> 频率是描述时钟的一个重要参数，指的是时钟在 1 s 内完成周期性变化的次数，单位是赫兹（Hz），常用 f 表示。
>
> 数字系统中使用的时钟频率往往和开发板所提供的频率不同，所以需要对开发板提供的时钟进行频率变换。频率变换分为两种，即"分频"和"倍频"。
>
> 分频是指将原始频率降低，输出的信号频率如果是输入信号频率的 1/2，叫 2 分频；1/3，叫 3 分频；……；1/n，叫 n 分频。
>
> 与"分频"概念对应的还有"倍频"。倍频是指将原始频率提高，即使输出端信号频率为输入端信号频率的倍数，实现输出频率为输入频率 2、3、…、n 倍的电路，分别叫 2 倍频、3 倍频、…、n 倍频电路。

（2）模块接口定义。分频器模块接口定义如表 6.2 所示。

表 6.2 分频器模块接口信号定义

信号名	I/O	位宽	含　　义
clk	I	1 bit	系统 50 MHz 时钟输入
clk_1	O	1 bit	分频后频率为 1 Hz 的时钟输出

（3）模块 Verilog 代码设计，代码如下：

```
//clk_div. v
//Verilog 代码段 6 - 1
module clk_div(
clk,                    //输入时钟
clk_1                   //输出时钟
);
input clk;
output clk_1;
reg[24:0] counter;      //定义计数器来计数时钟,计数 25 000 000,需要用 25 位计数器
```

```
    reg clk_1 ;
    always@ ( posedge clk )
        begin
            if( counter == 25'h17D7840 )        //如果等于 25 000 000
                begin
                    counter <= 25'b1 ;           //把 counter 恢复成 1
                    clk_1 <= ~ clk_1 ;           //把 clk_1 翻转
                end
            else                                 //如果不等于 25 000 000
                counter <= counter + 1'b1 ;      //counter 继续计数
        end
    endmodule
```

2. 计数器模块设计

（1）模块原理分析。计数器模块包括秒计数、分计数和小时计数。秒计数的时钟信号来源于分频器模块的输出信号 clk_1；分计数的时钟信号来源于秒计数满 60 后的进位信号；小时计数的时钟信号来源于分钟计数满 60 后的进位信号。

> **小提示**
>
> 整个系统为异步设计，实际上秒、分和小时计数都可以用系统时钟控制，读者可以自己实现。

计数器模块接口定义如表 6.3 所示。

表 6.3 计数器模块接口信号定义

信号名	I/O	位宽	含 义
clk_1	I	1 bit	分频后周期为 1 s 的时钟输出
hor	O	5 bits	小时计数结果的输出（0～23）
min	O	6 bits	分钟计数结果的输出（0～59）
sec	O	6 bits	秒钟计数结果的输出（0～59）

> **小问答**
>
> **问**：为什么小时的输出是 5 位，分钟和秒的输出是 6 位呢？
>
> **答**：因为小时的输出值范围是 0 ～ 23，转换成二进制就是 0 ～ 10111，最大值 10111 是 5 位二进制，因此，需要 5 位输出就可以了，同样地，分钟和秒的最大值是 59，转换成二进制是 111011，需要 6 位输出就可以了。

（2）模块 Verilog 代码设计，代码如下：

```
//clk_count. v
//Verilog 代码段 6-2
module clk_count( clk_1,hor,min,sec ) ;
```

```verilog
input clk_1;                        //输入时钟
output[4:0] hor;                    //小时计数结果的输出
output[5:0] sec, min;              //秒和分钟计数结果的输出
reg   scarry,mcarry;               //分别定义秒、分钟的进位输出
reg[4:0] hor;
reg[5:0] sec,min;
always@(posedge clk_1)             //输入的时钟信号 clk_1 作为秒的计数时钟信号
  begin
    if(sec ==6'b111011)            //如果秒从 0 计数到 59,即计数满 60 个时钟
      begin
          sec <=6'b000000;         //把秒恢复成 0
          scarry <=1'b1;           //秒向分的进位设为 1
      end
    else                           //如果计数没到 59
      begin
          sec <= sec + 1'b1;       //继续计数
          scarry <=1'b0;           //秒向分的进位设为 0
      end
  end
always@(posedge scarry)            //秒向分的进位设置为分计数的时钟信号
  begin
    if(min ==6'b111011)            //如果分从 0 计数到 59,即计数满 60 个时钟
      begin
          min <=6'b000000;         //把分钟计数恢复成 0
          mcarry <=1'b1;           //分向小时的进位设为 1
      end
    else                           //如果没有计数到 59
      begin
          min <= min + 1'b1;       //继续计数
          mcarry <=1'b0;           //分向小时的进位设为 0
      end
  end
always@(posedge mcarry)            //分向小时的进位设置为小时计数的时钟信号
  begin
    if(hor ==5'b10111)             //如果小时从 0 计数到 23,即计数满 24 个时钟
        hor <=5'b00000;            //把小时恢复成 0
    else                           //如果不等于 23
        hor <= hor + 1'b1;         //继续计数
  end
endmodule
```

（3）仿真波形图如图 6.4 所示。

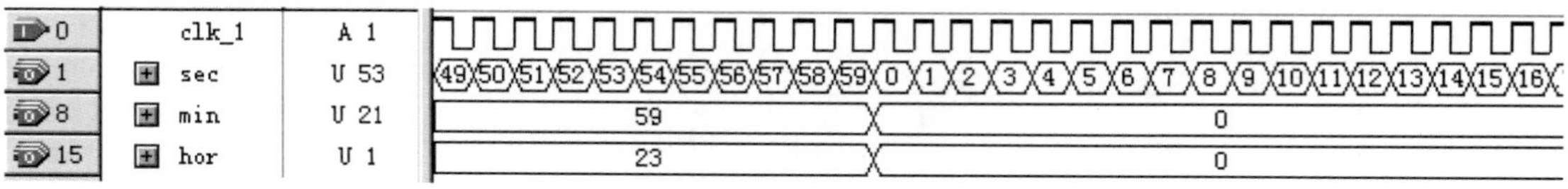

图 6.4　计数器模块功能仿真波形

3. 显示控制模块设计

（1）模块原理分析。显示控制模块的功能是把秒钟、分钟和小时的计数结果进行十位和个位的分离，然后以二进制形式输出，如果需要显示在 7 段数码管上，还需要加上相应的译码驱动电路，该电路可以自行设计，设计方法请参考任务 11。

> **小提示**
>
> 如果读者采用的开发板电路与此不同，可以按照具体硬件连接来设计显示模块。

（2）模块接口定义。显示控制模块接口定义如表 6.4 所示。

表 6.4　显示控制模块接口信号定义

信号名	I/O	位宽	含　义
hor	I	5 bits	时钟计数结果
min	I	6 bits	分钟计数结果
sec	I	6 bits	秒钟计数结果
horh	O	2 bits	小时高位显示信号，BCD 码的高两位为 0
horl	O	4 bits	小时低位显示信号
minh	O	3 bits	分钟高位显示信号，BCD 码的最高位为 0
minl	O	4 bits	分钟低位显示信号
sech	O	3 bits	秒钟高位显示信号，BCD 码的最高位为 0
secl	O	4 bits	秒钟低位显示信号

> **小经验**
>
> 计数器模块如果采用 BCD 码计数，这里的显示控制模块就简单得多。

（3）模块 Verilog 代码设计，代码如下：

```
//dis_ctl.v
//Verilog 代码段 6-3
module dis_ctl1(hor,min,sec,horh,horl,minh,minl,sech,secl);
input[4:0]hor;              //小时计时结果作为小时显示信号的译码来源
input[5:0]min,sec;          //分钟和秒计时结果作为分钟和秒显示信号的译码来源
output[1:0]horh;
output[2:0]minh,sech;
output[3:0]horl,minl,secl;
reg[1:0]horh;
reg[3:0]horl,secl,minl;
reg[2:0]minh,sech;
always@(hor)
begin
 if(hor>5'b10111)           //如果小时计数的结果大于23
    begin
      horh=2'bzz;           //小时输出的高位数为高阻值
```

```
                horl = 4'bzzzz;              //小时输出的低位数为高阻值
            end
        else if( hor >= 5'b10100 )          //如果小时计数的结果在20~23之间
            begin
                horh = 2'b10;               //小时输出的高位数为2
                horl = hor − 5'b10100;      //小时输出的低位数通过将计数结果减去20得到
            end
        else if( hor > 5'b01010 )           //如果小时计数的结果在10~19之间
            begin
                horh = 2'b01;               //小时输出的高位数为1
                horl = hor − 5'b01010;      //小时输出的低位数通过将计数结果减去10得到
            end
        else if( hor > 5'b00000 )           //如果小时计数的结果在0~9之间
            begin
                horh = 2'b00;               //小时输出的高位数为0
                horl = hor[3:0];            //小时输出的低位数为计数值的低4位
            end
        else                                //出现其他的计数结果,则小时输出的高位和低位数都为高阻值
            begin
                horh = 2'bzz;
                horl = 4'bzzzz;
            end
end
always@ ( min )
begin
    if( min >= 6'b111011 )                  //如果分钟计数的结果大于59
        begin
            minh = 3'bzzz;                  //分钟输出的高位为高阻值
            minl = 4'bzzzz;                 //分钟输出的低位为高阻值
        end
    else if( min >= 6'b110010 )             //如果分钟计数的结果在50~59之间
        begin
            minh = 3'b101;                  //分钟输出的高位数为5
            minl = min − 6'b110010;         //分钟输出的低位数通过将计数结果减去50得到
        end
    else if( min >= 6'b101000 )             //如果分钟计数的结果在40~49之间
        begin
            minh = 3'b100;                  //分钟输出的高位数为4
            minl = min − 6'b101000;         //分钟输出的低位数通过将计数结果减去40得到
        end
    else if( min >= 6'b011110 )             //如果分钟计数的结果在30~39之间
        begin
            minh = 3'b011;                  //分钟输出的高位数为3
            minl = min − 6'b011110;         //分钟输出的低位数通过将计数结果减去30得到
        end
    else if( min >= 6'b010100 )             //如果分钟计数的结果在20~29之间
```

```
            begin
                minh = 3'b010;              //分钟输出的高位数为2
                minl = min - 6'b010100;     //分钟输出的低位数通过将计数结果减去20得到
            end
        else if( min >= 6'b001010 )         //如果分钟计数的结果在10～19之间
            begin
                minh = 3'b001;              //小时输出的高位数为1
                minl = min - 6'b001010;     //分钟输出的低位数通过将计数结果减去10得到
            end
        else if( min >= 6'b000000 )         //如果分钟计数的结果在0～9之间
            begin
                minh = 3'b000;              //分钟输出的高位数为0
                minl = min[3:0];            //分钟输出的低位数为计数值的低4位
            end
        else                                //出现其他的计数结果,则分钟输出的高位和低位数都为高阻值
            begin
                minh = 3'bzzz;
                minl = 4'bzzzz;
            end
    end
    always@( sec )                          //以下对秒计时结果的译码过程与分钟类似,此处不再赘述
    begin
        ……                                //代码略,请读者参考上面的程序自行设计
    end
endmodule
```

小经验

在数字钟中，对秒、分钟和小时的显示都分别由高位和低位组成，而三个计时单位的计时结果都是以二进制表示的，怎样将二进制计数结果对应的十进制数的十位和个位，分别用二进制数表示出来是显示控制部分设计的关键。在本设计中我们采用了一个比较易于理解的方式，将计数结果分成 0～9、10～19、20～29、30～39、40～49 和 50～59 几个区间，在每个区间内十位数的数值是不变的，分别是 0、1、2、3、4 和 5，而将整个数减去对应区间的十位数，就是个位数。在任务 23 中还会介绍另外一种方式来进行个位和十位的分离。

（4）模块仿真结果。显示模块仿真波形图如图 6.5 所示。

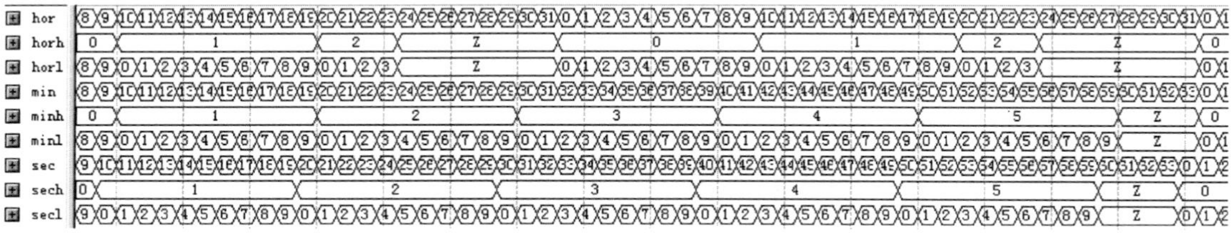

图 6.5　仿真结果

4. 顶层连接模块设计

现在已经完成了3个电路模块的设计，包括分频器模块（clk_div）、计数器模块（clk_count）和显示控制模块（dis_ctl）。在顶层连接模块中，按照信号连接关系把这3个模块连接起来，如图6.6所示。

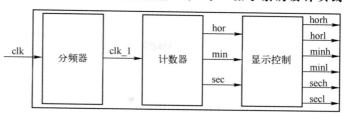

图6.6　顶层连接模块结构图

```verilog
//top. v
//Verilog 代码段 6 - 4
module top(clk,horh,horl,minh,minl,sech,secl);
input clk;                          //系统 50 MHz 时钟
output[1:0] horh;
output[3:0] horl,minl,secl;
output[2:0] minh,sech,secl;
wire   clk_1;
clk_div_inst clk_div(               //实体化 clk_div 模块
  . clk(clk),
  . clk_1(clk_1)
  );
wire[4:0] hor;
wire[5:0] min,sec;
clk_count clk_count_inst(           //实体化 clk_count 模块
  . clk_1(clk_1),
  . hor(hor),
  . min(min),
  . sec(sec)
  );
wire[1:0] horh;
wire[2:0] minh,sech;
wire[3:0] horl,minl,secl;
dis_ctl dis_ctl_inst(               //实体化 dis_ctl 模块
  . hor(hor),
  . min(min),
  . sec(sec),
  . horh(horh),
  . horl(horl),
  . minh(minh),
  . minl(minl),
  . sech(sech),
  . secl(secl)
  );
endmodule
```

系统仿真

1. 仿真需求分析

简易数字钟的仿真平台结构如图 6.7 所示，仿真平台主要提供测试模块需要的所有输入信号，以及对输出信号的检查比对功能。由于设计比较简单，输出比对主要采用观察波形的方法。后面的任务均采用这种方法进行仿真。

简易数字钟设计输入仅有一个信号，即 50 MHz 的时钟输入，输出是 6 组表示小时、分、秒的二进制数。所以，仿真平台需要设计一个 50 MHz 的时钟信号，即可观察时钟是否能够正常跳转。

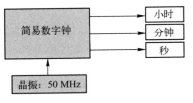

图 6.7　简易数字钟的仿真平台结构

2. 仿真代码设计

```verilog
//test. v
//Verilog 代码段 6 – 5
 'timescale 1ns/1ns
module test( ) ;
reg clk;
wire[1:0] horh;
wire[2:0] minh,sech;
wire[3:0] horl, minl, secl;
top top(
  . clk( clk) ,
  . horh( horh) ,
  . horl( horl) ,
  . minh( minh) ,
  . minl( minl) ,
  . sech( sech) ,
  . secl( secl)
  ) ;
initial              //建立一个仿真时钟
clk  = 1 'b0;        //首先初始化时钟的数值
always
#10 clk = ~ clk;     //每隔 10 ns 翻转一次, 为 50 MHz 时钟
endmodule
```

任务小结

本任务设计了一个简易数字钟，能实现小时、分钟和秒的计时及显示，其中控制小时、分钟和秒计时的计数模块是本次设计的核心。

计数模块的关键在于能够理解三个计时单位之间的联系，即秒计数满 60 产生一个向分钟的进位，分钟计数满 60 产生一个向小时的进位，这两个进位信号将小时、分和秒联系起来。

任务扩展

为时钟设计一个初值设置控制信号，按下设置信号时能利用开发板上的拨码开关或按键对时间进行校对设置。

任务20 可编程多彩霓虹灯设计

任务导航

任务要求	设计一个可编程的霓虹灯控制系统，实现霓虹灯多种图案的交替显示。利用开发板上的8个发光二极管来模拟霓虹灯的显示，8个拨码开关在一个按键的控制下，设置霓虹灯的显示模式，并存储在一个 8×8 RAM 中
软件环境	Quartus Ⅱ 开发环境，Modelsim 仿真软件
硬件环境	开发板资源：8个 LED，8个拨码开关，一个按键，时钟信号
模块划分	分频器，8×8 RAM 存储器模块，显示控制模块，按键控制模块
设计建议	本任务的核心是设计一个 8×8 RAM 存储器模块，8个拨码开关、1个按键和8个发光二极管可以验证该存储模块的读/写功能。因此，在设计时，主要精力应放在存储器模块上，这也是该项目最值得借鉴的地方。任务设计中包含了分频器、按键去抖、上升沿产生电路、D触发器阵列等实用电路设计

任务分析

任务要求利用开发系统板，设计一个简易的霓虹灯控制芯片。利用开发板上的8个发光二极管来模拟霓虹灯的显示，用按键来控制霓虹灯的显示模式。设计一个可编程的多彩霓虹灯，实现霓虹灯的可编程多种图案的交替显示。

系统的输入信号包括8个拨码开关、1个按键开关和时钟信号，输出信号有8个LED。系统框图如图6.8所示。

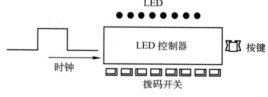

图6.8 可编程多彩霓虹灯框图

可编程多彩霓虹灯的外部时钟由晶振产生，该开发板系统示例中采用的晶振频率为 50 MHz。

可编程多彩霓虹灯共有8个二极管，定义这8个二极管的亮暗组合为一帧图案，每次显示的图案需要 8 bits 数据。在本设计中，预设了8帧图案，在正常情况下，可编程多彩霓虹灯以1帧/秒的速度变换显示数据。

同时，在按键的控制下，8个拨码开关用来输入8个霓虹灯的图案显示数据。方法如下：首先拨好8个数码开关，表示一帧具体的图案显示数据，其中，"开"代表相应的霓虹灯点亮，"关"代表相应的霓虹灯熄灭；然后按下按键，数据就存入了控制器电路的内部存储器中；继续用拨码开关输入下一帧的色彩数据，再按下按键，数据就存入控制器电路内部的下一组存储器中；按照这种方法，可以预先存储好8帧显示图案。当8帧显示图案数据存满了以后，可以继续输入数据，新输入的数据会覆盖第一次输入的数据。内部存储器结构如图6.9所示。

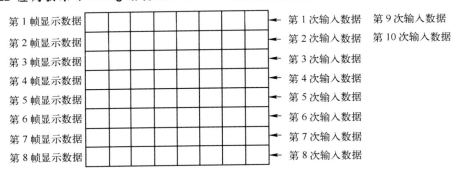

图 6.9　可编程多彩霓虹灯存储器结构图

系统设计

1. 系统结构框图

可编程多彩霓虹灯系统结构框图如图 6.10 所示。

2. 系统原理分析

可编程多彩霓虹灯分为 5 个模块，包括 2 个分频器模块、RAM 存储器模块、显示模块和按键控制模块。

（1）2 个分频器模块的作用是对系统时钟进行分频。由于显示部分需要每秒显示一帧图像，所以需要由系统高频时钟分频得到一个 1 s 的时钟用于控制显示模块。另外一个分频器输出 0.1 s 的时钟，主要用于按键去抖动，并且能够得到合理速度

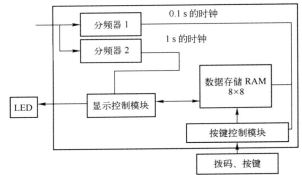

图 6.10　系统结构框图

的按键控制信号，同时这个时钟也用于构建 RAM 的工作时钟。

（2）显示模块的主要作用是从 RAM 中读出显示数据，并把这个数据显示到 LED 上。显示控制模块需要每秒从 RAM 中读数一次，每次读出数据为 8 bits。

（3）键盘、拨码控制模块的主要作用是检测外部的按键信号，如果按键信号有效，就把拨码开关的数据输入到当前地址指针所指的 RAM 地址中。

（4）数据存储 RAM 模块是最复杂的核心模块，负责数据的存入和读出，该 RAM 需要处理来自键盘、拨码开关的数据写入信号，也要处理 LED 显示控制模块的读数据请求信号，以及二者的冲突仲裁处理。

3. 系统接口信号

可编程多彩霓虹灯系统接口信号的定义如表 6.5 所示。

表 6.5　可编程多彩霓虹灯接口信号定义

信号名	I/O	位宽	含义
clk	I	1 bit	系统时钟输入
led	O	8 bits	多彩霓虹灯的显示数据
key	I	8 bits	拨码开关的输入信号
press	I	1 bit	按键开关信号

模块设计

1. 分频器 1 模块设计

（1）模块原理分析。分频器是采用计数器实现的，关于分频器的设计参见 4.4 节。

（2）模块接口定义。分频器1模块接口定义如表6.6所示。

表 6.6　分频器 1 模块接口信号定义

信号名	I/O	位宽	含义
clk	I	1 bit	系统 50 MHz 时钟输入
clk_01s	O	1 bit	分频后周期为 0.1 s 的时钟输出

（3）模块 Verilog 代码设计，代码如下：

```
//clk_div1.v
//Verilog 代码段 6-6
module clk_div1(
clk,                    //输入时钟
clk_01s                 //输出时钟
);
input clk;
output clk_01s;
reg[21:0] counter;      //定义计数器来计数时钟,计数 2 500 000,需要用 22 位计数器
reg clk_01s;
always@ ( posedge clk )
……                     //代码略,请读者参考任务 19 的代码段 6-1 自己设计
endmodule
```

2. 分频器 2 模块设计

分频器 2 模块接口的定义如表 6.7 所示。

表 6.7　分频器 2 模块接口的信号的定义

信号名	I/O	位宽	含义
clk	I	1 bit	系统 50 MHz 时钟输入
clk_1s	O	1 bit	分频后周期为 1 s 的时钟输出

模块 Verilog 代码设计，代码如下：

```
//clk_div2.v
//Verilog 代码段 6-7
module clk_div2(
clk,                    //输入时钟
clk_1s                  //输出时钟
);
……                     //代码略,请读者参考任务 19 的代码段 6-1 自己设计
endmodule
```

3. 显示控制模块设计

（1）模块原理分析。显示控制模块的功能是从 RAM 中读取数据，并把这个数据显示到 LED 上。LED 数据是 8 bits，所以需要 8 位数据总线从 RAM 读出数据，同时还需要 8 条数据总线来传输数据到 LED 灯上。此外，由于 RAM 数据有 8 组，所以还需要给 RAM 相应的地址信号，该模块结构如图 6.11 所示。

基于上述考虑，在显示控制模块里需要设计一个地址寄存器，由于只有 8 个存储单元，所以可以只需要 3 bits 的地址寄存器，地址寄存器需要自动循环累加才能连续不断地输出地址给 RAM。为了本设计模块的简洁化，减少使用其他接口控制信号，定义 RAM 和控制模块的读出接口时序为：只要控制模块发送地址，RAM 就自动输出相应地址的数据。

（2）模块接口定义。显示控制模块接口的定义如表 6.8 所示。

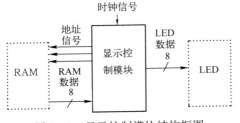

图 6.11　显示控制模块结构框图

表 6.8　显示控制模块接口信号的定义

信号名	I/O	位宽	含义
clk_1s	I	1 bit	分频后周期为 1 s 的时钟输出
led	O	8 bits	输出给 LED 灯的显示数据
disp_add	O	3 bits	输出给 RAM 的地址
disp_data	I	8 bits	从 RAM 读出的数据

（3）模块 Verilog 代码设计，代码如下：

```
//disp_ctl. v
//Verilog 代码段 6 - 8
module disp_ctl(clk_1s,led,disp_add,disp_data);
input clk_1s;                    //输入时钟
output[7:0] led;
input[7:0] disp_data;            //显示数据
output[2:0] disp_add;            //地址信号
reg[2:0] disp_add;               //地址寄存器
always@（posedge clk_1s）        //自动产生地址
    disp_add <= disp_add + 1'b1;
assign led = disp_data;          //输出 data 给 LED 灯
endmodule
```

4. 按键控制模块设计

（1）模块原理分析。按键控制模块的功能是把外部拨码开关的数据通过按键输入给 RAM，按键开关是控制信号，每按下一次，可以把拨码开关的状态作为显示数据输入到 RAM 中，同时 RAM 地址指针增加 1，其结构如图 6.12 所示。

按键控制模块首先要处理的问题就是按键信号的去抖动，由于人在按下按键的时候一定会有抖动，所以需要用 0.1 s 的时钟对按键进行去抖动处理，然后对去抖后的按键信号做上升沿检测，这样每次按下按键之后就会生成一个与时钟等宽的高电平信号，可用于控制 RAM 的写入。RAM 收到这个控制信号后，就会把数据总线上的数据写入地址总线对应位置的 RAM

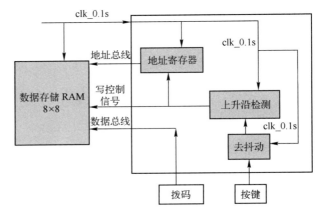

图 6.12　按键控制模块结构框图

空间；同时，地址寄存器收到这个信号以后，也会把地址指针加 1，准备好下一次写入的地址。

（2）模块接口定义。按键控制模块接口的定义如表 6.9 所示。

表 6.9 按键控制模块接口信号定义

信号名	I/O	位宽	含义
clk_01s	I	1 bit	分频后周期为 0.1 s 的时钟输出
key	I	8 bits	外部的拨码开关信号
press	I	1 bit	外部的按键信号
wdata	O	8 bits	写入 RAM 的数据总线
key_add	O	3 bits	从按键控制模块输出给 RAM 的地址信号
wr	O	1 bit	写控制信号，按键信号通过上升沿检测电路后，生成一个时钟宽度的写信号

（3）模块 Verilog 代码设计，代码如下：

```
//key_ctl. v
//Verilog 代码段 6 - 9
module key_ctl( clk_01s,key,press,wdata,key_add,wr) ;
input clk_01s ;                //输入的 0.1 s 时钟
input[7:0] key ;               //外部的拨码开关
input press ;                  //按键开关
output[7:0] wdata ;            //写入 RAM 的数据
output[2:0] key_add ;          //写入 RAM 的地址
output wr ;                    //写控制信号
reg press1,press2,press3 ;
always@ ( posedge clk_01s)     //去抖动电路
begin
press1 <= press ;
press2 <= press1 ;
press3 <= press2 ;
end
assign wr = press2 && press3 ; //上升沿产生电路
reg [2:0] key_add ;            //地址寄存器
always@ ( posedge clk_01s)
    if( wr == 1 'b1)            //每次写入 RAM 后,地址自动加 1
        key_add <= key_add  +1 'b1;
assign wdata = key ;
endmodule
```

> **小经验**
>
> 在数字系统设计过程中，经常会使用到上升沿或下降沿产生电路。标准的上升沿产生电路使用 D 触发器对原有信号进行延迟，然后对这个延迟后的信号进行取反向操作，再把取反后的信号和原始信号做逻辑与操作，就能够产生一个和时钟脉宽一样宽度的脉

冲电路，该电路是与时钟同步的电路，可以直接使用。上升沿检测电路参见任务 12。

图 6.13 为上升沿检测电路的波形图，首先对原始信号 A 进行延迟，得到 A′，然后对 A′取反向，再用取反信号和 A 进行逻辑与的操作，最后可以得到一个和时钟一样宽，和 A 的上升沿对齐的脉冲信号。

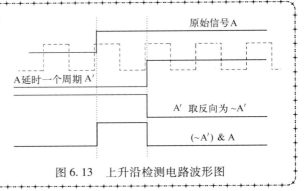

图 6.13　上升沿检测电路波形图

5. RAM 模块设计

（1）模块原理分析。RAM 本身是一个存取数据的元件。在本设计中采用 64 个 D 触发器作为存储单元，分为 8 组，每组有 8 bits。除了存储单元以外，RAM 还需要译码器和读/写控制器。这里，RAM 不需要读控制信号，给地址信号就可以直接读出；而写入时一定需要控制信号，由于采用了 D 触发器作为存储单元，所以不必担心同时读/写的问题，D 触发器可以同时进行读/写操作。而如果采用了 SRAM 结构，就需要专门的仲裁电路来处理同时读/写的矛盾。RAM 模块结构如图 6.14 所示。

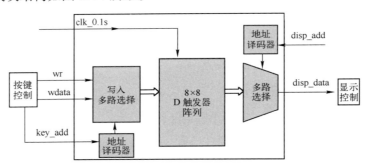

图 6.14　RAM 模块结构框图

小知识

标准的 SRAM 单位为六管单元结构，如图 6.15 所示。这样的结构可以有效地节约电路中管子的数量，降低版图面积，提高 SRAM 容量。但是，采用了六管单元结构的 SRAM 读/写都是通过一个端口 DL 差分信号来操作的，所以缺点是速度慢，不能同时进行读/写。如果采用 D 触发器来存储数据，就可以有效地避免该问题，因为 D 触发器对输出进行锁存，所以可以同时进行读/写操作。

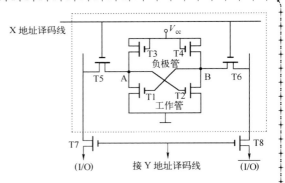

图 6.15　SRAM 的 6 管单元结构

RAM 模块包括三部分：写入部分、D 触发器阵列和读出部分。读出部分包括一个译码器电路，可以把地址译码器选中的 D 触发器输出端通过多路选择器选通到最终的数据总线上；写入部分，也通过一个地址译码器和一个多路选择器最终把地址选中的 D 触发器写入数据。

> **小提示**
>
> 这里需要注意的是，读出电路中把读出的数据直接放在输出端口，当外部需要用的时候就采样，从而读出数据，这一操作始终进行着。但是写入不能一直写，因为外部的写入数据不会一直存在，必须在特定的时间点写入。

在本设计中，当 wr 有效的时候，就写入 D 触发器。由于 D 触发器是时钟同步电路，所以需要外部的写入信号也必须是同步于 D 触发器时钟的。这里写信号 wr 和 D 触发器都同步于时钟 clk_01s，所以符合设计的要求。

（2）模块接口定义。RAM 模块接口的定义如表 6.10 所示。

表 6.10　RAM 模块接口信号定义

信号名	I/O	位宽	含 义
clk_01s	I	1 bit	分频后周期为 0.1 s 的时钟输出
wdata	I	8bits	写入 RAM 的数据总线
key_add	I	3 bits	从按键控制模块输入给 RAM 的地址信号
wr	I	1 bit	写控制信号，按键信号通过上升沿检测电路后，生成的一个时钟宽度的写信号
disp_add	I	3 bits	显示控制模块输入给 RAM 的地址信号
disp_data	O	8 bits	显示控制模块从 RAM 读出的数据

（3）模块 Verilog 代码设计如下：

```verilog
//ram. v
//Verilog 代码段 6 - 10
module ram( clk_01s,wdata,key_add,wr,disp_add,disp_data);
input clk_01s;                        //输入的 0.1 s 系统时钟
input[7:0] wdata;                     //从拨码开关写入数据
input[2:0] key_add;                   //写入的地址
input wr;                             //写入使能信号
input[2:0] disp_add;                  //读出地址
output[7:0] disp_data;                //读出数据
reg[7:0] ram0,ram1,ram2,ram3,ram4,ram5,ram6,ram7;    //定义 D 触发器阵列
assign disp_data = disp_add == 3'b000 ? ram0 :        //读出的地址译码和多路选择器
                   disp_add == 3'b001 ? ram1 :
                   disp_add == 3'b010 ? ram2 :
                   disp_add == 3'b011 ? ram3 :
                   disp_add == 3'b100 ? ram4 :
                   disp_add == 3'b101 ? ram5 :
                   disp_add == 3'b110 ? ram6 :
                   disp_add == 3'b111 ? ram7 :8'bz;
```

```
always@ ( posedge clk_01s)                        //写入的译码和多路选择器
    begin
    if( wr == 1'b1)                               //如果写使能信号 wr 有效才写入
        begin
            if( key_add == 3'b000)                //如果写入的地址为"000"
                ram0 <= wdata;                    //把数据写入 ram0 这个单元
            else if ( key_add == 3'b001)
                ram1 <= wdata;
            else if ( key_add == 3'b010)
                ram2 <= wdata;
            else if ( key_add == 3'b011)
                ram3 <= wdata;
            else if ( key_add == 3'b100)
                ram4 <= wdata;
            else if ( key_add == 3'b101)
                ram5 <= wdata;
            else if ( key_add == 3'b110)
                ram6 <= wdata;
            else if ( key_add == 3'b111)
                ram7 <= wdata;
        end
    end
endmodule
```

6. 顶层连接模块设计

前面设计了 5 个电路模块，包括：2 个分频器（clk_div1 和 clk_div2）、显示控制模块（disp_ctl）、按键控制模块（key_ctl）和 RAM 模块（ram）。在顶层连接模块中，按照控制关系把这 5 个模块连接起来，如图 6.16 所示。

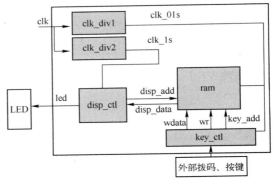

图 6.16　顶层连接模块结构图

代码如下：

```
//led.v
//Verilog 代码段 6 - 11
module led( clk,led,key,press);
input clk;                          //系统 50 MHz 时钟
input[7:0] key;                     //输入的拨码开关
input press;                        //按键输入
output[7:0] led;                    //输出的 LED 灯数据
wire clk_01s;
clk_div1 clk_div1_inst(             //实体化 clk_div1 模块
  .clk(clk),
```

```
            . clk_01s( clk_01s )
            );
        wire clk_1s;
        clk_div2 clk_div2_inst(          //实体化 clk_div2 模块
            . clk( clk ),                //输入时钟
            . clk_1s( clk_1s )           //输出时钟
            );
        wire[7:0] disp_data;
        wire[2:0] disp_add;
        disp_ctl disp_ctl_inst(          //实体化 disp_ctl 模块
            . clk_1s( clk_1s ),          //输入时钟
            . led( led ),
            . disp_add( disp_add ),
            . disp_data( disp_data )
            );
        wire[7:0] wdata;
        wire[2:0] key_add;
        wire wr;
        key_ctl key_ctl_inst(            //实体化 key_ctl 模块
            . clk_01s( clk_01s ),        //输入时钟
            . key( key ),
            . press( press ),
            . wdata( wdata ),
            . key_add( key_add ),
            . wr( wr )
            );
        ram ram_inst(                    //实体化 ram 模块
            . clk_01s( clk_01s ),        //输入时钟
            . wdata( wdata ),
            . key_add( key_add ),
            . wr( wr ),
            . disp_add( disp_add ),
            . disp_data( disp_data )
            );
        endmodule
```

系统仿真

1. 仿真需求分析

可编程多彩霓虹灯的仿真平台结构如图 6.17 所示。可编程多彩霓虹灯设计输入有两部分：一是 50 MHz 的时钟输入，另外一个是外部按键和拨码开关输入；输出的是 8 个 LED 灯的数据。所以整个仿真平台需要设计一个 50 MHz 的时钟，并且设计一组或者多组按键、拨码开关的输入，作为测试向量，观察最终输出的 LED 显示数据是否正确。

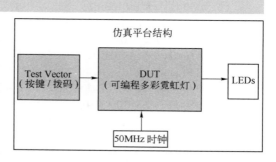

图 6.17　可编程多彩霓虹灯仿真平台结构

2. 仿真代码设计

代码如下：

```
//test. v
//Verilog 代码段 6 - 12
'timescale 1ns/1ns
module test( );
reg clk;
reg[7:0] key;
wire[7:0] led;
reg press;
led led(                              //实体化 DUT 模块 led
  . clk( clk ),
  . led( led ),
  . key( key ),
  . press( press )
  );
initial                               //建立一个仿真时钟
clk = 1'b0;                            //首先初始化时钟的数值
always
#10 clk = ~clk;                        //每隔 10 ns 翻转一次，为 50 MHz 时钟
//下面仿真输入 8 个数据作为一组显示色彩，为保证仿真正确性，应该多仿真几组这样的色彩
数据
initial
begin
press = 1'b0;
led . disp_ctl . disp_add = 3'b0;
led . key_ctl . key_add = 3'b0;
#150 key = 8'b00000001;               //输入第一组显示色彩数据 8'b00000001；
#150 press = 1'b1;
#150 press = 1'b0;
#150 key = 8'b01001001;               //输入第二组数据
#150 press = 1'b1;
#150 press = 1'b0;
#150 key = 8'b11000111;               //输入第三组数据
#150 press = 1'b1;
#150 press = 1'b0;
#150 key = 8'b10100101;               //输入第四组数据
#150 press = 1'b1;
#150 press = 1'b0;
#150 key = 8'b10100101;               //输入第五组数据
#150 press = 1'b1;
#150 press = 1'b0;
#150 key = 8'b01000110;               //输入第六组数据
#150 press = 1'b1;
#150 press = 1'b0;
#150 key = 8'b01100101;               //输入第七组数据
```

```
        #150 press = 1'b1;
        #150 press = 1'b0;
        #150 key = 8'b10010001;                    //输入第八组数据
        #150 press = 1'b1;
        #150 press = 1'b0;
    end
endmodule
```

任务小结

本任务设计了一个基于 8×8 D 触发器阵列的可编程多彩霓虹灯控制系统，建立了一个 D 触发器存储阵列及控制模块，写入操作由一个按键控制，读出操作由 1 s 时钟控制，每隔 1 s 读出一次数据；8 个拨码开关的当前状态即为存储器写入数据，读出数据直接控制 8 个发光二极管的亮灭状态。

本任务设计的关键是各个模块之间的时序控制关系。按键形成写操作信号，把拨码开关的当前状态数据写入存储器，同时写入地址增加 1；1 s 时钟信号控制存储器每秒读出一次数据，点亮 8 个发光二极管，读出地址增加 1。

由于按键开关会产生抖动，所以必须要对按键进行去抖动处理，0.1 s 时钟用于按键去抖操作。

任务扩展

（1）为系统设计一个复位信号，使得系统上电复位以后可以处于一个确定的状态，避免上电后 D 触发器和地址寄存器中存储随机的数据。

（2）增加系统的可编程能力，给系统增加一个按键。如果按下按键 1，则和任务 20 中一样，把拨码开关的数据存储到 RAM 中，地址寄存器加 1。如果按下按键 2，则可以跳过这个地址的数据编程，不存储当前拨码开关数据，保持原来数据不变，地址寄存器直接加 1。

（3）完成能存储 16 组数据的多彩霓虹灯控制芯片设计。

任务 21 小型运算器设计

任务导航

任务要求	设计一个小型运算器，实现两个 8 位二进制数的算术和逻辑运算，包括加法、按位与、按位或、按位异或、按位同或 5 种运算，并在 8 个发光二极管上输出运算结果。8 个控制按键分别用来选择操作数输入、运算类型、输出结果和归零等。8 个拨码开关用来输入两个 8 位二进制操作数。1 个七段数码管用来显示运算器的当前状态
软件环境	Quartus II 开发环境，Modelsim 仿真软件
硬件环境	开发板资源：8 个发光二极管，8 个拨码开关，8 个按键，时钟信号，1 个七段数码管
模块划分	分频器模块，显示控制模块，按键控制模块，有限状态机模块
设计建议	本任务的核心是设计一个有限状态机，根据不同的按键输入判定状态的跳转：在初始状态按下按键 0，表示输入第一个操作数，按键 3~7，表示 5 种运算类型，按键 1 表示输入第二个操作数，并输出结果，按键 2 表示系统复位归零。同时，还需要设计显示控制模块，把有限状态机的状态转换为七段数码管的显示段码。任务设计中包含了按键去抖、上升沿产生电路、分频器等实用电路设计

任务分析

任务要求利用开发系统板，设计一个小型运算器（ALU）芯片。利用开发板上的 8 个拨码开关输入操作数，8 个发光二极管显示运算结果，8 个功能按键选择操作数输入和运算类型，1 个七段数码管显示 ALU 的当前状态，即有限状态机的状态编码。

系统的输入信号包括 8 个拨码开关、8 个按键和时钟信号，输出信号则有 8 个发光二极管和 1 个七段数码管。系统框图如图 6.18 所示。

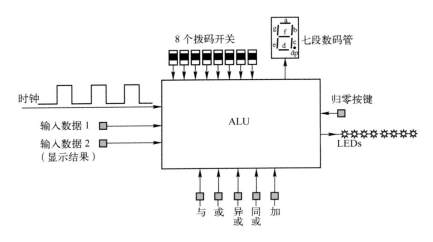

图 6.18　小型 ALU 系统框图

小型 ALU 芯片的外部时钟由晶振产生，该开发板系统本例中采用的晶振频率为 50 MHz。8 个拨码开关表示输入 ALU 运算的 8 位二进制数，8 个按键的功能如下。

key0：8 个拨码开关的当前状态作为 ALU 的第一个操作数输入系统；

key1：8 个拨码开关的当前状态作为 ALU 的第二个操作数输入系统并显示结果；

key2：归零，系统恢复到初始状态，等待下一次计算；

key3：做"按位与"运算；

key4：做"按位或"运算；

key5：做"按位异或"运算；

key6：做"按位同或"运算；

key7：做"加法"运算。

8 个发光二极管显示运算结果，1 个七段数码管实时显示有限状态机的状态编码。系统状态转换过程如图 6.19 所示。复位以后，系统进入等待状态，此时所有的 LED 熄灭。在等待状态下，如果按下 key0，表示输入第一个操作数并保存，然后进入第 2 个状态。此时，如果按下 key3 ～ key7，分别代表按位与、按位或、按位异或、按位同或和加法运算，并进入相应的运算状态。此时，按下 key1，表示输入第二个操作数，并按照运算类型与之前保存的第一个操作数进行相应的运算，显示运算结果。当完成上述动作后，进入"计算结果"状态。在"计算结果"状态下，按 key2，则清除显示结果，并进入初始等待状态。

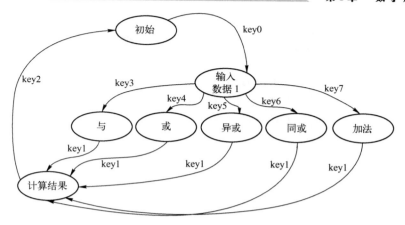

图 6.19　小型 ALU 状态转换图

系统设计

1. 系统结构框图

小型 ALU 芯片系统结构框图如图 6.20 所示。

2. 系统原理分析

小型 ALU 分为 4 个模块，包括分频器模块、有限状态机（FSM）模块、按键控制模块和显示控制模块。

分频器模块的作用是对系统时钟进行分频，产生有限状态机、按键控制需要的同步时钟信号，频率为 200 Hz。由于按键控制模块需要与有限状态机同步，构成一个同步电路，因此，必须使用同一个分频时钟信号。有限状态机负责处理整个系统的状态转换和运算，并把计算结果以二进制形式显示到发光二极管上，同时把状态寄存器的状态数值显示到七段数码管上。显示控制模块的作用是把状态寄存器的状态数值译码为七段数码管的显示段码进行输出，本例中选择 4 位寄存器作为状态寄存器，这样最多可以表示 16 种状态。按键控制模块的作用是对按键进行去抖动处理，并对处理后的按键信号进行边沿检测。

3. 系统接口信号

小型 ALU 芯片系统接口信号的定义如表 6.11 所示。

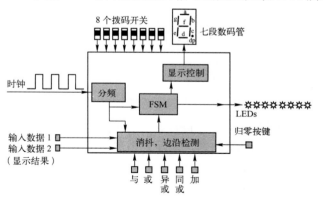

图 6.20　系统结构框图

表 6.11　小型 ALU 芯片接口信号定义

信号名	I/O	位宽	含　　义
clk	I	1 bit	系统时钟输入
reset	I	1 bit	系统复位归零信号
key	I	8 bits	按键输入信号
switch	I	8 bits	拨码开关输入信号
led	O	8 bits	LED 显示 ALU 的计算结果
shumaguan	O	8 bits	七段数码管的显示段码

模块设计

1. 分频器模块设计

（1）模块原理分析。分频器模块的作用是把频率为 50 MHz 的系统时钟信号分频成频率为 200 Hz 时钟信号，分频器参数计算可参见任务 19，这里的分频参数应为 125 000。

（2）模块接口定义。分频器模块接口定义如表 6.12 所示。

（3）模块 Verilog 代码设计如下：

表 6.12　分频器模块接口信号定义

信号名	I/O	位宽	含　义
clk	I	1 bit	系统 50 MHz 时钟输入
clk200hz	O	1 bit	分频后频率为 200 Hz 时钟输出

```
//clk_div. v
//Verilog 代码段 6 – 13
module clk_div(
clk,              //输入时钟
clk200hz          //输出时钟
);
……              //代码略,参见任务 19 的代码段 6 – 1
endmodule
```

2. 有限状态机模块设计

（1）模块原理分析。有限状态机是本任务的核心控制模块，该状态机有 8 个控制状态，如图 6.19 所示，分别是"初始状态"、"输入数据 1 状态"、"与状态"、"或状态"、"异或状态"、"同或状态"、"加法状态"和"计算结果状态"。上述 8 个状态，分别对应 8 种状态编码，采用 4 位二进制寄存器对上述状态进行编码，状态编码如表 6.13 所示。

表 6.13　状态编码表

状态编码	状态含义
4'b0000	初始状态
4'b0001	输入数据 1 状态
4'b1010	与状态
4'b1011	或状态
4'b1100	异或状态
4'b1101	同或状态
4'b1110	加法状态
4'b0111	计算结果状态

> **小提示**
>
> 核心控制模块是一个典型的 Mealy 状态机。一般地，8 个状态可以使用 3 位寄存器进行状态编码，然后通过组合逻辑译码来实现不同的 LED 输出。
>
> 在本任务中，为了能够很好地区分不同的状态编码，用 4 位寄存器来作为状态寄存器，具体如何编码完全可以根据设计者的喜好来决定。

下面我们对有限状态机中的 8 个状态之间的转换关系逐一进行分析。在初始状态下，状态编码为"0000"，数码管显示"0"，输出 8 位 LED 为熄灭状态，等待 key0 按下，其他按键按下均返回初始状态。当 key0 按下后，拨码开关当前的状态输入到系统中保存，作为第一个操作数，并进入"输入数据 1 状态"，状态编码为"0001"。在"0001"状态下，等待输入 key3 ～ key7，分别代表一种运算类型。当按下其中一个按键后，系统进入相应的计算状态。在

第6章 数字系统设计实践

该状态下，系统等待 key1 按下，把拨码开关的当前状态作为第二个操作数输入到系统中，并进行相应运算和结果显示，进入"计算结果显示"状态，状态编码为"0111"，等待按下 key2，系统归零，恢复到初始状态，准备下一次计算。

（2）模块接口定义。有限状态机模块接口的定义如表 6.14 所示。

（3）模块 Verilog 代码设计如下：

表 6.14 有限状态机模块接口信号定义

信号名	I/O	位宽	含　义
key	I	8 bits	经过处理后的按键信号
switch	I	8 bits	拨码开关输入
clk200hz	I	1 bit	分频后频率为 200 Hz 的时钟输出
reset	I	1 bit	系统复位归零信号
state	O	4 bits	有限状态机状态寄存器数值
led	O	8 bits	8 个 LED 显示计算结果

```verilog
//FSM. v
//Verilog 代码段 6 - 14
module FSM(key,switch,led,clk200hz,reset,state);
input[7:0] key,switch;               //经过处理后的按键信号和拨码开关输入
output[7:0] led;                     //8 个 LED 显示计算结果
input clk200hz, reset;               //分频后频率为 200 Hz 的时钟信号和复位归零信号
output[3:0] state;                   //有限状态机状态寄存器
reg[3:0] state;
reg[7:0] op_num,result;
always@( posedge clk200hz)
  if(reset == 1'b0)                  //复位归零信号有效
    begin
      state <=4'b0;                  //回到"0000"状态
      result  <=8'b0;
    end
  else
    case(state)
      4'b0000: if(key[0] ==1'b1)     //初始状态
              begin
                state <=4'b0001;
                op_num <= switch;    //拨码开关状态输入寄存器
              end
      4'b0001: if(key[3] ==1'b1)
              state <=4'b1010;       //输入第一个数状态
              else if (key[4] ==1'b1)
              state <=4'b1011;
              else if (key[5] ==1'b1)
              state <=4'b1100;
              else if (key[6] ==1'b1)
              state <=4'b1101;
              else if (key[7] ==1'b1)
              state <=4'b1110;
      4'b1010: if(key[1] ==1'b1)     //与状态
              begin
                state <=4'b0111;
```

261

```
                    result <= op_num & switch;              //按位与运算
              end
    4'b1011: if(key[1] == 1'b1)                             //或状态
              begin
                    state <= 4'b0111;
                    result <= op_num | switch;              //按位或运算
              end
    4'b1100: if(key[1] == 1'b1)                             //异或状态
              begin
                    state <= 4'b0111;
                    result <= op_num ^ switch;              //按位异或运算
              end
    4'b1101: if(key[1] == 1'b1)                             //同或状态
              begin
                    state <= 4'b0111;
                    result <= op_num ~^ switch;             //按位同或运算
              end
    4'b1110: if(key[1] == 1'b1)                             //加法状态
              begin
                    state <= 4'b0111;
                    result <= op_num + switch;              //加法运算
              end
     4'b0111: if(key[2] == 1'b1)                            //显示结果状态
                    state <= 4'b0000;
          default: state <= 4'b0000;
      endcase
    assign led = state == 4'b0111? result : 8'b0;
endmodule
```

3. 显示控制模块设计

（1）模块原理分析。由于有限状态机输出的状态机编码是一个 4 位二进制数，无法直接显示到七段数码管上，因此要对其进行译码处理。显示控制模块的输入是 4 位状态机编码，输出是数码管显示段码。

（2）模块接口定义。显示控制模块接口的定义如表 6.15 所示。

表 6.15　显示控制模块接口信号定义

信号名	I/O	位宽	含　　义
data	I	4 bits	有限状态机的状态寄存器编码
dout	O	8 bits	七段数码管的显示段码（包括小数点共 8 位）

（3）模块 Verilog 代码设计如下：

```
//display. v
//Verilog 代码段 6 - 15
module display(dout,data);                //输出数码管显示模块
output[7:0] dout;                         //数码管显示段码
reg[7:0] dout_r;
input[3:0] data;                          //输入数据
```

```
always@(data)
    begin
        case(data)                              //共阳极数码管显示段码
            4'd0:dout_r = 8'hc0;                //状态编码"0000",显示"0"
            4'd1:dout_r = 8'hf9;                //状态编码"0001",显示"1"
            4'd10:dout_r = 8'h88;               //状态编码"1010",显示"A"
            4'd11:dout_r = 8'h83;               //状态编码"1011",显示"B"
            4'd12:dout_r = 8'hc6;               //状态编码"1100",显示"C"
            4'd13:dout_r = 8'ha1;               //状态编码"1101",显示"D"
            4'd14:dout_r = 8'h86;               //状态编码"1110",显示"E"
            4'd7:dout_r = 8'hf8;                //状态编码"0111",显示"7"
            default:dout_r <= 8'hff;            //熄灭
        endcase
    end
assign dout = dout_r;
endmodule
```

4. 按键控制模块设计

（1）模块原理分析。按键控制模块的功能是对按键进行去抖动处理，并且对处理后的按键信号进行边沿检测，按键控制的原理参见任务20。经过边沿检测处理的按键信号，可以作为同步信号直接触发内部的电路工作；如果未进行边沿检测处理，每次按键按下后，无法确定按键次数，就会反复动作，出现错误。

（2）模块接口定义。按键控制模块接口的定义如表6.16所示。

表6.16　按键消抖动和边沿检测模块接口信号定义

信号名	I/O	位宽	含　义
clk200hz	I	1 bit	分频后频率为200 Hz的时钟信号
reset	I	1 bit	复位归零信号
key	I	1 bit	未处理的按键信号
func_key	O	1 bit	处理后的按键信号

（3）模块Verilog代码设计，代码如下：

```
//xiaodou.v
//Verilog代码段6-16
module xiaodou(func_key,key,clk200hz,reset);
output func_key;                        //处理后的按键信号
input key;                              //未处理的按键信号
input clk200hz;                         //频率为200 Hz的时钟信号
input reset;                            //复位归零信号
reg[2:0] count;
reg key_r,key_rr;
always@(posedge clk200hz or negedge reset)
    begin
        if(!reset)
            count <= 0;                 //复位归零信号有效,对count计数器清零
```

```
        else if( count == 3'd7)
            count <= 0;
        else
            count <= count + 1'b1;                //count 加 1 计数
    end
always@( posedge clk200hz or negedge reset)
    begin
      if( !reset)
          key_r <= 1'b1;
      else if( count == 3'd7)
          key_r <= key;
    end
always@( posedge clk200hz or negedge reset)
    begin
      if( !reset)
          key_rr <= 1'b1;
      else
          key_rr <= key_r;
    end
assign func_key = key_rr & ( !key_r);
endmodule
```

5. 顶层连接模块设计

前面设计了 4 个电路模块，包括：分频器模块（clk_div）、有限状态机模块（FSM）、按键模块（xiaodou）和显示控制模块（display）。在顶层连接模块中，按照控制关系把这 4 个模块连接起来。代码如下：

```
//alu. v
//Verilog 代码段 6 - 17
module alu( switch,key,led,shumaguan,clk,reset);
input clk,reset;                          //系统时钟和复位归零信号
input[7:0] key,switch;                    //按键和拨码开关输入
output[7:0] shumaguan,led;                //数码管段码显示输出和运算结果显示
wire clk200hz;
wire[7:0] func_key;
wire[3:0] state;
clk_div clk_div(                          //实体化 clk_div 模块
  . clk200hz( clk200hz),
  . clk( clk),
  . reset( reset)
  );
//对 8 个按键都进行去抖动和边沿检测处理
xiaodou xiaodou_1(. func_key( func_key[0]),. key( key[0]),. clk200hz( clk200hz),. reset( reset));
xiaodou xiaodou_2(. func_key( func_key[1]),. key( key[1]),. clk200hz( clk200hz),. reset( reset));
xiaodou xiaodou_3(. func_key( func_key[2]),. key( key[2]),. clk200hz( clk200hz),. reset( reset));
xiaodou xiaodou_4(. func_key( func_key[3]),. key( key[3]),. clk200hz( clk200hz),. reset( reset));
xiaodou xiaodou_5(. func_key( func_key[4]),. key( key[4]),. clk200hz( clk200hz),. reset( reset));
```

```
xiaodou xiaodou_6(. func_key(func_key[5]),. key(key[5]),. clk200hz(clk200hz),. reset(reset));
xiaodou xiaodou_7(. func_key(func_key[6]),. key(key[6]),. clk200hz(clk200hz),. reset(reset));
xiaodou xiaodou_8(. func_key(func_key[7]),. key(key[7]),. clk200hz(clk200hz),. reset(reset));
FSM    FSM(                                    //实体化 FSM 模块
   . key(func_key),
   . switch(switch),
   . led(led),
   . clk200hz(clk200hz),
   . reset(reset),
   . state(state)
   );
display display(. dout(shumaguan),. data(state));    //输出显示控制模块
endmodule
```

系统仿真

1. 仿真需求分析

小型 ALU 芯片的仿真平台结构如图 6.21 所示。小型 ALU 芯片设计输入有两部分：一是 50 MHz 的时钟输入，另一部分是按键和拨码开关输入；输出则是 8 个 LED 和七段数码管显示。所以整个仿真平台需要设计一个 50 MHz 的时钟，并且设计一组或

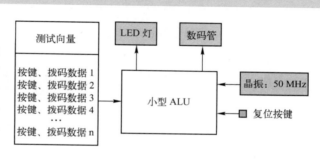

图 6.21　小型 ALU 芯片的仿真平台结构

者多组按键、拨码开关的输入作为测试向量，观察最终输出的 LED 显示数据以及七段数码管的显示数据是否正确。为了减少仿真时间，提高仿真效率，可以将分频器模块的数值稍微改变，先将分频器调节到 200 kHz，在仿真通过后，再将前面修改的数值改为原来的值。

2. 仿真代码设计

代码如下：

```
//test. v
//Verilog 代码段 6-18
'timescale 1ns/1ns
module test();
reg clk;
reg reset;
wire[7:0] led,shumaguan;
reg [7:0] switch;
reg [7:0] key;
alu alu(
   . switch(switch),
   . key(key),
```

```
    . led(led),
    . shumaguan(shumaguan),
    . clk(clk),
    . reset(reset)
    );
    initial                              //系统复位
      begin
        #20 reset = 1'b1;
        #60 reset = 1'b0;
        #120 reset = 1'b1;
      end
    initial
    clk = 1'b0;                          //首先初始化时钟的数值
    always
    #10 clk = ~clk;                      //每隔10 ns 翻转一次,为50 MHz 时钟
    //下面开始模拟外部动作,为保证仿真的正确性,应该多仿真几组这样的动作
    initial
    begin
    key = 8'b11111111;
    #1500 switch = 8'b11001010;          //操作数1,可多做几组数据
    #1500 key[0] = 1'b0;                 //输入操作数1
    #1500 key[0] = 1'b1;
    #1500 key[3] = 1'b0;                 //做"按位与"操作,可以多尝试其他的运算操作
    #1500 key[3] = 1'b1;
    #1500 switch = 8'b11001011;          //拨码输入操作数2
    #1500 key[1] = 1'b0;                 //输入操作数2,并显示结果
    #1500 key[1] = 1'b1;                 //可多做几组数据
    #1500 key[2] = 1'b0;                 //恢复初始状态
    #1500 key[2] = 1'b1;
    end
    endmodule
```

任务小结

本任务设计了一个小型 ALU 系统,为提供一个较为合理的去抖动和边沿检测的时钟信号,首先建立了一个分频器电路;然后利用按键输入控制信号以及 5 种运算的运算类型标识信号,构建了一个有限状态机来控制整个系统的工作过程。最后,再利用一个显示控制模块实现了从状态编码数值到七段数码管显示段码的译码功能。

任务扩展

（1）在不增加按键的前提下,把运算的种类增多,例如增多到 7 种,甚至更多。

（2）增加系统的运算速度,尝试把系统的运算速度提高到 FPGA 芯片的极限。

（3）把 ALU 芯片扩展成一个小型处理器,能够处理简单的外部指令,构建一个小型指令系统来完成相应的运算功能。

任务 22　多功能密码锁设计

任务导航

任务要求	设计一个多功能密码锁电路控制系统。具备设定密码、修改密码的功能。如果密码输入正确，则给出开锁信号，如果错误，给出报警信号
软件环境	Quartus II 开发环境，Modelsim 仿真软件
硬件环境	开发板资源：8 个 LED，8 个拨码开关、3 个按键开关、3 个七段数码管、时钟信号，1 个复位按键
模块划分	分频器模块，按键和七段数码管控制模块，核心控制模块
设计建议	本任务核心是一个密码存储、判断、报警的主控模块。由于控制一个密码锁需要多个输入/输出，包括 8 个拨码开关、3 个按键、3 个 LED 数码管等。为了使用多种输入/输出资源，必须给这些输入/输出端口设计相应的驱动电路，所以核心控制模块与这些外围电路的协调是关键

任务分析

任务要求利用开发系统板设计一个多功能密码锁控制芯片。利用开发板上的 8 个拨码开关设定开锁密码、输入开锁密码。8 个 LED 灯显示工作状态以及输入密码正误提示。3 个按键用来切换不同的模式，包括设定密码、开锁等。七段数码管用来显示输入密码的数值或者相应的状态编号。

系统的输入信号包括 8 个拨码开关、3 个按键开关、1 个复位按键和时钟信号，输出信号有 8 个 LED、3 个七段数码管。系统框图如图 6.22 所示。

多功能密码锁控制芯片的外部时钟由

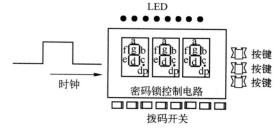

图 6.22　多功能密码锁控制器的框图

晶振产生，该开发板系统中采用的晶振频率为 50 MHz。8 个拨码开关可以代表 0 ~ 255，共计 256 个数，密码可以设定为 0 ~ 255 中的任意一个数。3 个按键可以作为状态控制开关，第一个按键代表设置密码状态，第二个按键代表上锁状态，第三个按键代表输入密码开锁。同时，8 个发光二极管 LED 在不同的状态下也有以下不同的含义。

　　LED4：设置密码信号灯；

　　LED5：上锁信号灯；

　　LED6：开锁信号灯；

　　8 个 LED 全亮：密码错，报警信号。

系统的状态转换过程如图 6.23 所示，当复位以后，系统进入等待状态，此时所有的 LED 灯熄灭。在等待状态下，如果按下第一个按键，表示设置密码，设置密码信号灯点

亮，定义 LED4 亮，并且把拨码开关上的密码存入系统，由七段数码管显示此时的密码数据。在该状态下，如果按下第二个按键，进入锁定状态，也就是密码保护状态，此时上锁信号灯 LED5 亮，数码管显示"0"。如果在锁定状态，按下按键3，也就是开锁键，系统判断输入的密码是否正确，如果此时密码错误，把 8 个 LED 都点亮，表示报警，如果密码正确，则使开锁信号灯 LED6 亮，表示开锁。在开锁之后，如果按下按键2，则可以再次锁定系统，等待下一次开锁操作。

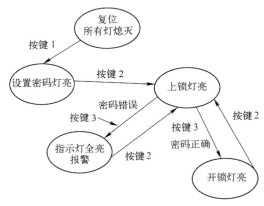

图 6.23　多功能密码锁控制器的状态图

系统设计

1. 系统结构框图

多功能密码锁控制芯片系统结构框图如图 6.24 所示。

2. 系统原理分析

多功能密码锁分为 3 个模块：分频器模块、核心状态控制模块和按键与七段数码管控制模块。其中，分频器模块主要是产生供按键、七段数码管扫描的时钟，周期大约在 $0.001 \sim 0.0001\,\mathrm{s}$ 之间。同时，分频时钟也可以用于核心控制模块的基本控制，由于扫描时钟要和按键、七段数码管控制电路构成一个同步电路，因此，必须使用同一个分频时钟。

图 6.24　系统结构框图

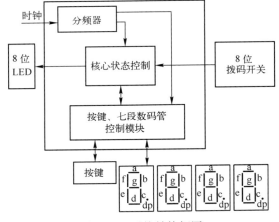

按键和七段数码管显示控制电路是对外部的按键以及动态显示硬件进行驱动,该模块对按键进行扫描,输出经过扫描之后的按键结果,并且可以把核心模块输出的二进制显示数据转化为 BCD 码,通过 BCD 译码和动态显示技术最终输出到动态七段数码管显示。

核心控制模块的作用是控制系统的状态。系统一共有 5 个状态,状态之间由外部按键和拨码进行切换,而状态显示则由 LED 灯以及数码管进行输出。

3. 系统接口信号

多功能密码锁系统接口信号的定义如表 6.17 所示。

表 6.17 多功能密码锁系统接口信号定义

信号名	I/O	位宽	含义
clk	I	1 bit	系统时钟输入
rst	I	1 bit	系统复位信号
led	O	8 bits	8 个 LED 数码管
boma	I	8 bits	8 个拨码开关
scan	O	4 bits	动态显示扫描位选信号
m	O	7 bits	七段数码管的段控制信号
keyin0	I	1 bit	矩阵键盘输入,2×4 矩阵键盘第一行信号
keyin1	I	1 bit	矩阵键盘输入,2×4 矩阵键盘第二行信号

模块设计

1. 分频器模块设计

(1)模块原理分析。分频器完成由 50 MHz 时钟产生 0.001 ~ 0.0001 s 时钟的功能,原始的未分频时钟是 50 MHz,根据计算公式:$n = T/(2t)$,令 $n = 5000$,也就是每次计数 5000 个原始时钟周期以后就把输出的分频时钟信号翻转一次。输出时钟频率为 10 kHz。

(2)模块接口定义。分频器模块接口的定义如表 6.18 所示。

(3)模块 Verilog 代码设计如下:

```
//clk_div.v
//Verilog 代码段 6 - 19
module clk_div(
clk,      //输入时钟
clk1      //输出时钟
);
//……代码略,请读者参考任务 19 的代码段 6-1 自己设计
endmodule
```

2. 核心控制模块设计

(1)模块原理分析。核心控制模块控制 5 个状态,如图 6.23 所示,分别是"初始状态"、"设定密码状态"、"锁定状态"、"开锁状态"和"报警状态"。上述 5 个状态,分别对应 5 种 LED 灯的输出状态。核心控制模块的状态编码如表 6.19 所示。

表 6.18 分频器模块接口信号定义

信号名	I/O	位宽	含义
clk	I	1 bit	系统 50 MHz 时钟输入
clk1	O	1 bit	分频后频率为 5 kHz 的时钟输出

表 6.19 核心控制模块的状态代码

状态编码	状态含义
8'b00000000	初始状态
8'b00010000	设定密码状态
8'b00100000	锁定状态
8'b01000000	开锁状态
8'b11111111	报警状态

小提示

一般地，5 个状态可以使用 3 位寄存器进行状态编码，然后通过组合逻辑译码来实现不同的 LED 输出。

本任务中，为了简化设计，直接用 8 位 LED 信号灯寄存器作为状态寄存器也是可行的，具体如何编码完全可以根据设计者的喜好来决定。

设定了控制器的状态，就必须考虑不同状态下的输出以及状态之间的转换关系，例如，在什么条件之下才能从初始状态转换为设定密码状态，而在这些状态下，LED 显示如何输出？七段数码管如何输出？在什么状态下需要把密码存入内部寄存器等。清楚了这些含义之后，就可以按照状态机的标准设计方法，完成状态机的设计。

下面我们对模块中的 5 种状态逐一分析状态之间的转换关系以及输出。

首先是初始状态，在初始状态下，输出 8 位 LED 为熄灭状态，四位数码管显示为"0000"，等待第一个按键按下，如果没有第一个按键按下，状态不会发生改变。按照使用要求，可以在该状态下设定密码，如果此时在拨码开关上准确地输入了密码后，按下第一个按键，密码被存储下来，并且进入"设定密码状态"，此时 LED 输出为"00010000"，而数码管输出为密码的数值（拨码开关给出的密码）。

在"设定密码状态"下，只能通过第二个按键进入锁定状态，如果进入了锁定状态，需要数码管输出"0000"，并且 LED 输出"00100000"表示现在系统已经锁定。

在"锁定状态"下，利用拨码开关输入开锁密码，然后按下第三个按键，此时系统会判定密码是否正确，如果正确，系统会切换到"开锁状态"，并且在 LED 上输出"01000000"表示开锁成功，数码管上显示输入的密码数值。如果密码错误，则应该切换到"报警状态"，并且在 LED 上输出"11111111"表示报警，数码管上显示输入的密码数值。无论开锁是否成功，都可以通过第二个按键重新恢复到锁定状态，准备下一次开锁。

表 6.20 核心控制模块接口信号定义

信号名	I/O	位宽	含义
rst	I	1 bit	系统复位信号
clk1	I	1 bit	分频后频率为 5 kHz 的时钟输出
led	O	8 bits	8 个 LED 数码管
boma	I	8 bits	8 个拨码开关
display	O	8 bits	七段数码管显示的二进制数据
key_s	I	8 bits	键值

（2）模块接口定义。核心控制模块接口定义如表 6.20 所示。

（3）模块 Verilog 代码设计如下：

```
//state. v
//Verilog 代码段 6 - 20
module state( rst,clk1,led,boma,display,key_s);
input rst;                     //系统复位信号
input clk1;                    //分频后频率为 5 kHz 的时钟输出
input [7:0] boma;              //拨码开关
output[7:0] led,display;       //8 个 LED 输出信号和七段数码管显示数据
input[7:0] key_s;              //键值,此处只用到 key_s[0]、key_s[1]、key_s[2]
```

```verilog
reg [7:0] led;                        //led 储状态机的状态编码
reg [7:0] display;
reg [7:0] mima;
always@( posedge clk1 )
begin
if( rst == 1'b1 )                     //如果复位信号有效,密码清零
   begin
          display <= 8'b00000000;     //七段数码管显示数据
          led     <= 8'b00000000;
          mima    <= 8'b00000000;
      end
else
      begin
      case( led )
      8'b00000000:begin               //处于复位状态,只能接受密码设定
          if( key_s[0] == 1'b1 )      //如果按键 1 按下,LED4 亮,并且确定密码
             begin
                  led     <= 8'b00010000;
                  display <= boma;
                  mima    <= boma;
              end
          end
      8'b00010000:begin               //处于密码设定完毕状态,只能等待上锁设定
          if( key_s[1] == 1'b1 )      //如果按键 2 按下,LED5 亮,密码上锁
             begin
                  led <= 8'b00100000;
                  display <= 8'b0;
              end
          end
      8'b00100000:begin               //处于锁定状态,只能等待开锁操作
          if ( key_s[2] == 1'b1 )     //判断密码是否正确,如果正确则 LED6 亮
             begin
                  if( boma == mima )
                     begin
                          led <= 8'b01000000;
                          display <= boma;
                      end
                  else
                     begin
                          led <= 8'b11111111;    //密码不正确则 8 个 LED 灯全亮
                          display <= boma;
                      end
              end
          end
      default:begin                   //处于开锁状态,或者其他无关状态,直接转换到锁定状态
              if ( key_s[1] == 1'b1 )  //如果按键 2 按下,LED5 亮,密码上锁
                 begin
```

```
                        led < = 8'b00100000;
                        display < = 8'b0;
                    end
                end
        endcase
        end
    end
    endmodule
```

3. 按键、七段数码管控制模块设计

（1）模块原理分析。该模块是整个设计中比较复杂的模块，其结构如图 6.26 所示。按键、七段数码管控制模块主要负责把要显示的二进制数据转换为 BCD 码，进而通过动态显示技术在七段数码管上显示出来。此外，还负责外部 2×4 矩阵键盘的扫描处理。

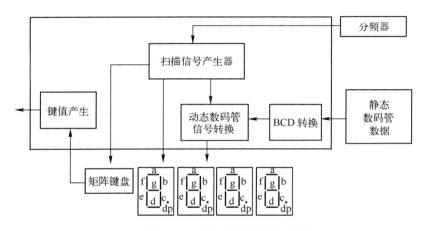

图 6.26　按键、七段数码管控制模块结构框图

电路首先对二进制数据进行 BCD 译码，译码原理前面章节已经有所介绍，译码输入数据在 0 ~ 255 之间，经过 BCD 转换，可以得到 3 个四位二进制数据。为了配合动态显示，需要生成一个动态扫描信号，不停地扫描动态数码管的位码，再配合扫描信号，把静态七段数码管的数据放到"段码数据总线"上。

图 6.27 给出了 2×4 矩阵键盘的基本原理图，2 个行输入信号是 keyin0 和 keyin1，4 个列信号分别是七段数码管的位码扫描信号 scan0、scan1、scan2 和 scan3。在行和列的每个交叉点上放置一个按键，如果某个按键按下，例如，scan2 和 keyin0 交叉点的按键被按下，则当 scan2 扫描信号为高电平时，keyin0 为高电平，这就证明 scan2 和 keyin0 交叉点的按键被按下，从而获得具体的按键信号。

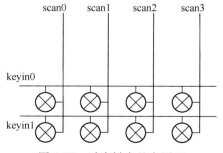

图 6.27　动态键盘基本原理

（2）模块接口定义。模块接口的定义如表 6.21 所示。

表 6.21　按键、七段数码管控制模块接口信号定义

信号名	I/O	位宽	含义
display	I	8 bits	七段数码管要显示的数据
key_s	O	8 bits	键值
scan	O	4 bits	矩阵键盘和数码管的扫描信号
m	O	7 bits	七段数码管的段码控制信号，采用共阴数码管
keyin0	I	1 bit	矩阵键盘的输入信号
keyin1	I	1 bit	矩阵键盘的输入信号
clk1	I	1 bit	分频后周期为 0.001～0.0001 s 的时钟输出

（3）模块 Verilog 代码设计如下：

```verilog
//scan_crl. v
//Verilog 代码段 6 - 21
module scan_crl(display,key_s,scan,m,keyin0,keyin1,clk1);
input[7:0]    display;          //七段数码管显示的二进制数据
output[7:0]   key_s;            //键盘输出信号
output [3:0]  scan;             //矩阵键盘和数码管的扫描信号
output [6:0]  m;                //七段数码管的段码控制信号
input keyin0,keyin1,clk1;       //矩阵键盘的输入信号和分频后的时钟信号
reg [3:0] scan;
reg [7:0] key_s;
reg [6:0] m;
reg [1:0] st;                   //产生用于矩阵键盘和数码动态扫描的 scan 信号
always@( posedge clk1)
    st <= st + 1'b1;
always @( st)
    begin
    case( st)
        2'b00:scan <= 4'b0001;
        2'b01:scan <= 4'b0010;
        2'b10:scan <= 4'b0100;
        2'b11:scan <= 4'b1000;
        default:scan <= 4'b0000;
    endcase
    end
always@( posedge clk1)          //由矩阵按键产生内部使用的键值
begin
if( scan ==4'b0001)
begin
    if( keyin0 ==1'b1) key_s[0] <= 1'b1;
        else key_s[0] <= 1'b0;
    if( keyin1 ==1'b1) key_s[4] <= 1'b1;
        else key_s[4] <= 1'b0;
```

```verilog
        end
    if( scan ==4'b0010)
    begin
        if( keyin0 ==1'b1) key_s[1] <=1'b1;
            else key_s[1] <=1'b0;
        if( keyin1 ==1'b1) key_s[5] <=1'b1;
            else key_s[5] <=1'b0;
    end
    if( scan ==4'b0100)
    begin
        if( keyin0 ==1'b1) key_s[2] <=1'b1;
            else key_s[2] <=1'b0;
        if( keyin1 ==1'b1) key_s[6] <=1'b1;
            else key_s[6] <=1'b0;
    end
    if( scan ==4'b1000)
    begin
        if( keyin0 ==1'b1) key_s[3] <=1'b1;
            else key_s[3] <=1'b0;
        if( keyin1 ==1'b1) key_s[7] <=1'b1;
            else key_s[7] <=1'b0;
    end
    end
reg[3:0] bai,shi;
wire[3:0] ge;
always@(display)                              //BCD convert
if( display >8'd199)
    bai <=4'd2;
else if ( display >7'd99)
    bai <=4'd1;
else
    bai <=4'd0;
wire[7:0] display_2wei;                        //十位和个位
assign  display_2wei = display − bai * 7'd100;
always@(display_2wei)                          //处理十位和个位
begin
    if( display_2wei >=7'd90)
        shi <=4'd9;
    else if( display_2wei >=7'd80)
        shi <=4'd8;
    else if( display_2wei >=7'd70)
        shi <=4'd7;
    else if( display_2wei >=7'd60)
        shi <=4'd6;
    else if( display_2wei >=7'd50)
        shi <=4'd5;
    else if( display_2wei >=7'd40)
        shi <=4'd4;
```

```
         else if( display_2wei >= 7'd30)
              shi <= 4'd3;
         else if( display_2wei >= 7'd20)
              shi <= 4'd2;
         else if( display_2wei >= 7'd10)
              shi <= 4'd1;
         else
              shi <= 4'd0;
    end
assign ge = display_2wei - shi * 4'd10;
reg[4:0] bin;
always @( st,ge,shi,bai)                    //利用 bai shi ge,生成动态数码管显示数据"bin"
  begin
  case( st)
  2'b00：    bin <= 4'b0000;
  2'b01：    bin <= bai;
  2'b10：    bin <= shi;
  2'b11：    bin <= ge;
  default: bin <= 4'b0000;
    endcase
    end
always @( bin)                              //七段数码管译码模块
begin
case（bin)
  4'b0000: m <= 7'b0111111;
  4'b0001: m <= 7'b0000110;
  4'b0010: m <= 7'b1011011;
  4'b0011: m <= 7'b1001111;
  4'b0100: m <= 7'b1100110;
  4'b0101: m <= 7'b1101101;
  4'b0110: m <= 7'b1111101;
  4'b0111: m <= 7'b0000111;
  4'b1000: m <= 7'b1111111;
  4'b1001: m <= 7'b1101111;
  default: m <= 7'b0000000;
endcase
end
endmodule
```

4. 顶层连接模块设计

前面设计了 3 个电路模块，包括分频器、核心控制模块、按键和数码管扫描控制模块。顶层模块需要按照连接关系把这 3 个模块之间，以及 3 个模块与端口之间建立起连接关系，参考代码如下：

```
//mimasuo. v
//Verilog 代码段 6 - 22
module mimasuo( clk,rst,led,boma,scan,m,keyin0,keyin1);
```

```
input clk,rst;
output[7:0] led;
input[7:0] boma;
output[3:0] scan;        //矩阵键盘和数码管的扫描信号
output[6:0] m;           //七段数码管的段码控制信号
input keyin0,keyin1;     //矩阵键盘的输入信号
wire clk1;
wire[7:0] display;
wire[7:0] key_s;
clk_div clk_div_inst(    //实体化分频模块
    .clk(clk),           //输入时钟
    .clk1(clk1)          //输出时钟
    );
state state_inst(        //实体化核心控制模块
    .rst(rst),
    .clk1(clk1),
    .led(led),
    .boma(boma),
    .display(display),
    .key_s(key_s)
    );
scan_crl scan_crl_inst(  //实体化按键与数码管控制模块
    .display(display),   //需要七段数码管显示的二进制数据
    .key_s(key_s),       //输出键盘信号
    .scan(scan),         //矩阵键盘和数码管扫描信号
    .m(m),               //七段数码管的段码控制信号
    .keyin0(keyin0),     //矩阵键盘的输入信号
    .keyin1(keyin1),
    .clk1(clk1)
    );
endmodule
```

系统仿真

1. 仿真需求分析

多功能密码锁的仿真平台结构如图 6.28 所示。设计输入有两部分：一是 50 MHz 的时钟输入，另一个是外部按键和拨码开关输入。输出则是 8 个 LED 灯和七段数码管显示。所以整个仿真平台需要设计一个 50 MHz 的时钟，并且设计一组或者多组按键、拨码开关的输入作为测试向量，观察最终输出的 LED 显示数据以及七段数码管的数据是否正确。

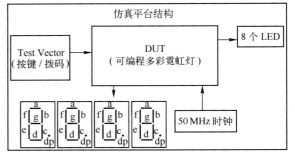

图 6.28　多功能密码锁仿真平台结构

2. 仿真代码设计

参考代码如下：

```verilog
//test. v
//Verilog 代码段 6 - 23
timescale 1ns/1ns
module test( );
reg clk;
reg rst;
wire[7:0] led;
reg[7:0] boma;
wire[3:0] scan;
wire[6:0] m;
reg keyin0, keyin1;
mimasuo u_mimasuo(
    . clk(clk),
    . rst(rst),
    . led(led),
    . boma(boma),
    . scan(scan),            //动态键盘和数码管的扫描信号
    . m(m),                  //七段数码管的段码
    . keyin0(keyin0),        //动态键盘的输入信号
    . keyin1(keyin1)
    );
reg[7:0] key;
always@(key,scan)            //搭建矩阵键盘生成电路
begin
case(scan)
    4'b0001:begin
            if (key[0] == 1'b1) keyin0 = 1'b1;
            if (key[4] == 1'b1) keyin1 = 1'b1;
        end
    4'b0010:begin
            if (key[1] == 1'b1) keyin0 = 1'b1;
            if (key[5] == 1'b1) keyin1 = 1'b1;
        end
    4'b0100:begin
            if (key[2] == 1'b1) keyin0 = 1'b1;
            if (key[6] == 1'b1) keyin1 = 1'b1;
        end
    4'b1000:begin
            if (key[3] == 1'b1) keyin0 = 1'b1;
            if (key[7] == 1'b1) keyin1 = 1'b1;
        end
    default:
            begin keyin0 = 1'b1; keyin1 = 1'b1; end
endcase
end
initial                      //系统复位
begin
    #20
```

```
        rst = 1'b0;
        #60 rst = 1'b1;
        #120 rst = 1'b0;
    end
    initial
    clk = 1'b0;                          //首先初始化时钟的数值
    always
        #10 clk =~clk;                   //每隔10 ns 翻转一次,为50 MHz 时钟
    //下面开始模拟外部动作,为保证仿真正确性,应该多仿真这样的动作
    initial
    begin
        key = 8'b0;
        #1500 boma = 8'b11001010;        //设定密码
        #1500 key[0] = 1'b1;
        #1500 key[0] = 1'b0;
        #1500 key[1] = 1'b1;
        #1500 key[1] = 1'b0;
        #1500 boma = 8'b11001011;        //输入错误密码
        #1500 key[2] = 1'b1;
        #1500 key[2] = 1'b0;
        #1500 key[1] = 1'b1;
        #1500 key[1] = 1'b0;
        #1500 boma = 8'b11001010;        //输入正确密码
        #1500 key[2] = 1'b1;
        #1500 key[2] = 1'b0;
    end
    endmodule
```

任务小结

本任务设计了一个多功能密码锁控制芯片系统，该系统结构比较复杂，涉及很多常见的外围硬件电路，包括分频器、矩阵键盘、发光二极管和七段 LED 动态显示等。

系统首先建立了一个分频器电路，提供系统内部扫描处理时的时钟。密码锁具有设定密码、开锁、报警等多个功能，而这些功能必须由一个状态控制器来控制。核心控制模块是一个典型的状态机电路。为了配合以上功能，还用到了拨码开关、LED 显示、动态按键、动态七段数码管等外围电路，因而还需要设计相应的驱动电路。

任务扩展

（1）为系统设计一个新的状态，使系统可以处于保护和不保护两种模式，在不保护模式下，无论输入任何密码都显示开锁成功。

（2）增加系统的密码功能，把原有的 8 位二进制密码，改变成三组 8 位二进制密码，分三次输入到系统内部，开锁也需要输入三组密码后才判断密码是否正确。还可以尝试设计一个 6 位十进制数的密码，分 6 次输入；进而还可以挑战不定位数的十进制密码设定系统。

任务 23　交通灯控制器设计

任务导航

任务要求	设计一个用于十字路口的交通灯控制器，具体要求如下： 　　（1）要求南北方向车道和东西方向车道两条交叉道路上的车辆交替运行，东西和南北方向各有一组红、黄、绿灯用于指挥交通； 　　（2）红、绿灯的持续时间为 60 s； 　　（3）黄灯在绿灯转为红灯之前亮 3 s； 　　（4）东西方向、南北方向车道除了有红、黄、绿灯指示外，每一种灯亮的时间都用显示器进行倒计时显示； 　　（5）有紧急情况车辆要求通过时，系统要能禁止普通车辆通行，东西、南北方向车道均为红灯，计时器清零，当特殊情况结束后，南北方向信号灯变绿，东西方向信号灯变红，继续正常工作
软件环境	Quartus Ⅱ 开发环境，Modelsim 仿真软件
硬件环境	开发板资源：6 个 LED 发光二极管，4 个 7 段数码显示器，一个按键，时钟信号
模块划分	分频器模块，显示译码器模块，计数器模块，控制器模块
设计建议	控制器模块是本设计的核心，根据交通灯转换的特点，采用状态机设计的方法来实现

任务分析

任务要求设计一个交通灯控制系统，示意图如图6.29所示。

交通灯的工作过程如下：设十字路口的交通干道为南北和东西两个方向。初始状态为南北和东西方向的灯全部为红灯，然后南北方向的绿灯亮，允许车辆行驶；东西方向的红灯亮，不允许车辆行驶，同时两个路口的数码显示器开始倒计时，南北方向绿灯亮 57 s 后，绿灯熄灭，黄灯开始亮 3 s；之后南北方向转为红灯，禁止车辆行驶，同时东西方向转为绿灯，允许东西方向车辆行驶，两个方向的数码显示器重新开始倒计时，57 s 后东西方向的绿灯熄灭，黄灯开始亮，3 s 之后转为红灯亮，禁止东西方向车辆行驶，同时南北方向由红灯转为绿灯，允许车辆行驶。

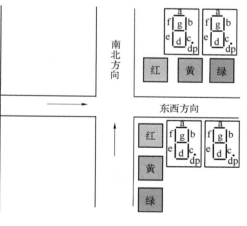

图 6.29　交通灯示意图

之后不断重复以上过程。当有特殊情况时，东西和南北方向的交通灯都转为红灯，并停止倒计时，特殊情况结束后，南北方向信号灯变绿，东西方向信号灯变红，重新开始计时，恢复正常工作。

利用开发板上的 6 个 LED 发光二极管分别来模拟两条交通道路上的红、黄、绿灯，利用按键来控制交通灯处于正常工作状态或特殊工作状态。4 个 7 段数码显示器用来显示两条交通道路上亮灯的倒计时情况，每个路口使用 2 个，共需要 4 个。但是由于任务中的两个路口显示相同的内容，因此只需设计一组 2 个数码管的显示驱动电路。

系统的输入信号包括一个按键开关、一个时钟信号，输出信号有 6 个 LED 输出信号和 4

个 7 段数码显示驱动信号，如图 6.30 所示。

交通灯控制器的外部时钟由晶振产生，该开发板系统中采用的晶振频率为 50 MHz。交通灯控制器的计时单位为秒，其时钟频率设定为 1 Hz，所以需要分频模块对外部时钟信号进行分频操作。

系统设计

1. 系统结构框图

交通灯控制器的系统结构框图如图 6.31 所示。

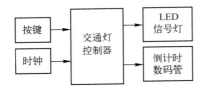 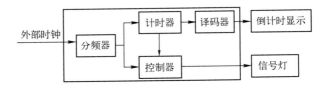

图 6.30 交通灯控制器的外部结构   图 6.31 交通灯控制器系统结构框图

2. 系统接口信号

交通灯控制器接口信号的定义如表 6.22 所示。

表 6.22 交通灯控制器接口信号定义

信号名	I/O	位宽	含义
clk	I	1 bit	系统时钟输入
rst	I	1 bit	特殊情况按键输入信号，也可复位
light1	O	3 bits	南北方向信号灯输出显示信号，红灯、黄灯、绿灯三个控制信号
light2	O	3 bits	东西方向信号灯输出显示信号，红灯、黄灯、绿灯三个控制信号
scan	O	2 bits	两个数码管的位选信号
led	O	7 bits	数码管的显示段码

模块设计

1. 分频器模块设计

1 Hz 分频器模块设计参见任务 19 的代码段 6－1。

2. 计时器模块设计

（1）模块原理分析。计时器用于对交通灯亮灯时间进行计时，本设计中计时显示采用倒计时方式，所以在进行计时模块设计的时候，要以 60 作为计时的起点，每进来一个时钟有效信号，计时器数字减 1。由于绿灯转红灯前 3 s 要亮黄灯，所以计时器剩最后 3 s 时要发出一个点亮黄灯的信号。

表 6.23 计时器模块接口信号定义

信号名	I/O	位宽	含义
clk_1	I	1 bit	分频后周期为 1 s 的时钟信号
rst	I	1 bit	用于切换正常情况或特殊情况，也可复位
count	O	6 bits	计时输出信号
Yl	O	1 bit	黄灯点亮信号

（2）模块接口定义。计时器模块接口的定义如表 6.23 所示。

（3）模块 Verilog 代码设计如下：

```verilog
//count_jtd. v
//Verilog 代码段 6 - 24
module count_jtd(clk_1,rst,count, Yl);
input clk_1,rst;                    //输入时钟信号和复位信号,低电平有效
output[5:0] count;                  //计数器计时输出信号,绿灯或红灯亮的同时从 60 开始倒计时
output Yl;                          //黄灯点亮信号
reg[5:0] count;
reg Yl;
always@( posedge clk_1 or negedge rst)
begin
    if( !rst)                       //特殊情况时按键按下,低电平有效
        count <= 6'b111100;         //采用异步复位方式,当复位信号有效时对计时器进行置60
    else
        begin
            if( count == 6b'000000)  //倒计时至零后,重新从 60 开始倒计时
                count <= 6'b111100;
            else
                count <= count - 1'b1;   //count 减 1 计数
        end
end
always@( posedge clk_1)             //黄灯点亮
begin
    if( count == 6'd3)
        Y1 = 1;                      //最后 3 秒黄灯点亮信号有效
    else if( count == 6'd2)
        Y1 = 1;
    else if( count == 6'd1)
        Y1 = 1;
    else
        Y1 = 0;
end
endmodule
```

（4）模块仿真结果。仿真结果如图 6.32 所示。

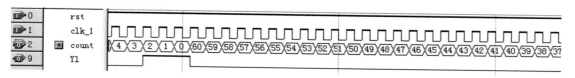

图 6.32　计时器模块仿真结果

3. 控制器模块设计

（1）模块原理分析。根据交通灯的工作过程，交通灯的工作状况如表6.24所示。正常工作时交通灯在前4个状态间运行，出现紧急情况进入状态5，紧急情况结束后，进入 s1 状态。

表 6.24　交通灯状态转换表

当前状态	当前状态下交通灯工作情况描述	持续时间	下一个状态
s1	南北方向绿灯亮，东西方向红灯亮	57 s	s2
s2	南北方向黄灯亮，东西方向红灯亮	3 s	s3
s3	南北方向红灯亮，东西方向绿灯亮	57 s	s4
s4	南北方向红灯亮，东西方向黄灯亮	3 s	s1
s5	两个路口红灯同时亮（特殊情况）	不确定	s1

（2）模块接口定义。控制器模块接口的定义如表 6.25 所示。

表 6.25　交通灯控制模块接口信号定义

信号名	I/O	位宽	含义
clk_1	I	1 bit	分频后周期为 1 s 的时钟信号
rst	I	1 bit	特殊情况按键输入信号
Yl	I	1 bit	黄灯点亮信号
count	I	6 bits	计数输出信号，控制信号灯的转换
light1	O	3 bits	南北方向信号灯输出显示信号
light2	O	3 bits	东西方向信号灯输出显示信号

（3）模块 Verilog 代码设计。采用状态机设计方法，代码如下：

```verilog
//light_ctrl. v
//Verilog 代码段 6 - 25
module light_ctrl (
clk_1,      //输入时钟信号,来自分频器的输出
rst,        //特殊情况按键输入信号,低电平有效。当该信号有效时交通灯进入特殊工作状态,两
            //个方向的红灯同时亮,计数器显示为零;当该信号无效时,交通灯处于正常工作状态下
Yl,         //黄灯点亮信号,在绿灯亮时,如果黄灯点亮信号有效,说明车辆通过时间已满,此时没有
            //通过停车线的车辆应停止,已经通过停车线的车辆可以继续行驶,绿灯要转为黄灯
count,      //计数输出信号,在正常工作情况下,计数器的输出信号决定了灯亮的状态
light1,     //南北方向信号灯输出信号;位宽为3位,分别控制红灯、黄灯、绿灯的亮灭
light2      //东西方向信号灯输出信号;位宽为3位,分别控制灯亮、黄灯、绿灯的亮灭
);
input clk_1, rst,Yl;
input[5:0] count;
output[2:0] light1,light2;
reg[2:0] light1,light2;
reg[2:0] state;
parameter  s1 = 3'b000,
           s2 = 3'b001,
           s3 = 3'b010,
           s4 = 3'b011,
           s5 = 3'b100;
```

```verilog
always@( posedge clk_1 or negedge rst)
begin
    if( !rst)
        state <= s5;                      //如果特殊情况按键有效,则两个路口的红灯同时亮
    else
    begin
      case( state)
      s1 :
            light1 <= 3'b001 ;            //南北方向绿灯亮
            light2 <= 3'b100 ;            //东西方向红灯亮
          if( Y1)
            state <= s2 ;                 //在 s1 状态下,如果黄灯点亮信号有效,状态转为 s2
          else
            state <= s1 ;                 //如果黄灯点亮信号无效,则仍保持 s1 状态
      s2 :
            light1 <= 3'b010 ;            //南北方向黄灯亮
            light2 <= 3'b100 ;            //东西方向红灯亮
          if( !count)
            state <= s3 ;                 //在 s2 状态下,如果计数器显示为零,则转为 s3 状态
          else
            state <= s2 ;                 //如果计数器没有显示为零,则仍保持 s2 状态
      s3 :
            light1 <= 3'b100 ;            //南北方向红灯亮
            light2 <= 3'b001 ;            //东西方向绿灯亮
          if( Y1)
            state <= s4 ;                 //在 s3 状态下,如果黄灯点亮信号有效,则状态转为 s4
          else
            state <= s3 ;                 //如果黄灯点亮信号无效,则仍保持 s3 状态
      s4 :
            light1 <= 3'b100 ;            //南北方向红灯亮
            light2 <= 3'b010 ;            //东西方向黄灯亮
          if( !count)
            state <= s1 ;                 //在 s4 状态下,如果计数器显示为零,则转为 s1 状态
          else
            state <= s4 ;                 //如果计数器没有显示为零,则仍保持 s4 状态
      s5 :  if( rst)                      //特殊情况按键无效
            state <= s1 ;                 //在 s5 状态下,如果特殊情况按键信号无效,转为 s1 状态,即复位
          else
          begin
            light1 <= 3'b100 ;            //南北方向红灯亮
            light2 <= 3'b100 ;            //东西方向红灯亮
            state <= s5 ;                 //如果特殊情况按键信号有效,则仍保持 s5 状态
          end
      endcase
    end
end
endmodule
```

4. 显示译码模块设计

（1）模块原理分析。本次设计的信号灯带有倒计时显示，显示信号由计时器的输出信号驱动。计时器的输出信号 count 为二进制输出信号，而 7 段数码显示器显示的是十进制数（分为十位和个位），所以首先要考虑的是将 count 输出的 6 位二进制数转换成十进制数，然后令生成的十进制数的十位和个位分别转换成两个各自独立的二进制数，并利用动态显示技术驱动两个 7 段数码显示器。显示译码模块的结构图如图 6.33 所示。

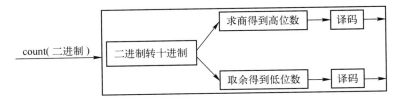

图 6.33　显示译码模块结构框图

（2）模块接口定义。显示译码模块接口的定义如表 6.26 所示。

表 6.26　显示译码模块接口信号定义

信号名	I/O	位宽	含义
count	I	6 bits	计数器输出信号，作为显示译码模块的输入
clk	I	1 bit	系统时钟输入
scan	O	2 bits	两个动态数码管的位选择信号
led	O	7 bits	动态数码管的显示段码信号

（3）模块 Verilog 代码设计如下：

```
//display_jtd. v
//Verilog 代码段 6 - 26
module display_jtd( count,clk,scan,led);
input clk;                              //系统时钟输入
input[5:0] count;                       //计数器输出信号,作为显示译码模块的输入
output[1:0] scan;                       //两个数码管的位送码
output[6:0] led;                        //7 段数码管的显示段码
reg[1:0] scan;
reg m;
reg[3:0] d;
reg[6:0] led;
integer data;
integer dis_drv1;
integer dis_drv2;
reg[18:0] cnt1;
reg clk_s;
always@( posedge clk)                   //分频电路,产生 200 Hz 的时钟,分频参数为 125 000
begin
```

```verilog
    if( cnt1 == 19'b11110100001001000)
        cnt1 <= 0;
    else
        cnt1 <= cnt1 + 1'b1;
end
always@( posedge clk)
begin
    if( cnt1 == 19'b11110100001001000)
        clk_s = ~ clk_s;
end
always@( count)                     //二进制转换为十进制,并将其高位和低位分离
begin
    data = count[5] * 32 + count[4] * 16 + count[3] * 8 + count[2] * 4 + count[1] * 2 + count[0];
                                    //按权展开
    dis_drv1 = data/4'd10;          //分离高位
    dis_drv2 = data% 4'd10;         //分离低位
end
always@( posedge clk_s)             //两位数码管轮流扫描
begin
    if( m == 1)
        m <= 0;
    else
        m <= m + 1'b1;
end
always@( m)
begin
    if( m == 1'b0)
        scan <= 2'b01;
    else
        scan <= 2'b10;
end
always@( m, dis_drv1, dis_drv2)
begin
if( m == 1'b0)
        d <= dis_drv1;
else
        d <= dis_drv2;
end
always@( d)                         //4 位二进制数译码成七段数码管显示段码
    begin
        case( d)
        4'b0000:led = 7'b0111111;
        4'b0001:led = 7'b0000110;
        4'b0010:led = 7'b1011011;
        4'b0011:led = 7'b1001111;
        4'b0100:led = 7'b1100110;
        4'b0101:led = 7'b1101101;
        4'b0110:led = 7'b1111100;
```

```
        4'b0111: led = 7'b0000111;
        4'b1000: led = 7'b1111111;
        4'b1001: led = 7'b1100111;
        default: led = 7'b0;
        endcase
    end
endmodule
```

5. 顶层连接模块设计

前面设计了 4 个电路模块，包括：分频器模块（clk_div）、计时器模块（count_jtd）、控制器模块（light_ctrl）和显示译码器模块（display_jtd）。在顶层连接模块中，这 4 个模块的关系如图 6.34 所示。由于两个方向的红灯和绿灯持续时间相同，任何时刻南北方向和东西方向的倒计时显示器显示时间相同，所以可以使用同一个显示译码器。

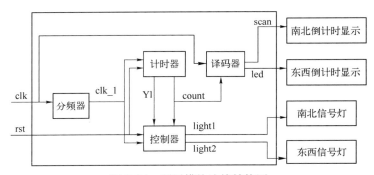

图 6.34　顶层模块连接结构图

代码如下：

```
//traf_light. v
//Verilog 代码段 6 – 27
module traf_light(clk, rst, light1, light2, scan, led);
input clk, rst;
output[2:0] light1, light2;        //分别为两个路口的 LED 灯
output[1:0] scan;                  //两个数码管的位选码
output[6:0] led;                   //七段数码管的显示段码
wire Y1;
wire clk_1;
wire[5:0] count;
clk_div clk_div(                   //实体化 clk_div 模块
.clk(clk),
.clk_1(clk_1)
);
count_jtd count_jtd(               //实体化计时器模块
.clk_1(clk_1),
.rst(rst),
.count(count),
.Y1(Y1)
);
```

```
light_ctrl light_ctrl(                   //实体化控制红绿黄三种 LED 灯模块
.clk_1(clk_1),
.rst(rst),
.Y1(Y1),
.count(count),
.light1(light1),
.light2(light2)
);
display_jtd display_jtd(                  //实体化显示译码模块
.count(count),
.clk(clk),
.scan(scan),
.led(led)
);
endmodule
```

系统仿真

1. 仿真需求分析

交通灯控制器的仿真平台结构如图 6.35 所示，系统设计输入有两个部分：一是 50 MHz 的时钟输入，二是特殊情况按键输入，也有复位功能。输出则是 6 个 LED 灯，分别代表两个路口的红黄绿三种交通灯；另外有一组输出控制倒计时的数码管显示，包括 scan 和 led 信号。所以整个仿真平台需要设计一个 50 MHz 的时钟，并按照要求输入特殊情况按键信号即可观察交通灯是否能够正常工作。

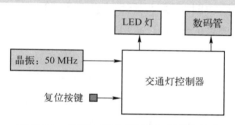

图 6.35　交通灯控制器的仿真平台结构

2. 仿真代码设计

参考代码如下：

```
//test.v
//Verilog 代码段 6－28
'timescale 1ns/1ns
module test();
reg clk;
regrst;
wire[2:0] light1,light2;        //分别为两个路口的 LED 灯
wire [1:0] scan;                //两个数码管的位选码
wire [6:0] led;                 //七段数码管的段选码
traf_ligh traf_light(
.clk(clk),
.rst(rst),
.light1(light1),
.light2(light2),
.scan(scan),
.led(led)
);
```

```
        initial                    //建立一个仿真的时钟
        begin
        clk = 1'b0;                //首先初始化时钟的数值
        rst = 1'b1;                //完成复位动作
        #90000 rst = 1'b0;
        #90000 rst = 1'b1;
        end
        always
        #10 clk = ~clk;            //每隔 10 ns 翻转一次,为 50 MHz 时钟
```

任务小结

本任务设计了一个交通灯控制系统，用来控制一个南北和东西方向交叉的十字路口的信号灯。通过任务分析我们将交通灯控制系统分为四个模块：分频模块、计时模块、控制模块和显示译码模块。信号灯在计时器的计时信号的控制下，各个工作状态之间的转换非常明确，所以可利用状态机来对控制模块进行设计。计时器采用倒计时的方式，在设计计时模块时，要注意计时起点为 60。由于我们使用七段数码显示器来模拟时间显示，所以需要将计时模块的输出信号转化为数码显示器的驱动信号，其中涉及十进制和二进制数之间的转换。

任务扩展

（1）本任务设计的核心是控制模块。除了利用状态机来进行设计，还可以采用一般时序电路的设计方式，有能力的同学可以思考一下。

（2）本设计的黄色信号灯采用持续点亮的亮灯方式，可以增加一个控制信号，使每秒闪烁一次。

（3）可以在本次设计的基础上增加左转信号。

任务 24　智能赛道计时器设计

任务导航

任务要求	设计一个 5 通道智能赛道计时器，精度为 0.01 s，能实现 5 个赛道选手的分、秒和 0.01 秒的计时及显示。具有自动排序和清零的功能。当裁判发出指令后开始计时，某通道选手到达以后，停止该选手的计时；最后显示每个选手的成绩和名次。归零信号有效时，分和秒都显示为零
软件环境	Quartus II 开发环境，Modelsim 仿真软件
硬件环境	开发板资源：8 个动态数码管，时钟信号，复位归零信号，7 个按键
模块划分	分频模块，控制器模块，显示译码模块，按键控制模块
设计建议	本任务计数模块除了具有计数功能之外，还包括清零功能

任务分析

任务要求设计一个智能赛道计时器，基本功能如下：

（1）分、秒及百分秒（0.01 s）计时和显示。

（2）具有启动功能，启动信号有效，开始计时；5 个停止计时按键，按下按键即停止相应赛道的计时。

（3）对 5 个赛道选手排名，并具备成绩显示功能。

（4）具有清零功能，当复位归零信号有效时，显示全部为零。

智能赛道计时器的系统框图如图 6.36 所示。

在本任务中，秒表计时精度为 0.01 s，

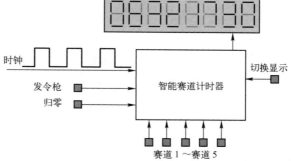

图 6.36　智能赛道计时器的系统框图

时钟周期是 0.01 s，所以需要分频模块对 50 MHz 系统时钟进行分频。

秒表的计数和时钟略有区别，时钟的计时单位是"小时"、"分"和"秒"，而秒表的计时单位是"0.01 秒"、"秒"和"分"，其中"0.01 秒"计时单位称之为"百分秒"。"百分秒"、"秒"和"分"之间的计数和进位关系，与数字钟类似。"百分秒"和"秒"之间是百进制关系，"秒"和"分"之间的是六十进制关系。

系统在初始状态，收到裁判员的发令信号开始计时。在计时过程中，接收到任何一个赛道的停止按键输入信号，则停止该赛道的计时，并存储成绩。如果接收到归零信号则对计数结果进行清零。显示切换开关用于切换显示每个赛道选手的成绩和名次，每按下一次，就切换一个赛道，循环切换。

计时器信号来自于开发板提供的时钟信号，该开发板系统中采用的晶振频率为 50 MHz。赛道停止按键、归零信号和暂停/启动信号由开发板上的按键提供。

根据以上任务分析，需要设计分频器模块、控制器模块、显示译码模块和按键控制模块。

系统设计

1. 系统结构框图

智能赛道计时器的系统结构框图如图 6.37 所示。

2. 系统原理分析

智能赛道计时器系统分为 4 个模块：分频器模块、控制器模块、按键控制模块和显示译码模块。其中分频器完成从 50 MHz 系统时钟到 200 Hz 和 1 kHz 系统所需时钟的转换，控制器模块完成计时功能，按键控制模块是针对按键的去抖与边沿检测的处理，显示译码模块则把要显示的计数信息译码成数码管的显示段码。

在计数过程中，所有信号中复位归零信号优先级最高，如果归零信号和其他信号同时有效，则进行清零操作。

3. 系统接口信号

智能赛道计时器系统接口信号的定义如表 6.27 所示。

表 6.27　智能赛道计时器接口信号定义

信号名	I/O	位宽	含　义
clk	I	1 bit	系统时钟输入
clr	I	1 bit	归零信号
start	I	1 bit	启动信号
dis_mode	I	1 bit	显示模式切换信号
dout	O	8 bits	数码管的 7 个段码和小数点
sel	O	8 bits	8 个数码管位选端
stop1	I	1 bit	赛道 1 停表信号
stop2	I	1 bit	赛道 2 停表信号
stop3	I	1 bit	赛道 3 停表信号
stop4	I	1 bit	赛道 4 停表信号
stop5	I	1 bit	赛道 5 停表信号

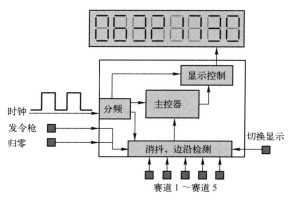

图 6.37　系统结构框图

模块设计

1. 分频器模块设计

（1）模块原理分析。分频器模块实现了由频率为 50 MHz 时钟产生频率为 200 Hz 和 1 kHz 时钟频率的功能，200 Hz 时钟为按键侦测信号，并可继续分频为 100 Hz 的计时时钟，而 1 kHz 时钟用来控制数码管动态显示的位选。

（2）模块接口定义。分频器模块接口的定义如表 6.28 所示。

（3）模块 Verilog 代码设计如下：

表 6.28　分频器模块接口信号定义

信号名	I/O	位宽	含　义
clk	I	1 bit	系统 50 MHz 时钟输入
clr	I	1 bit	复位归零信号
clk200hz	O	1 bit	分频后频率为 200 Hz 的时钟输出
clk1khz	O	1 bit	分频后频率为 1 kHz 的时钟输出

```verilog
//fenpin. v
//Verilog 代码段 6 - 29
module fenpin( clk200hz,clk1khz,clk,clr);
output clk200hz;              //按键侦测时钟,可再分频为百分秒计数脉冲
output clk1khz;               //为显示模块提供 1 kHz 的数码管扫描时钟
input clk;                    //输入 50 MHz 时钟
input clr;                    //复位归零信号
reg clk200hz_r;
reg clk1khz_r;
reg[17:0] count1;             //clk200Hz 计数器
reg[14:0] count2;             //clk1kHz 计数器
assign clk200hz = clk200hz_r;
assign clk1khz = clk1khz_r;
always@( posedge clk or negedge clr)
begin
if( !clr)                     //归零信号低电平有效
    begin
        clk200hz_r <= 1'b0;   //200 Hz 输出为 0
        count1 <=0;           //计数器清 0
    end
else if( count1 == 18'd125000)  //如果计数值等于 125 000
    begin
```

```
            clk200hz_r <= ~clk200hz_r;        //200 Hz 信号取反
            count1 <= 1;                       //计数器从 1 开始计数
        end
        else                                   //如果计数值不等于 125 000
            count1 <= count1 + 1'b1;           //计数值加 1 计数
    end
always@(posedge clk or negedge clr)
begin
    if( !clr)                                  //归零信号低电平有效
    begin
        clk1khz_r <= 1'b0;                     //1 kHz 输出为 0
        count2 <= 0;                           //计数器清 0
    end
    else if( count2 == 15'd25000)              //如果计数值等于 25 000
    begin
        clk1khz_r <= 1'b1;                     //1 kHz 信号置 1
        count2 <= 1;                           //计数器从 1 开始计数
    end
    else                                       //如果计数值不等于 25 000
    begin
        clk1khz_r <= 1'b0;                     //1 kHz 信号清 0
        count2 <= count2 + 1'b1;               //计数值增 1
    end
end
endmodule
```

2. 控制器模块设计

（1）模块原理分析。控制器模块包括计时器、成绩存储和显示切换三个部分，模块结构如图 6.38 所示。当裁判发令枪信号有效，系统开始计时，当有一个 stop 键按下时，存储当前计时和赛道信息，依次按照顺序存入 1 ~ 5 号寄存器组；当按下显示切换按键时，显示寄存器组的序号（即排名）、赛道号和相应成绩。

（2）模块接口定义。控制器模块接口的定义如表 6.29 所示。

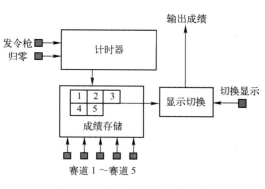

图 6.38 控制器模块结构框图

表 6.29 控制器模块接口信号定义

信号名	I/O	位宽	含 义
clk200hz	I	1 bit	分频后频率为 200 Hz 的时钟
clr	I	1 bit	归零信号
start	I	1 bit	裁判的启动信号
stop1	I	1 bit	赛道 1 停表信号
stop2	I	1 bit	赛道 2 停表信号
stop3	I	1 bit	赛道 3 停表信号
stop4	I	1 bit	赛道 4 停表信号
stop5	I	1 bit	赛道 5 停表信号
dis_mode	I	1 bit	显示模式切换按键
rank	O	4 bits	选手排名信号
num	O	4 bits	赛道编号
mdata	O	6 bits	分计时数据
sdata	O	6 bits	秒计时数据
msdata	O	7 bits	百分秒计时数据

（2）模块 Verilog 代码设计如下：

```verilog
//main_control. v
//Verilog 代码段 6 - 30
module main_control( rank,num,mdata,sdata,msdata,stop1,stop2,stop3,stop4,stop5,
    start,dis_mode,clk200hz,clr);
output reg[3:0] rank;                    //输出的选手排名信号
output reg[3:0] num;                     //输出对应的选手编号
output reg[5:0] mdata;                   //输出的分计数数据
output reg[5:0] sdata;                   //输出的秒计数数据
output reg[6:0] msdata;                  //输出的百分秒计数数据
input stop1,stop2,stop3,stop4,stop5;     //对应每位选手赛跑结束时的停止信号
input start;                             //裁判发出的开始信号
input dis_mode;                          //显示模式切换
input clk200hz;                          //该模块的工作时钟
input clr;                               //复位归零端
reg[5:0] mdata_r;                        //输出的分计数数据
reg[5:0] sdata_r;                        //输出的秒计数数据
reg[6:0] msdata_r;                       //输出的百分秒计数数据
reg[2:0] state1,state2;                  //状态机寄存器
parameter first = 3'b000,second = 3'b001,
        third = 3'b010,forth = 3'b011,fifth = 3'b100;    //名次状态寄存器
parameter natural = 3'b000,mode1 = 3'b001,mode2 = 3'b010,
        mode3 = 3'b011,mode4 = 3'b100,mode5 = 3'b101;    //显示模式切换状态寄存器
reg clk100hz;
always@( posedge clk200hz or negedge clr)
begin
    if( !clr)
        clk100hz <= 1'b0;
    else
        clk100hz <= ~ clk100hz;
end
// --------------------------计数模块--------------------------
reg flag = 1'b0;                         //标志位,当最后一个队员到达终点后,计数器停止计时
always@( posedge clk100hz or negedge clr)
begin
    if( !clr)                            //复位归零信号有效
    begin
        mdata_r <= 0;
        sdata_r <= 0;
        msdata_r <= 0;
    end
    else if( flag == 1'b1)
    begin
        mdata_r <= mdata_r;
        sdata_r <= sdata_r;
        msdata_r <= msdata_r;
    end
```

```verilog
        else if( !start)                    //开始信号有效
        begin
            if( msdata_r == 7'd99)          //百分秒、秒和分计数
            begin
                msdata_r <= 0;
                if( sdata_r == 6'd59)
                begin
                    sdata_r <= 0;
                    if( mdata_r == 6'd59)
                        mdata_r <= 0;
                    else
                        mdata_r <= mdata_r + 1'b1;
                end
                else
                    sdata_r <= sdata_r + 1'b1;
            end
            else
                msdata_r <= msdata_r + 1'b1;
        end
    end
// ----------------------保存记录模块----------------------
//定义5组寄存器
reg[3:0] rega1,rega2,rega3,rega4,rega5;     //5个记录每个人名次的寄存器
reg[3:0] regb1,regb2,regb3,regb4,regb5;     //5个用于记录对应队员的参赛编号
reg[5:0] regc1,regc2,regc3,regc4,regc5;     //5个用于记录并保存队员的分成绩计数器
reg[5:0] regd1,regd2,regd3,regd4,regd5;     //5个用于记录并保存队员的秒成绩计数器
reg[6:0] rege1,rege2,rege3,rege4,rege5;     //5个用于记录并保存队员的百分秒成绩计数器
wire[4:0] temp1;
assign temp1 = { stop5,stop4,stop3,stop2,stop1} ;
always@( posedge clk200hz or negedge clr)
begin
    if( !clr)
    begin
        flag <= 1'b0;
        state1 <= first;
        {rega1,rega2,rega3,rega4,rega5} <= 5'b0;
        {regb1,regb2,regb3,regb4,regb5} <= 5'b0;
        {regc1,regc2,regc3,regc4,regc5} <= 5'b0;
        {regd1,regd2,regd3,regd4,regd5} <= 5'b0;
        {rege1,rege2,rege3,rege4,rege5} <= 5'b0;
    end
    else
    begin
        case(state1)
            first:                          //记录第1名的状态
                begin
                    case(temp1)
                        5'b00001:
```

```
            begin                    //第 1 赛道取得第 1 名
                rega1 <=4'd1;        //第 1 名
                regb1 <=4'd1;        //1 号
                regc1 <= mdata_r;
                regd1 <= sdata_r;
                rege1 <= msdata_r;
                state1 <= second;
            end
                5'b00010:……          //第 2 赛道取得第 1 名,代码略
                5'b00100:……          //第 3 赛道取得第 1 名,代码略
                5'b01000:……          //第 4 赛道取得第 1 名,代码略
                5'b10000:……          //第 5 赛道取得第 1 名,代码略
            default:state1 <= first;
            endcase
        end                          //第 1 名状态记录完毕
    second:                          //记录第 2 名的状态
        begin
            case(temp1)
                5'b00001:
            begin                    //第 1 赛道取得第 2 名
                rega1 <=4'd2;        //第 2 名
                regb1 <=4'd1;        //1 号
                regc1 <= mdata_r;
                regd1 <= sdata_r;
                rege1 <= msdata_r;
                state1 <= third;
            end
                5'b00010:……          //第 2 赛道取得第 2 名,代码略
                5'b00100:……          //第 3 赛道取得第 2 名,代码略
                5'b01000:……          //第 4 赛道取得第 2 名,代码略
                5'b10000:……          //第 5 赛道取得第 2 名,代码略
            default:state1 <= second;
            endcase
        end                          //第 2 名状态记录完毕
    third:                           //记录第 3 名的状态,代码略
        begin
            ……                       //和前 2 名的记录状态类似,代码略
        end
    forth:                           //记录第 4 名的状态,代码略
        begin
            ……                       //和前 2 名的记录状态类似,代码略
        end
    fifth:                           //记录第 5 名的状态,代码略
        begin
            ……                       //和前 2 名的记录状态类似,代码略
        end
    default:state1 <= first;
endcase
```

```verilog
        end
end
// ------------------------切换显示模式模块----------------------
reg[2:0] count;
wire[19:0] temp2;
assign temp2 = {rega1,rega2,rega3,rega4,rega5};
always@(posedge clk200hz or negedge clr)
begin
    if(!clr)
        count <= 0;
    else if(dis_mode == 1'b1)
    begin
        if(count == 3'd5)
            count <= 1;
        else
            count <= count + 1'b1;
    end
end
always@(posedge clk200hz or negedge clr)
begin
    if(!clr)
    begin
        rank <= 0;
        num <= 0;
        mdata <= 0;
        sdata <= 0;
        msdata <= 0;
    end
    else
    begin
        case(count)
            3'd0:                       //正常显示
                begin
                    rank <= 0;
                    num <= 0;
                    mdata <= mdata_r;
                    sdata <= sdata_r;
                    msdata <= msdata_r;
                end
            3'd1:                       //显示第1名队员的信息
                begin
                    casex(temp2)
                        20'b0001_xxxx_xxxx_xxxx_xxxx:           //1
                            begin
                                rank <= rega1;
                                num <= regb1;
                                mdata <= regc1;
                                sdata <= regd1;
```

```verilog
                                msdata <= rege1;
                        end
                20'bxxxx_0001_xxxx_xxxx_xxxx:            //2
                        begin
                                rank <= rega2;
                                num <= regb2;
                                mdata <= regc2;
                                sdata <= regd2;
                                msdata <= rege2;
                        end
                20'bxxxx_xxxx_0001_xxxx_xxxx:            //3
                        begin
                                rank <= rega3;
                                num <= regb3;
                                mdata <= regc3;
                                sdata <= regd3;
                                msdata <= rege3;
                        end
                20'bxxxx_xxxx_xxxx_0001_xxxx:            //4
                        begin
                                rank <= rega4;
                                num <= regb4;
                                mdata <= regc4;
                                sdata <= regd4;
                                msdata <= rege4;
                        end
                20'bxxxx_xxxx_xxxx_xxxx_0001:            //5
                        begin
                                rank <= rega5;
                                num <= regb5;
                                mdata <= regc5;
                                sdata <= regd5;
                                msdata <= rege5;
                        end
                default:;
            endcase
        end
    3'd2:                        //显示第 2 名的信息
        begin
            ……                   //和显示第 1 名信息的方法相同,代码略
        end
    3'd3:                        //显示第 3 名的信息
        begin
            ……                   //和显示第 1 名信息的方法相同,代码略
        end
    3'd4:                        //显示第 4 名的信息
        begin
            ……                   //和显示第 1 名信息的方法相同,代码略
```

```
                end
        3'd5:                      //显示第5名的信息
                begin
                    ……           //和显示第1名信息的方法相同,代码略
                end
        default:
                begin
                    rank <= 0;
                    num <= 0;
                    mdata <= mdata_r;
                    sdata <= sdata_r;
                    msdata <= msdata_r;
                end
            endcase
        end
    end
endmodule
```

3. 显示译码模块设计

（1）模块原理分析。显示译码模块把百分秒、秒和分以及名次、赛道信息的结果进行译码，输出到外部的七段数码管。8 个数码管分别对应名次、赛道、分（两位）、秒（两位）和百分秒（两位）。数码管采用动态显示方式驱动。

（2）模块接口定义。显示译码模块接口的定义如表 6.30 所示。

表 6.30　显示译码模块接口信号定义

信号名	I/O	位宽	含　　义
clk1khz	I	1 bit	分频后频率为 1 kHz 的时钟
clr	I	1 bit	复位归零信号
rank	I	4 bits	选手排名信号
num	I	4 bits	赛道编号
mdata	I	6 bits	分计时数据
sdata	I	6 bits	秒计时数据
msdata	I	7 bits	百分秒计时数据
dout	O	8 bits	动态显示数码管的显示段码
sel	O	8 bits	动态显示数码管的位选信号

（3）模块 Verilog 代码设计

```
//display. v
//Verilog 代码段 6-31
module display(dout,sel,msdata,sdata,mdata,rank,num,clk1khz,clr);
output[7:0] dout;              //数码管的段选
output[7:0] sel;              //数码管的位选
input[6:0] msdata;            //输入的百分秒数据
```

```verilog
    input[5:0] sdata;                   //输入的秒数据
    input[5:0] mdata;                   //输入的分数据
    input[3:0] rank;                    //输入的等级名次
    input[3:0] num;                     //输入的队员编号
    input clk1khz;                      //输入的数码管扫描时钟
    input clr;                          //归零端
    reg[7:0] dout_r;                    //数码管的段选
    reg[7:0] sel_r;                     //数码管的位选
    reg[3:0] count;
    reg[3:0] data;                      //最终输出的数码管显示数据
    reg[3:0] data2,data4,data6;         //百分秒、秒、分的数据
    wire[3:0] data1,data3,data5;        //BCD 码转换的结果
    assign dout = dout_r;
    assign sel = sel_r;
    always@(posedge clk1khz or negedge clr)
    begin
        if(!clr)
            count <= 4'd0;
        else if(count == 4'd8)
            count <= 4'd0;
        else
            count <= count + 1'b1;
    end
    always@(msdata)                     //百分秒数据译码
    begin
        if(msdata >= 7'd90)
            data2 <= 4'd9;
        else if(msdata >= 7'd80)
            data2 <= 4'd8;
        else if(msdata >= 7'd70)
            data2 <= 4'd7;
        else if(msdata >= 7'd60)
            data2 <= 4'd6;
        else if(msdata >= 7'd50)
            data2 <= 4'd5;
        else if(msdata >= 7'd40)
            data2 <= 4'd4;
        else if(msdata >= 7'd30)
            data2 <= 4'd3;
        else if(msdata >= 7'd20)
            data2 <= 4'd2;
        else if(msdata >= 7'd10)
            data2 <= 4'd1;
        else data2 <= 4'd0;
    end
    assign data1 = msdata - data2 * 4'd10;
    always@(sdata)                      //秒数据译码
    begin
```

```verilog
        if( sdata >= 60)
            data4 <= 4'd6;
        else if( sdata >= 50)
            data4 <= 4'd5;
        else if( sdata >= 40)
            data4 <= 4'd4;
        else if( sdata >= 30)
            data4 <= 4'd3;
        else if( sdata >= 20)
            data4 <= 4'd2;
        else if( sdata >= 10)
            data4 <= 4'd1;
        else    data4 <= 4'd0;
    end
assign data3 = sdata − data4 ∗ 4'd10;
always@( mdata)                    //分数据译码
begin
        if( mdata >= 60)
            data6 <= 4'd6;
        else if( mdata >= 50)
            data6 <= 4'd5;
        else if( mdata >= 40)
            data6 <= 4'd4;
        else if( mdata >= 30)
            data6 <= 4'd3;
        else if( mdata >= 20)
            data6 <= 4'd2;
        else if( mdata >= 10)
            data6 <= 4'd1;
        else data6 <= 4'd0;
    end
end
assign data5 = mdata − data6 ∗ 4'd10;
always@( posedge clk1khz)          //数据选择
begin
        case( count)
            4'd0: data <= data1;
            4'd1: data <= data2;
            4'd2: data <= data3;
            4'd3: data <= data4;
            4'd4: data <= data5;
            4'd5: data <= data6;
            4'd6: data <= num;
            4'd7: data <= rank;
            default: data <= 4'bx;
        endcase
end
always@( posedge clk1khz)          //位选
begin
```

```
        case(count)
            4'd0:sel_r <= 8'b1111_1110;
            4'd1:sel_r <= 8'b1111_1101;
            4'd2:sel_r <= 8'b1111_1011;
            4'd3:sel_r <= 8'b1111_0111;
            4'd4:sel_r <= 8'b1110_1111;
            4'd5:sel_r <= 8'b1101_1111;
            4'd6:sel_r <= 8'b1011_1111;
            4'd7:sel_r <= 8'b0111_1111;
            default:sel_r <= 8'b1111_1111;
        endcase
    end
    always@(data)              //段选
    begin
        case(data)
            4'd0:dout_r = 8'hc0;
            4'd1:dout_r = 8'hf9;
            4'd2:dout_r = 8'ha4;
            4'd3:dout_r = 8'hb0;
            4'd4:dout_r = 8'h99;
            4'd5:dout_r = 8'h92;
            4'd6:dout_r = 8'h82;
            4'd7:dout_r = 8'hf8;
            4'd8:dout_r = 8'h80;
            4'd9:dout_r = 8'h90;
            4'd15:dout_r <= 8'hbf;
            default:dout_r <= 8'hff;
        endcase
    end
endmodule
```

4. 按键控制模块

（1）模块原理分析。按键控制模块的功能是对按键进行去抖动处理，并且对处理后的按键信号进行边沿检测处理。

（2）模块接口定义。显示译码模块接口的定义如表 6.31 所示。

（3）模块 Verilog 代码设计

代码参见任务 21 的代码段 6-16，其中的 reset 信号对应这里的 clr 信号。

5. 顶层连接模块设计

前面设计了 4 个电路模块：分频器模块（fenpin）、控制器模块（main_control）、按键控制模块（xiaodou）和显示译码模块（display）。顶层模块需

表 6.31　按键控制模块接口信号定义

信号名	I/O	位宽	含　义
clk200hz	I	1 bit	分频后频率为 200 Hz 的时钟
clr	I	1 bit	复位归零信号
key	I	1 bit	按键信号
func_key	O	1 bit	处理后的按键信号

要按照连接关系把这 4 个模块，以及 4 个模块与端口之间建立起连接关系，参考代码如下：

```
//stop_watch.v
//Verilog 代码段 6-32
module stop_watch(dout,sel,clk,stop1,stop2,stop3,stop4,stop5,start,dis_mode,clr);
```

```verilog
    output[7:0] dout;                                              //数码管的段选
    output[7:0] sel;                                               //数码管的位选
    input stop1,stop2,stop3,stop4,stop5;                          //对应每位选手的赛跑结束时的停止信号
    input start;                                                   //裁判发出的开始信号
    input dis_mode;                                                //显示模式切换
    input clr;                                                     //复位端
    input clk;                                                     //时钟端
    wire clk200hz,clk1khz;
    fenpin u_fenpin(.clk200hz(clk200hz),.clk1khz(clk1khz),.clk(clk),.clr(clr));   //实体化分频器
    wire f_start,f_stop1,f_stop2,f_stop3,f_stop4,f_stop5,f_dis_mode;
    //按键的去抖动和边沿检测
    xiaodou xiaodou_start(f_start,start,clk200hz,clr);
    xiaodou xiaodou_stop1(f_stop1,stop1,clk200hz,clr);
    xiaodou xiaodou_stop2(f_stop2,stop2,clk200hz,clr);
    xiaodou xiaodou_stop3(f_stop3,stop3,clk200hz,clr);
    xiaodou xiaodou_stop4(f_stop4,stop4,clk200hz,clr);
    xiaodou xiaodou_stop5(f_stop5,stop5,clk200hz,clr);
    xiaodou xiaodou_mode(f_dis_mode,dis_mode,clk200hz,clr);
    //控制器模块
    wire[3:0] rank;                                                //输出的等级名次
    wire[3:0] num;                                                 //输出对应的选手编号
    wire[5:0] mdata;                                               //输出的分计数数据
    wire[5:0] sdata;                                               //输出的秒计数数据
    wire[6:0] msdata;                                              //输出的百分秒计数数据
    main_control main(
        .rank(rank),.num(num),.mdata(mdata),.sdata(sdata),.msdata(msdata),
        .stop1(f_stop1),.stop2(f_stop2),.stop3(f_stop3),.stop4(f_stop4),.stop5(f_stop5),
        .start(f_start),.dis_mode(f_dis_mode),.clk200hz(clk200hz),.clr(clr));
    //显示输出:把二进制数转换为8个动态数码管的输出
    display u_display(.dout(dout),.sel(sel),.rank(rank),.num(num),.mdata(mdata),.sdata
(sdata),.msdata(msdata),.clk1khz(clk1khz),.clr(clr));
endmodule
```

系统仿真

1. 仿真需求分析

智能赛道计时器的仿真平台结构如图6.39所示。

智能赛道计时器设计输入有两部分:一是50 MHz 时钟输入,另一个是外部按键输入,包括归零、发令枪和5个赛道的停止按键;输出则是8个动态显示数码管。所以整个仿真平台需要设计一个 50 MHz 的时钟,并且设计一组或者多组按键的输入作为测试向量,观察最终输出的七段数码管的数据是否正确。

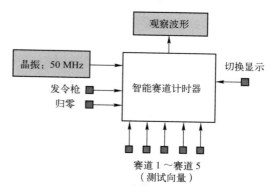

图6.39　智能赛道计时器仿真平台结构

2. 仿真代码设计

参考代码如下：

```verilog
//test. v
//Verilog 代码段 6 - 33
'timescale 1ns/1ns
module test( );
reg clk;
reg clr;
reg[9:0] a,b,c;
wire[7:0] dout;                          //数码管的段选
wire[7:0] sel;                           //数码管的位选
reg stop1,stop2,stop3,stop4,stop5;       //对应每位选手赛跑结束时的停止信号
reg start;                               //裁判发出的开始信号
reg dis_mode;                            //显示模式切换
//实体化测试模块
stop_watch dut_stop_watch (. dout(dout) ,. sel(sel) ,. clk(clk) ,. stop1(stop1) ,. stop2(stop2) ,. stop3
(stop3) ,. stop4(stop4) ,. stop5(stop5) ,. start(start) ,. dis_mode(dis_mode) ,. clr(clr)) ;
initial                                  //系统复位
begin
    {stop1, stop2, stop3, stop4, stop5} = 5'b11111;
    dis_mode = 1'b1;
    start = 1'b1;
    clr = 1'b1;
    #2000
    clr = 1'b1;
    #6000 clr = 1'b0;
    #12000 clr = 1'b1;
end
initial                                  //时钟仿真模块
clk = 1'b0;                              //首先初始化时钟的数值
always
#10 clk = ~clk;                          //每隔 10 ns 翻转一次,为 50 MHz 时钟
//下面开始模拟外部动作,为保证仿真的正确性,应该多仿真这样的动作
initial
begin
//此代码段表示延迟 3 s,延迟其他长度的时间可以参考此代码段
c = 0;
while( c < 10'd3)                        //此代码段表示延迟 3 s
    begin c = c + 1;
            a = a + 1'b1;
            while( a < 10'd1000)
                begin a = a + 1'b1;
                        b = 0;
                        while( b < 10'd1000)
                            begin b = b + 1'b1; #10000; end
            end
    end
```

```
          start = 1'b0;
          b = 0;
          while( b < 10'd10000 )
          begin b = b + 1'b1; #10000; end
          //延迟结束
          start = 1'b1;
          //此处延迟 5 s,代码略
          stop2 = 1'b0;
          b = 0;
          while( b < 10'd10000 )
          begin b = b + 1'b1; #10000; end
          stop2 = 1'b1;
          //此处延迟 8 s,代码略
          stop4 = 1'b0;
          b = 0;
          while( b < 10'd10000 )
          begin b = b + 1'b1; #10000; end
          stop4 = 1'b1;
          //此处延迟 6 s,代码略
          stop3 = 1'b0;
          b = 0;
          while( b < 10'd10000 )
          begin b = b + 1'b1; #10000; end
          stop3 = 1'b1;
          //此处延迟 11 s,代码略
          stop5 = 1'b0;
          //delay 10 ms
          b = 0;
          while( b < 10'd10000 )
          begin b = b + 1'b1; #10000; end
          stop5 = 1'b1;
          //此处延迟 2 s,代码略
          stop1 = 1'b0;
          //delay 10 ms
          b = 0;
          while( b < 10'd10000 )
          begin b = b + 1'b1; #10000; end
          stop1 = 1'b1;
          dis_mode = 1'b0;
          b = 0;
          while( b < 10'd10000 )
          begin b = b + 1'b1; #10000; end
          dis_mode = 1'b1;
          b = 0;
          while( b < 10'd10000 )
          begin b = b + 1'b1; #10000; end
          dis_mode = 1'b0;
          b = 0;
```

```
          while( b < 10'd10000 )
          begin b = b + 1'b1; #10000; end
          dis_mode = 1'b1;
          b = 0;
          while( b < 10'd10000 )
          begin b = b + 1'b1; #10000; end
          dis_mode = 1'b0;
          b = 0;
          while( b < 10'd10000 )
          begin b = b + 1'b1; #10000; end
          dis_mode = 1'b1;
          b = 0;
          while( b < 10'd10000 )
          begin b = b + 1'b1; #10000; end
          dis_mode = 1'b0;
          b = 0;
          while( b < 10'd10000 )
          begin b = b + 1'b1; #10000; end
          dis_mode = 1'b1;
          b = 0;
          while( b < 10'd10000 )
          begin b = b + 1'b1; #10000; end
          dis_mode = 1'b0;
          b = 0;
          while( b < 10'd10000 )
          begin b = b + 1'b1; #10000; end
          dis_mode = 1'b1;
          b = 0;
          while( b < 10'd10000 )
          begin b = b + 1'b1; #10000; end
          dis_mode = 1'b0;
          b = 0;
          while( b < 10'd10000 )
          begin b = b + 1'b1; #10000; end
          dis_mode = 1'b1;
          end
          endmodule
```

任务小结

本任务设计了一个 5 通道智能赛道计时器，精度为 0.01 s，能实现 5 个赛道选手的"分"、"秒"和"0.01 秒"的计时及显示，具有自动排序和清零的功能。

系统核心是控制器模块，实现了百分秒、秒和分的计数及暂停和启动功能。使用条件语句，通过一系列条件判断得到百分秒、秒和分的高位和低位输出，其中暂停/启动信号使用了同步方式。系统还涉及七段数码管的显示译码和键盘的检测去抖技术等。

任务 25　自动售货机设计

任务导航

任务要求	设计一个自动售货机电路控制系统。具备投币 5 元、10 元、20 元的控制功能，出售 4 种价格的物品，能够显示投币的金额、卖货之后的余额，并具备金额不足报警退币处理等控制功能
软件环境	Quartus II 开发环境，Modelsim 仿真软件
硬件环境	开发板资源：2 个 LED，8 个矩阵按键，4 个动态连接七段数码管，时钟信号，1 个复位按键
模块划分	分频器模块，按键与七段数码管控制模块，主控模块
设计建议	本任务的核心是一个售货状态机的主控模块，控制售货的各个状态过程。由于自动售货机控制电路需要多个输入/输出，因此系统需要 8 个按键输入，4 个七段 LED 数码管，2 个 LED 发光二极管作为输出。系统设计的关键是核心控制模块与这些外围电路的协调工作

任务分析

任务要求利用开发系统板，设计一个自动售货机控制芯片。自动售货机平时处于待机状态，当有钱投入之后开始工作。利用三个按键作为投币信号，分别代表投币 5 元、10 元、20 元，投入钱币以后，采用七段数码管显示投入的金额；利用另外 4 个按键代表 4 种货物，可以在售货机上选择购买的货物，假设 4 种货物的售价分别为 3 元、6 元、10 元、17 元。选择了货物后，七段数码管显示购物后的找币余额，并且用 LED 数码管指示灯显示是否有足够的金额购买，如果投币不够，报警指示灯亮起，并且显示余额为零。选择购买物品之后，可以按键（最后一个按键）出货或者余额不足退币。

系统的输入信号包括 8 个按键开关、时钟信号，输出部分有 2 个 LED 发光二极管、4 个七段数码管，系统框图如图 6.40 所示。

自动售货机控制芯片的外部时钟由晶振产生，该开发板系统示例中晶振频率为 50 MHz。

系统设计

自动售货机控制芯片系统结构框图如图 6.41 所示，包括三个模块：分频器模块、核心控制模块和按键与七段数码管控制模块。其中，分频器模块主要用于产生供按键、七段数码管扫描的时钟，这个扫描时钟的周期应该大约为 0.001 ～ 0.0001s。同时，这个分频时钟也可以用于核心控制模块的基本控制，由于扫描时钟要和按键、七段数码管控制电路构成一个同步电路，因此，必须使用同一个分频时钟。

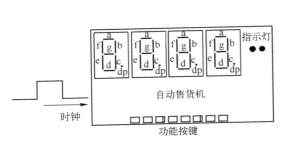

图 6.40　自动售货机控制器芯片框图

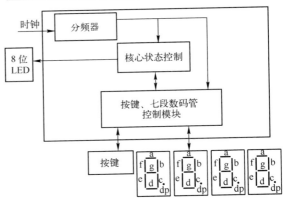

图 6.41　系统结构框图

小知识

　　一般地，按照规范的流程完成设计任务，可以有效地降低错误发生的可能性，提高效率，避免失误。图 6.42 给出了一个比较典型的设计流程图，首先应该认真分析需要设计的任务，例如，设计一个自动售货机，需要什么样的功能，具体的功能逻辑是怎么样的。确定了任务之后，就要制定系统的方案，划分具体的模块，以及模块和系统的接口。然后，分别设计每一个模块，并且验证其正确性，建立整个系统的仿真验证环境，对其进行仿真验证。如果验证通过，则可以下载调试。其中任何一步出了问题，都可以退回到上一步骤进行检查、解决问题。

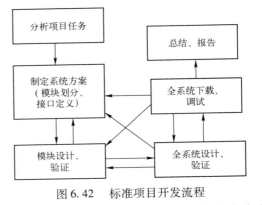

图 6.42　标准项目开发流程

　　核心控制模块的作用主要是控制系统的状态。系统一共有三种状态，需要使用两位状态寄存器存储状态数据，每个状态之间的转换由外部按键控制，在每一个状态下，有不同的七段数码管和指示灯的输出。

　　按键和七段数码管显示控制电路是对外部的矩阵按键以及动态显示硬件进行驱动，该模块对矩阵按键进行扫描，输出经过扫描之后的按键结果。并且可以把核心模块输出的二进制显示数据转化为 BCD 码，通过 BCD 译码，以及动态显示技术最终输出到动态七段数码管上显示出来。

　　自动售货机的系统接口信号定义如表 6.32 所示。

表 6.32　自动售货机系统接口信号定义

信号名	I/O	位宽	含义
clk	I	1 bit	系统时钟输入
rst	I	1 bit	系统复位信号
led	O	8 bits	8 个 LED 发光二极管，只使用了两位
scan	O	4 bits	动态显示的扫描位选信号
m	O	7 bits	七段数码管的段选码
keyin0	I	1 bit	矩阵按键第一行输入
keyin1	I	1 bit	矩阵按键第二行输入

模块设计

1. 分频器模块设计

参见任务22中的代码段6-19。

2. 核心控制模块设计

（1）模块原理分析。核心控制模块控制三个状态，分别是"等待投币状态"、"等待买货状态"、"出货、退币状态"。

系统状态转换过程如图6.43所示，当系统复位以后，进入"等待投币状态"，此时数码管输出全部为0，而指示灯也输出为"00"。在这种状态下，如果按下投币按键，包括投币5元、10元、15元，就会跳转到下一个状态，称之为"等待买货状态"。在"等待买货状态"下，七段数码管输出投币的金额，指示灯仍然输出"00"。在这个状态下，如果按下购物按键，包括购买3元、6元、10元、

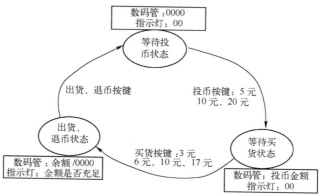

图6.43　自动售货机控制器的状态图

17元的货物，就会跳转到下一个状态，称之为"出货、退币状态"。如果投币金额充足，七段数码管输出找零的金额，"金额充足指示灯"亮起，如果投币金额不足，七段数码管输出零，"余额不足指示灯"亮起。这个状态下，如果按下"出货、退币按键"则系统恢复到"等待投币状态"，表示售货完成。

小复习

1）状态机的作用

状态机用于控制某部分电路，完成某种具有逻辑顺序或者时序规律的电路设计。

2）状态机的分类

（1）Moore（摩尔型）状态机：状态机的输出端仅仅依赖于当前状态，而与状态机的输入条件无关；

（2）Mealy（米利型）状态机：状态机的输出端不仅依赖于当前状态，还与状态机的输入条件有关。

这两种状态机的不同体现在用 Verilog HDL 描述状态机的三段式方法中第二个 always block。

摩尔型状态机的描述方法：

```
case
    A:  next_state < = B
    B:  next_state < = C
    ...
endcase
```

米利型状态机描述方法：

```
case
    A:                    //不满足条件则停留在当前状态的跳转
        if (conditionA)
            next_state <= B
        else
            next_state <= A
    B:                    //两种不同次态的跳转
        if( conditionB)
            next_state <= C
        else
            next_state <= D
endcase
```

3）状态机的要素

设计时序逻辑电路只有现态和次态两种电路状态。

状态：用状态变量表示，并给予编码(电路停留在不同状态时，状态机输出一般不同)。

跳转条件：从现态跳转到目的状态（次态）的条件。

输入端：从现态进入次态的条件输入端。

输出端：现态的端口输出情况（包含被控电路的使能端和被控电路的参数）。

总结：现态和次态是理解状态机的基础，状态总与该状态的输出端情况相关，跳转条件总与该状态的输入端情况有关。

4）状态机的设计步骤

第一步：将实际情况画成状态转换图。

第二步：根据状态转换图写出状态转换真值表并用卡诺图化简。

第三步：根据状态转换真值表写出状态转换表达式。

第四步：将 D 或 JK 等触发器表达式代入状态转换表达式。

第五步：画出状态转换表达式描述的触发器级时序电路。

5）状态机的设计要素

（1）状态机的时钟端：要求状态机是同步时序逻辑设计。

（2）状态机的复位端：使状态机恢复到默认状态。

（3）状态机的编码：使用 parameter 定义，有 one-hot、gray-code、binary 等编码形式。

（4）现态与次态的定义：两个 reg（Verilog HDL）或两个 signal（VHDL）。

（5）default 状态：一般设为 idle 状态。

根据前面已经设计好的状态转换图，对所有的状态进行编码设计。由于系统包括三个状态，因此可以设计两位寄存器来对所有的状态进行编码。

表6.33 给出了状态的编码数值，设计状态机首先要确定状态，以及对状态进行编码，然后根据状态图确定具体的状态转换以及输出和输入的关系。

下面按照三个状态逐一分析状态之间的转换关系，以及输出如何。按照系统要求，有 8 个按键输入，首先定义每个按键的具体含义，如表6.34 所示。

表6.33 核心控制模块的状态代码

状态代码	状态含义
2'b00	等待投币状态
2'b01	等待买货状态
2'b10	出货、退币状态

表6.34 按键输入的含义

0号	1号	2号	3号	4号	5号	6号	7号
投币5元	投币10元	投币20元	购买3元物品	购买6元物品	购买10元物品	购买17元物品	出货、退币

另外，还有两个 LED 发光二极管，其中 0 号 LED 代表"金额充足"，可以出货。1 号 LED 代表"金额不足"，只能退币处理。

当系统复位以后，处于"等待投币状态"，状态代码为"2'b00"，此时数码管输出全部为 0，而指示灯也输出为"00"。如果在这个状态下，只有按下三个投币按键，状态才能发生跳转，三个投币按键分别代表投币 5 元、10 元、20 元，对应的按键分别是 0 号、1 号、2 号。按下投币按键之后，投币的金额需要被内部寄存器存储下来。投币之后，状态跳转为"等待买货状态"，状态代码"2'b01"。

在"等待买货状态"下，七段数码管输出已经被保存下来的刚刚投币的金额，LED 指示灯仍然输出"00"。在这种状态下，如果按下了购物按键，包括购买 3 元、6 元、10 元、17 元的货物，分别对应着 3 号、4 号、5 号、6 号按键，就会跳转到下一个状态，称之为"出货、退币状态"，用状态代码"2'b10"表示。

在"出货、退币状态"下，如果刚才投币金额充足，七段数码管输出找零的金额，"金额充足指示灯"亮起，如果投币金额不足，七段数码管输出零，余额不足指示灯亮起。这种状态下，如果按下 7 号按键代表的"出货、退币"按键则系统恢复到"等待投币状态"，表示售货完成。

（2）模块接口定义。核心控制模块接口定义如表6.35 所示。

表6.35 核心控制模块接口信号定义

信号名	I/O	位宽	含义
rst	I	1 bit	系统复位信号
clk1	I	1 bit	分频后周期为 0.001～0.0001 s 的时钟输出
led	O	8 bits	8 个 LED 发光二极管，实际只用了低两位
display	O	8 bits	七段数码管显示数据
key_s	I	8 bits	矩阵按键输入

（3）模块 Verilog 代码设计如下：

```
//state. v
//Verilog 代码段 6 – 34
module state(rst,clk1,led,display,key_s);
```

```verilog
    input rst;
    input clk1;
    output [7:0] led;                              //8 个 LED 输出
    output[7:0] display;                           //七段数码管显示数据输出
    input[7:0] key_s;                              //按键数据输入
    reg [1:0] zhishi_led;                          //2 位指示灯,指示是否金额充足或者缺钱
    reg [7:0] display;                             //七段数码管显示数据
    reg [1:0] state;                               //状态寄存器
    assign led = {6'b0,zhishi_led};                //输出指示灯到外部 LED 的低两位上面
    always@(posedge clk1)                          //状态机
    begin
    if(rst ==1'b1)                                 //如果复位按键按下
        begin
            display <= 8'b00000000;                //七段数码管显示数据
            state <= 2'b00;                        //状态寄存器
            zhishi_led <= 2'b00;                   //2 位指示灯,指示是否金额充足或者缺钱
        end
    else
    begin
    case(state)
     2'b00:begin                                   //等待投币状态
            if(key_s[0] ==1'b1)                    //如果按键 0 按下,投入了 5 元
                begin
                    state <= 2'b01;                //状态将切换到等待买货状态
                    display <= 8'd5;               //显示投入了 5 元
                    zhishi_led <= 2'b00;           //指示灯不亮
                end
            else if(key_s[1] ==1'b1)               //如果按键 1 按下,投入了 10 元
                begin
                    state <= 2'b01;                //状态将切换到等待买货状态
                    display <= 8'd10;              //显示投入了 10 元
                    zhishi_led <= 2'b00;           //指示灯不亮
                end
            else if(key_s[2] ==1'b1)               //如果按键 2 按下,投入了 20 元
                begin
                    state <= 2'b01;                //状态将切换到等待买货状态
                    display <= 8'd20;              //显示投入了 20 元
                    zhishi_led <= 2'b00;           //指示灯不亮
                end
        end
    2'b01:begin                                    //等待买货状态
            if(key_s[3] ==1'b1)                    //购买了 3 元的货物
                begin
                    state <= 2'b10;                //状态将切换到等待出货状态
                    if(display < 8'd3)             //如果投币金额不足
                        begin
```

```verilog
                    display <= 8'd0;              //显示余额为0
                    zhishi_led <= 2'b10;         //代表余额不足,只能退币
                end
            else
                begin                            //如果投币金额足
                    display <= display - 8'd3;   //显示余额
                    zhishi_led <= 2'b01;         //代表金额充足可以出货
                end
        end
    if(key_s[4] == 1'b1)                         //购买了6元的货物
        begin
            state <= 2'b10;                      //状态将切换到等待出货状态
            if(display < 8'd6)                   //如果投币金额不足
                begin
                    display <= 8'd0;             //显示余额为0
                    zhishi_led <= 2'b10;         //代表余额不足,只能退币
                end
            else
                begin                            //如果投币金额足
                    display <= display - 8'd6;   //显示余额
                    zhishi_led <= 2'b01;         //代表金额充足可以出货
                end
        end
    if(key_s[5] == 1'b1)                         //购买了10元的货物
        begin
            state <= 2'b10;                      //状态将切换到等待出货状态
            if(display < 8'd10)                  //如果投币金额不足
                begin
                    display <= 8'd0;             //显示余额为0
                    zhishi_led <= 2'b10;         //代表余额不足,只能退币
                end
            else
                begin                            //如果投币金额足
                    display <= display - 8'd10;  //显示余额
                    zhishi_led <= 2'b01;         //代表金额充足可以出货
                end
        end
    if(key_s[6] == 1'b1)                         //购买了17元的货物
        begin
            state <= 2'b10;                      //状态将切换到等待出货状态
            if(display < 8'd17)                  //如果投币金额不足
                begin
                    display <= 8'd0;             //显示余额为0
                    zhishi_led <= 2'b10;         //代表余额不足,只能退币
                end
            else
                begin                            //如果投币金额足
                    display <= display - 8'd17;  //显示余额
```

```
                              zhishi_led <= 2'b01;              //代表金额充足可以出货
                          end
                    end
              end
2'b10:begin                                                    //出货、退币状态
          if(key_s[7] == 1'b1)                                 //出货、退币
              begin
                  state <= 2'b00;                              //状态将切换到等待投币状态
                  display <= 8'd0;                             //显示余额为 0
                  zhishi_led <= 2'b00;                         //指示灯不亮
              end
          end
      endcase
      end
   end
   endmodule
```

小经验——状态机的 Verilog 描述风格

用 Verilog HDL 描述状态机推荐使用以下三段 always 式风格。

第一个 always 块作用：时钟作用下现态到次态的跳转（时序逻辑），使用 " <= " 赋值；

第二个 always 块作用：在所有状态里，现态是否满足跳转条件以及满足条件下的次态（组合逻辑）；

第三个 always 块作用：次态对应的输出（时序逻辑），使用 " <= " 赋值。

根据三段式状态机的 schematic 示意图来理解 3 个 always 块对应三段式状态机描述的好处：根据状态转换规律，在现态根据输入条件判断出次态的输出，从而在不插入额外时钟节拍的前提下实现了寄存器输出。

推荐的三段式状态机写法构成：

```
module (…);
input/output 说明;
reg 输出端;
reg current_state, next_state;
parameter
always1   使用" <= "
always2   使用" = "
always3   使用" <= "
endmodule
```

3. 按键和七段数码管控制模块设计

参见任务 22 中的代码段 6-21。

4. 顶层连接模块设计

前面设计了三个电路模块，包括：分频器（clk_div）、核心控制模块（state）、按键和数码管扫描控制模块（scan_crl）。顶层模块需要按照连接关系把这三个模块，以及三个模块与端口之间的关系建立起来，参见如下代码：

```verilog
//sale.v
//Verilog 代码段 6-35
module sale(clk,rst,led,scan,m,keyin0,keyin1);
input clk,rst;
output[7:0] led;
output[3:0] scan;              //动态键盘和数码管的扫描信号
output[6:0] m;                 //七段数码管的段码
input keyin0,keyin1;           //矩阵键盘的输入信号
wire clk1;
wire[7:0] display;
wire[7:0] key_s;
clk_div clk_div_inst(          //实体化分频模块
   .clk(clk),                  //输入时钟
   .clk1(clk1)                 //输出时钟
   );
state state_inst(             //实体化核心控制模块
   .rst(rst),
   .clk1(clk1),
   .led(led),
   .display(display),
   .key_s(key_s)
   );
scan_crl scan_crl_inst(        //实体化按键和数码管控制模块
   .display(display),          //需要七段数码管显示的二进制数据
   .key_s(key_s),              //输出的键值
   .scan(scan),                //动态键盘和数码管的扫描信号
   .m(m),                      //七段数码管的段码
   .keyin0(keyin0),            //动态键盘的输入信号
   .keyin1(keyin1),
   .clk1(clk1)
   );
endmodule
```

系统仿真

1. 仿真需求分析

自动售货机的仿真平台结构如图6.44所示。

自动售货机设计输入有两部分：一是50 MHz的时钟输入，二是外部按键输入。其中为了方便仿真的设计，我们使用独立按键输入，经过一个矩阵按键产生电路再送给真正要验证的自动售货机；输出是8个LED灯的数据，以及七段数码管显示数据。所以整个仿真平台需要设计一个50 MHz的时钟，并且设计一组或者多组按键的输入作为测试向量，观察最终输出的LED显示数据以及七段数码管的数据是否正确。

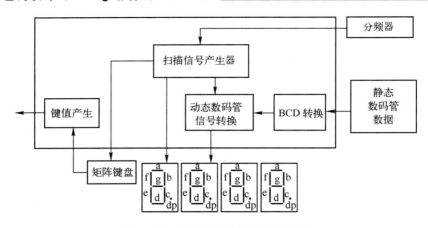

图 6.44　自动售货机仿真平台结构

2. 仿真代码设计

参考代码如下：

```
//test. v
//Verilog 代码段 6 – 36
 'timescale 1ns/1ns
module test( );
reg clk;
reg rst;
wire[7:0] led;
wire[3:0] scan;
wire[6:0] m;
reg keyin0, keyin1;
sale u_sale(
  . clk( clk),
  . rst( rst),
  . led( led),
  . scan( scan),          //动态键盘和数码管的扫描信号
  . m( m),                //七段数码管的段码
  . keyin0( keyin0),      //矩阵键盘的输入信号
  . keyin1( keyin1)
  );
reg[7:0] key;
always@( key, scan)        //搭建矩阵按键生成电路
begin
case( scan)
4'b0001 ;begin
          if ( key[0] ==1'b1) keyin0 = 1'b1;
            else keyin0 = 1'b0;
          if ( key[4] ==1'b1) keyin1 = 1'b1;
            else keyin1 = 1'b0;
      end
```

```verilog
        4'b0010 :begin
                if (key[1] == 1'b1) keyin0 = 1'b1;
                    else keyin0 = 1'b0;
                if (key[5] == 1'b1) keyin1 = 1'b1;
                    else keyin1 = 1'b0;
            end
        4'b0100 :begin
                if (key[2] == 1'b1) keyin0 = 1'b1;
                    else keyin0 = 1'b0;
                if (key[6] == 1'b1) keyin1 = 1'b1;
                    else keyin1 = 1'b0;
            end
        4'b1000 :begin
                if (key[3] == 1'b1) keyin0 = 1'b1;
                    else keyin0 = 1'b0;
                if (key[7] == 1'b1) keyin1 = 1'b1;
                    else keyin1 = 1'b0;
            end
        default:
            begin keyin0 = 1'b0; keyin1 = 1'b0; end
    endcase
    end
    initial                                     //系统复位
    begin
    key = 8'b0;
    #20
    rst = 1'b0;
    #60 rst = 1'b1;
    #120 rst = 1'b0;
    end
    initial
    clk = 1'b0;                                 //首先初始化时钟的数值
    always
    #10 clk = ~ clk;                            //每隔10 ns 翻转一次,为 50 MHz 时钟
    //下面开始模拟外部动作,为了保证仿真正确性,应该多仿真这样的动作
    initial
    begin
    #1500 key[0] = 1'b1;                        //投币5元
    #1500 key[3] = 1'b1;                        //购物3元物品
    #1500 key[7] = 1'b1;                        //出货、退币
    #1500 key[2] = 1'b1;                        //投币20元
    #1500 key[4] = 1'b1;                        //购物6元物品
    #1500 key[7] = 1'b1;                        //出货、退币
    #1500 key[1] = 1'b1;                        //投币10元
    #1500 key[6] = 1'b1;                        //购物17元物品
    #1500 key[7] = 1'b1;                        //出货、退币
    #1500 key[1] = 1'b1;                        //投币5元
    #1500 key[5] = 1'b1;                        //购物10元物品
```

```
#1500 key[7] = 1'b1;                    //出货、退币
#1500 key[0] = 1'b1;                    //投币 5 元
#1500 key[4] = 1'b1;                    //购物 6 元物品
#1500 key[7] = 1'b1;                    //出货、退币
end
endmodule
```

任务小结

　　本任务设计了一个自动售货机的控制芯片，系统结构比较复杂，涉及所有常见的外围硬件电路。首先需要建立一个分频器电路，提供系统内部扫描处理时的时钟。核心控制模块是一个典型的状态机电路。状态机包括三种状态，控制收货机投币、选货、出货或退币等过程。为了配合售货过程，需要七段数码管、LED 指示灯来显示状态以及报警信息。处理这些动态输入/输出设备，还需要设计相应的驱动电路。

任务扩展

　　在本任务中，自动售货机的货物是预先设计好的，价格不能更改，希望读者设计一个升级系统，可以自己设定货物的价格，对货物价格进行控制，从而适用于各种不同价格的货物进行自动售货。此外，可以增加投币的累计功能，例如，可以投 2 张 5 元的货币，代表总计投入 10 元。上面的改进都需要用到更加复杂的状态机，读者需认真仔细地完成新的状态图，完成好设计。